长江经济带高质量发展研究丛书

长江经济带生态文明先行示范研究

长江技术经济学会　组编

崔风暴　杨波　文传浩　等著

长江出版社
CHANGJIANG PRESS

长江经济带（Yangtze River Economic Belt）覆盖上海、江苏、浙江、安徽、江西、湖北、湖南、重庆、四川、云南、贵州等11个省（直辖市），横跨中国东中西三大区域，面积约205.23万平方千米，占全国的21.4%，人口和生产总值均超过全国的40%。推动长江经济带高质量发展，是以习近平同志为核心的党中央做出的重大决策部署，是关系国家发展全局的重大战略，对实现"两个一百年"奋斗目标、实现中华民族伟大复兴的中国梦具有重要意义。

2016年1月5日，习近平总书记在重庆市主持召开推动长江经济带发展座谈会，提出推动长江经济带发展是我国重大区域发展战略，强调："推动长江经济带发展必须从中华民族长远利益考虑，把修复长江生态环境摆在压倒性位置，共抓大保护、不搞大开发。"

2018年4月26日，习近平总书记在湖北省武汉市主持召开深入推动长江经济带发展座谈会，提出长江经济带发展是"关系国家发展全局的重大战略"，强调新形势下推动长江经济带发展，关键是要正确把握整体推进和重点突破、生态环境保护和经济发展等"5个关系"，坚持新发展理念，坚持稳中求进工作总基调，坚持共抓大保护、不搞大开发，探索出一条生态优先、绿色发展新路子，使长江经济带成为引领我国经济高质量发展的生力军。

2020年11月14日，习近平总书记在江苏省南京市主持召开全面推动长江经济带发展座谈会，强调要推动长江经济带高质量发展，谱写生态优先绿色发展新篇章，打造区域协调发展新样板，使长江经济带成为我国生态优先绿色发展主战场、畅通国内国际双循环主动脉、引领经济高质量发展主力军。

从上游重庆到中游武汉，再到下游南京；从"推动"到"深入推动"再到"全面推动"，习近平总书记为长江经济带发展把脉定向，为中华民族永续发展探索生态优先、绿色发展之路。

2020年12月26日，第十三届全国人民代表大会常务委员会第二十四次会议审议通过了《中华人民共和国长江保护法》（简称《长江保护法》），自2021年3月1日起正式施行。《长江保护法》这是我国首部流域法律，开创了我国流域立法的先河，促进了我国法律体系的进一步完善和发展。《长江保护法》把习近平总书记关于长江保护的重要指示要求和党中央重大决策部署转化为国家意志和全社会的行为准则，为长江母亲河永葆生机活力、中华民族永续发展提供了法治保障。因此，实施好《长江保护法》，就是要践行习近平生态文明思想，走出一条生态优先、绿色发展之路，从而更好发挥长江经济带在立足新发展阶段、践行新发展理念、构建新发展格局中的重要作用。

长江技术经济学会（以下简称学会）成立以来，始终秉承为流域经济社会发展服务的宗旨，紧密结合长江流域经济社会发展实际，着眼于长江流域的自然资源、区域经济、水利能源、交通航运、生态环境等技术经济问题，通过理论研究、学术交流、技术咨询等方式，开展长江流域重大技术经济问题研究，积极为中央和地方政府建言献策，有力推动了长江经济带、长江黄金水道、三峡工程、南水北调工程等重大水利工程的建设与实施，推动了长江流域经济社会发展，对促进长江经济带的开放开发乃至整个长江流域的经济社会发展做出了重要贡献。

学会自第五届理事会换届以来，以习近平新时代中国特色社会主义思想为指引，深入贯彻落实习近平生态文明思想和习近平总书记关于推动长江经济带发展的系列重要讲话精神，积极践行《长江保护法》，主动对标长江大保护国家战略需求，以生态优先、绿色发展为导向，努力践行"创新、协调、绿色、开放、共享"新发展理念，坚持党建与业务相结合的原则，突出长江流域的地域特色与生态文明建设的时代特征，充分发挥学会全国性学术团体综合平台作用，紧紧围绕长江流域技术经济重大问题，开展重大战略研究与技术咨询，建设长江经济带高端智库，打造长江特色高端智库品牌，形成具有前瞻性、战略性、针对性的政策咨询建议，为长江流域经济社会发展建言献策，做好长江经济带高质量发展战略的践行者与策划员，奋力谱写依法治江护江兴江新篇章。

本丛书是学会汇聚长期处于长江保护战略研究前沿的权威专家学者智慧，系统梳理长江经济带战略推进实施中针对生态文明、绿色发展、交通走廊、产业体系、城市群和对外开放等重大问题取得的前瞻性研究成果，贯彻落实习近平生态文明思想和践行《长江保护法》、推动长江经济带高质量发展的阶段性研究成果。本丛书由学会统筹组织编写，共8册，分别为《长三角区域一体化发展研究》《成渝地区双城经济圈发展研究》《长江中游地区高质量发展研究》《长江经济带高质量综合立体交通走廊建设研究》《长江经济带绿色发展路径与政策研究》《长江经济带创新驱动产业转型升级发展研究》《长江经济带生态文明先行示范研究》《长江经济带对外开放高质量发展研究》，全面系统论述了长江生态文明建设、绿色发展、长三角区域一体化发展、中游地区发展、成渝地区双城经济圈发展、综合交通体系建设、产业转型升级、对外开放等领域重要理论与战略问题，在推动长江经济带高质量发展的理论与实践层面均具有重要意义和参考价值。

俯瞰万里碧波，长三角一体化"龙头"昂扬，中游地区高质量发展"龙身"腾飞，成渝地区双城经济圈"龙尾"舞动，陆海联动，东西互济，百舸争流，铁龙驰骋。放眼未来，在习近平新时代中国特色社会主义思想的指引下，长江经济带高质量发展必将更加和谐健康、充满活力、蓬勃向上，成为引领我国经济高质量发展的主力军。

感谢长江出版社为本丛书出版提供的大力支持，感谢责任编辑在出版过程中付出的辛勤劳动！本丛书主要面向政府管理部门工作人员与高校科研院所科技工作者。限于编者水平与经验，丛书中难免存在纰漏与不足之处，恳请读者批评指正。

长江技术经济学会

2022年6月27日

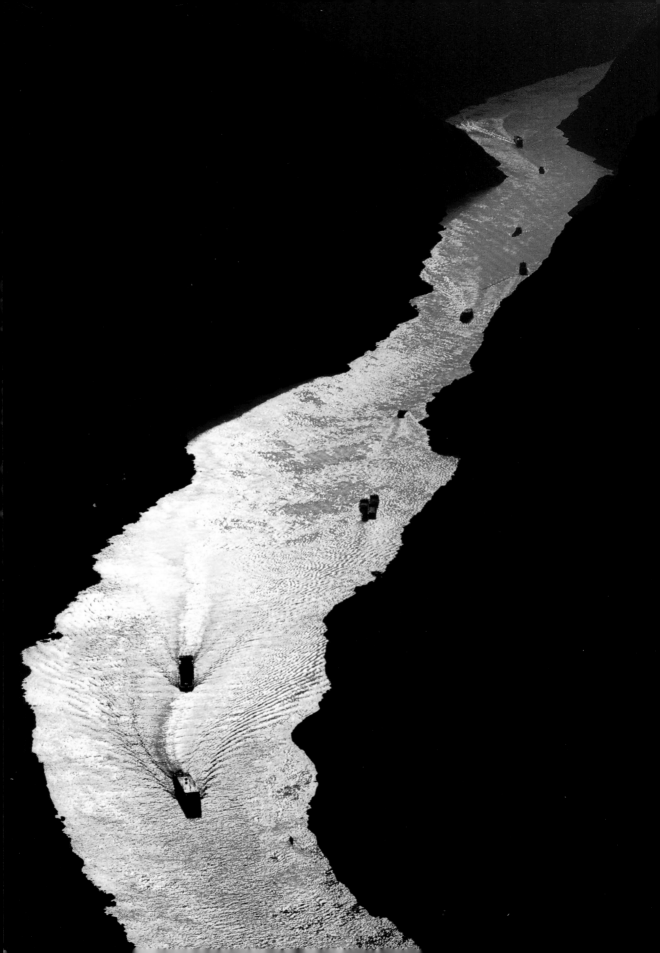

PREFACE

　　长江是中国的母亲河,长江经济带是中国经济的脊梁,"共抓大保护,不搞大开发"是对长江流域生态环境提出的郑重承诺,对流域经济发展划定的底线边界。保护好长江母亲河必将成为新时代最强音。因此,长江经济带生态文明建设事关中华民族的长治久安,是中国生态文明建设事业的重中之重。体现了长江沿岸城市群的生态责任担当和民族情怀,也充分考验了各区域的发展智慧和创新能力。生态问题是世界难题,西方发达国家以生态和人类二分法来解决生态环境危机,走的是先污染后治理的道路,并且以经济霸权方式向发展中国家转嫁生态问题。中国探索出一条与之完全不同的"和谐共生"之路,是中国为世界人民贡献的中国智慧、中国思维和中国模式。

　　本书旨在归纳总结长江经济带生态文明示范建设的得与失,成功与失败,尤其是那些可以推而广之的成功经验、做法、路径,或者可以上升到具有共性特质的模式、范式、规律。本书的归纳总结遵循三个原则:一是"特色"原则,要求总结的建设过程要能充分体现"中国特色",因为生态文明建设是个系统工程,需要党的全面领导,需要对各类要素禀赋有强大的调配、匹配、协调能力,没有党的指挥领导,难以完成这么艰巨的时代任务;二是"创新"原则,要求在生态文明建设过程中用创造性思维,用新技术新手段,因为中国的生态文明建设是涉及面最广,影响程度最深,革新力度最大的人类发展事业,没有成功的经验可借鉴,必须要依靠中国智慧敢于创新勇于创新才能完成;三是"共识"原则,要求总结的经验做法是可复制可推广的,因此,这些生态文明建设方式一定是在某种程度上具有共识性,其路径设计和建设效果需得到广泛认可及认同。

　　本书研究遵循"特色建构——模式建构——策略建构"主线逻辑,努力从建设实践中刻画出生态文明建设的中国形象。

前 言

特色建构由第一章、第二章和第三章组成。第一章和第二章由宜宾学院崔风暴、杨波两位教授执笔，简要阐释了中外生态文明理论和实践的变迁历程，以此探寻中外生态文明建设思想在源与流上的差别，从根源上阐释了为什么中国秉持生态文明建设一元论思想，而西方却采用二元论思想，另一个主要任务就是站在中国今天的时间点上归纳提炼生态文明的科学内涵。该内涵是从中国视角看生态文明，界定生态文明，带有强烈的中国色彩。第三章由长江上游（流域）复合生态系统管理创新团队张志勇博士和文传浩教授执笔，目的在于建构流域生态文明建设的理论体系。本章试图从广泛全面的角度阐释流域生态文明的理论内容，尤其这些建设内容与中国特色社会主义理论之间的内在契合逻辑分析，以此提升中国特色社会主义流域生态文明理论体系的科学性和内在统一性。

模式建构部分由第四章、第五章、第六章、第七章、第八章和第九章组成。第四章由宜宾学院周陶副教授执笔，对长江经济带生态文明建设整个历史脉络做了系统梳理，时间跨度数千年，展现中国古代人民的生态建设智慧。第五章由宜宾学院吕春兰博士和陈延礼副教授执笔，把目光放在今天长江生态文明建设情况，对其建设效果做了系统评估。至此，本书还是从宏观或者中观视野看长江经济带生态文明建设情况。接下来第六章至第九章则开始聚焦生态文明建设典型区域和典型做法。第六章由浙江财经大学鲁仕宝教授执笔，聚焦"长三角"生态绿色一体化建设经验。第七章由长江上游（流域）复合生态系统管理创新团队成员、重庆社科院李春艳副研究员和文传浩教授执笔，聚焦长江上游生态文明一体化建设经验。第八章由宜宾学院刘伟教授和王鹏博士执笔，聚焦的是典型示范区建设经验，包括江西、重庆、云南等地，第九章由宜宾学院孟宝副研究员执笔，聚焦的是流域生态产品价值典型实现方式。此处,本书着重从微观视野归纳总结剖析长江经济带内部区块或点状的生态文明建设实践。第七章则是对前面建设经验进行对比和甄选,试图抽象出典型建设模式作为成功的可复制的经验,作为参照推广之用。

策略建构部分由第十章承担。第十章由崔风暴和杨波执笔,主要依据新时期长江经济带生态文明建设关键任务要求,提出应该强化其绿色高质量发展先行示范作用,并对此提出对策建议。

全书框架设计、写作指导、审稿等由文传浩教授完成。

最后,感谢宜宾学院副院长王如渊教授、白如彬教授、黄河教授、罗霞副教授、马文波副教授在本书写作过程中给予的无私帮助!

CONTENTS

第一章 西方生态文明理论及实践的演进历程

西方学术研究领域鲜少使用"生态文明"概念,只有个别学者提到过该概念。根据卢风(2019)[1]对生态文明概念的系统梳理得出,"生态文明"概念的提出是在20世纪后期,最早明确使用生态文明概念的学者是德国法兰克福大学教授费切尔(1978)。费切尔在《论人类生存的环境——兼论进步的辩证法》一文中提出,"人类向往生态文明是一种迫切的需要"[2]。1984年苏联学者利皮茨基认为生态文明是一个具有整体维度的文明,之后美国Morrison(1995)将生态文明看作是"工业之后一种新的文明形式"[3]。关于人与自然关系的生态性问题,绿色GDP之父小约翰·柯布博士充分肯定"中国在追求生态文明的过程中具有一个独特的地位",并对"生态文明是可能的"持支持态度[4]。Gare(2017)首次将"生态文明"作为著作名称的鲜明关键词,指出"生态文明的基本特征是谋求真正可持续发展,而真正可持续的发展必须把人为与自然之间的张力保持在生态系统承载限度之内"[5]。但整体来看西方学界却很少使用这个概念。

第一节 国外生态文明理论流派及演进历程

生态文明思想在东西方文明两条发展轨迹中均源远流长,自始至终贯穿于人类思想及行为之中,生态思想在人类思想体系中更是不可或缺。根据生态思想源与流的演变逻辑来阐释国内外生态文明理论发展过程,在国外,生态文明的理论流派较多,演变轨迹清晰。本书对主要理论流派的发展演变过程进行简要梳理。

一、生态伦理理论

出于对18世纪工业文明与人类发展环境关系的反思,西方生态文明思想在19世纪下半叶到20世纪初开始孕育,生态文明理论演进历经近150年,多学科多领域生态文明思想和理论流派层出不穷,先后经历生态伦理、西方生态社会主义、生态现代化等理论阶段。

(一)西方生态伦理萌芽阶段

18世纪工业革命以来,工业化成为全球各个国家地区争相追逐的先进发展模式,人们纷纷向往工业化带来的巨大物质享受和便捷,走工业化道路成为追赶型国家和地区的必经之路。工业化与科技革命相伴而生,科技进步的重要表现之一就是人们对大自然的改造能力不断增强,向大自然攫取资源原料、能源的规模越来越大,向大自然排放废弃物的数量也越来越多,由此带来的经济发展与环境破坏的矛盾越来越尖锐。出于对生存环境的忧患、人类未来的担忧考量,先知先觉的环境思想者开始提出郑重警告。这一时期典型代表著作是1864年出版的《人与自然》,作者是美国地理学家G. P. 玛什。这本书是19世纪地理学、生态史学和资源管理的重要著作之一。该著作的重大贡献一是深刻且系统表达了人与自然的关系,不计后果的开发利用自然导致诸多严重后果;二是警醒人们重新审视自己对待自然环境的态度,要收起狂妄自大和自以为是,学会尊重自然,与其和平相处,代表着人类从伦理意义上讨论自然保护问题。到了1910年,美国哲学家威廉詹姆斯从"人与自然的关系是超道德的"的视角更进一步探讨人与自然的关系,并提出了"人与自然道德等效"的新锐观点。

(二)西方生态伦理创立阶段

西方生态伦理学的创立始于20世纪初,标志是美国生态学者利奥波德(1948)[6]创新性地把人与自然关系的生态思想作为了伦理学研究对象,也就是在伦理学研究范畴中吸纳进了生态思想,在学理意义上诞生了生态伦理学。随后经过诸多学者的努力,直到20世纪中叶,生态伦理学基本理论框架逐步成型。生态伦理学在学科属性上是生态学和伦理学结合而成,主要从人类自身需求视角研究生态伦理价值和人的生态行为规范,目的在于为推行生态保护运动提供道德依据和理论支持。生态伦理学的主要学派包括人类中心主义、生物中心主义、生态整体主义等,这些主要流派之下又可细分为更多流派,具体见表1-1所示。

表 1-1 生态伦理理论流派

主干流派	主要生态思想	细分流派
人类中心主义	主张"人类是在自然界中居于主宰地位,在处理人与自然之间的关系时,应该以满足人类的利益和发展需求为第一要务"	自然中心主义
		传统人类中心主义
		现代人类中心主义
生物中心主义	主张以生命个体的权益作为关注焦点,把人以及人之外的其他生命个体纳入道德关怀对象范畴,把道德共同体的范围从人类扩大到更大的范围	施韦泽"敬畏生命的伦理学"
		泰勒"生物平等主义伦理学"
		辛格"动物解放的伦理学"
		雷根"动物权利论的伦理学"
生态整体主义	主张以生态学思想为理论范式,利用生态学的基本原理把自然界的有机体及其环境之间的相互关系、生态过程和生态系统整体都预设为道德主体	利奥波德的大地伦理学
		奈斯的深层生态学
		罗尔斯顿的自然价值论伦理学

(三)西方生态伦理发展成熟阶段

20世纪中叶到现在,伴随工业化进程深入推进,农业机械化、现代化迅猛发展,城市化快速吞噬绿地、草场、森林、湿地,生态环境问题非但未能缓解,反倒日益严重。在此背景下,西方生态伦理学也进入发展成熟阶段。在此阶段,人类对人与自然关系的反思更加深刻,也更加系统,思考视角更加多元化,例如更多的人对传统的经济发展模式提出质疑,开始从经济、科学、技术的层面深入到了文化、观念和价值的层面。生态伦理问题获得更为广泛而深入的讨论,如丸山竹秋在他的《地球人的地球伦理学》一文中将地球上所有的生物和非生物均纳入"伦理对等"范畴。持有生态伦理泛化主张的学者还有 J. 拉大洛克,他提出"地球母亲"假设,采用更具情感色彩的手法诠释人类生命与生态环境之间的密切关系,强调生态环境保护的重要性,突出人类破坏自然环境的风险性。该阶段发展成熟的重要表现还在于生态伦理科学体系的建立,比如 H. 罗尔斯顿的《哲学走向荒野》和《环境伦理学:自然界的价值和对自然界的义务》等著作。

二、生态社会主义理论

作为马克思主义派别之一的生态社会主义,其理论体系总体特征是把生态学理论与马克思主义有机融合,想探寻一条既能化解生态危机又能实现社会主义的新道路。在理论建构过程中,众多研究者由于自身经历、现实认识、学术视角的差异,形成的学术观点和学术主张也存在较大差异,但是把众多学术思想高度归纳和总结之后发现,生态社会主义理论发展是沿着两种学术传统展开的,体现了两种思维特色。

一种是以批判解构为主的学术传统。该传统流行于西方马克思主义研究阵营,在西方马克思主义基础上发展,但又显著不同于西方马克思主义原始核心观点和主张,在研究范式上也存在一些不同之处。一是理论与实践高度融合。表现为在理论研究上较多地融入现实的社会运动,比如理论诞生之初就源于对生态运动(或称环境保护运动)的深入观察和讨论,理论建构也是以解决生态问题为终极目标,理论中的制度、机制、路径设想不再抽象,而有更为具体的现实指向性,突破了西方马克思主义纯哲学研究范式,形成以阐释解决实际问题的带有一定实证色彩的研究方式。二是人类生存环境与政治高度融合。这种研究传统以批判资产阶级的生产方式和社会制度为主要目的,也是主体研究内容。学术研究的政治化,甚至成为当时反对资本主义的重要力量。

另外一种是以完善建构为主的学术传统。该传统在苏联和东欧地区的马克思主义学术阵营中较为流行。由于该地区业已存在社会主义制度,生态环境问题本就是在该制度下存在的一个现实问题,或者说是社会主义制度在发展过程中遇到的发展问题,在学理建构上以完善社会主义制度为主,以建构生态治理体系为主。所以该派别属于以改变自身生态环境为目的的生态社会主义流派。

这两个派别在发展过程中并不是彼此独立的,在某些学术观点或者主张上往往彼此关联甚至趋同,所以本著作并没有按派别进行逻辑线条梳理,而是按照时间纵线阐释生态社会主义的历史变迁过程。

(一)生态社会主义的演变历程

1. 生态社会主义起始阶段

生态社会主义萌芽于20世纪50年代,关于人与自然的关系问题,"生态革命"(博尔丁,1953)[7]对社会进步而言是客观存在的条件和发展的必然结果,意味着把生态问题纳入革命的轨道。接下来,法兰克福学派把人与自然关系以及生态问题作为重要研究主题。其中,马尔库塞(1999)[8]强调的"自然的解放是人的解放的手段",原本就是马克思的重要思想之一,并且主张践行马克思"自然革命"的必要性,改变人类既有的生活方式、思维模式、心理模式及生理机制,彻底改变人类的自然观和自我认知,最终达成人类与自然之间协同共生目标。

2. 生态社会主义形成阶段

生态社会主义形成于20世纪70年代的德国,是一种把生态学相关理论和马克思主义结合起来的社会主义思想流派。生态社会主义理论的产生和发展缘于两个诱因。

一是"绿色运动"。绿色运动又称生态运动,由于西方社会在20世纪60年代末爆发了大规模能源危机,生态环境恶化,有知识、有远见或者深受其害的年轻人率先组织起来,向政府、企业和社会表达恢复生态平衡的生态主张。

二是"民主民族运动"。20世纪80年代,西方社会爆发了以实现社会公平为目标的民主运动。对内要求实行基层民主和采用非暴力,以争取和保障人权、民主权利为目标建立社会制度;对外以反对霸权主义和强权政治为目标,追求世界和平发展,包括主张消减国际冲突和矛盾,解散大军事集团,倡导消减核武器和化学武器,反对发达国家对欠发达国家或地区进行经济、生态等方面的掠夺和剥削,呼吁建构国际经济新秩序和新格局。

两个运动合流到一起,生态主张和政治主张也交会在一起,衍生出更多的学术主张,因此也就形成了更多的学术流派。例如激进的生态社会主义学派把生态环境保护作为开展绿色运动第一目标任务,反对参与政治活动,将生态学术主张和生态政治化截然分开;与之相反的是,生态社会主义的现实派坚定主张只有参政才能更好地实现自己的主张和要求。在这些思潮碰撞中,西方生态社会主义想在资本主义社会内部探索出一条路径,能够同时解决生态危机和实现社会主义。二者的合流一方面表达了人们在解决生态危机问题上对资本主义制度的不信任,另一方面也说明人们看到了社会主义制度对于解决公共环境问题的先进性,并对其寄予厚望。

形成阶段属于"从红到绿"阶段。20世纪70年代,共产党人开始进入并深入参与绿色运动,因为共产党原来开展的共产主义运动是以红色为代表,所以把共产党人参与绿色运动这个现象形象比喻为"红色"的"绿化",这个转变也意味着其政治主张有了新内容新要求。典型代表人物包括亚当·沙夫与鲁道夫·巴罗,他们是第一代生态社会主义的代表。其中,亚当·沙夫既是著名的马克思主义哲学家,又是波兰共产党意识形态负责人,在"人道主义马克思主义"研究的学术界和实践运动上均享有很高声誉。尤其在后来的可持续发展理论诞生的过程中,亚当·沙夫更是做出了巨大贡献。1972年他成为罗马俱乐部早期成员之一,1980年他担任了罗马俱乐部的执行委员会主席,推动可持续发展理论向纵深发展。另一个代表人物鲁道夫·巴罗着力主张两个运动的合流,积极倡导红色绿化的政治效力,呼吁建立群众联盟,联盟成员要求包括绿党、生态运动、妇女运动和一切进步的非暴力社会组织。

3. 生态社会主义发展阶段

发展阶段前期属于"红绿交融"阶段。20世纪70年代后期至80年代,生态社会主义进入典型的"红绿交融"阶段,围绕马克思主义的生态哲学思想,从生态性和革命性两个维度研究资本主义生态危机形成机理。莱易斯(1976)[9]认为,资本主义生态危机源于资本主义生产的本质,其是以追求经济利润最大化为根本目标,势必导致过度生产,造成产能过剩,生产力和资源要素出现严重浪费,对生态环境产生巨大压力。因此,解决生态危机的关键在于重新建构发展观,探索新发展方式,形成新发展路径。该发展观要求充分发挥并扩大资本主义国家的调节功能,改变现行消费方式,降低过度需求,引导供给侧面缩减资本主义的生产能力,进而调整人与自然的关系。其追随者阿格尔(1979)[10]持有更加激进的观点,他指出先前的马克思主义生态危机理论已经失效,从工业资本主义生产领域探寻生态问题产生根源已是过去式,今天的生态危机发展趋势已经跳出生产领域,转向消费领域,过去的危机形式更多表现为经济危机,生态问题是经济危机的衍生品,而今天的危机形式是纯粹的生态危机,生态与经济的矛盾是主要矛盾。高兹(1983)[11]也持有类似的观点,他是法国左翼理论家,也属于激进学派,主张采用"停止经济增长"的极端做法,改变生活方式,限制消费规模,使用可再生资源能源等;在社会形态革新方面,他主张选择能够促进人类与自然自主协调发展的技术体系和制度体系。

这一时期,苏联生态理论在20世纪80年代初步建构了马克思主义生态理论的基本框架。该理论流派强调生态意识在整个理论体系中的重要性,基鲁索夫在《生态意识是社会和自然最优相互作用的条件》一文中强调"生态意识是从社会和自然的具体可能性,最优解决社会和自然关系问题方面反映社会和自然相互关系问题的诸观点、理论和情感的总和"。这一概念有三层意蕴:(1)生态意识是现实自然规律的真实反映,它反映了人及其赖以存在的自然环境、社会环境所形成的综合体的一切运行特征;(2)生态意识是解决生态危机的基础和优选路径,在解决人类与自然关系矛盾时,生态意识从对整体规律认识出发,深入自然界内部运动规律去衡量人与自然的互动关系,把握生态系统各组成部分多质性和异源性基础上实现协同统一;(3)生态意识是对自然规律的一种动态认知,要求不仅能观察到自然界最近所发生变化和生态结果,还要能够洞察自然界远期变化状态。此外,还要求从自然界和人类社会的动态变化关系中,分辨出积极有益的以及消极不利的关联,方能为调整修正人类与自然的关系提出正确指引或参考。

发展阶段后期属于"绿色红化"阶段。20世纪90年代,生态社会主义理论倾向于革命运动方向,出现了绿色红化倾向。乔治·拉比卡(1991)[12]旗帜鲜明的提出绿色红化倾向的政治主张,从全球生态危机与生态社会主义关系研究视角,明确指出生态社会主义的出现就表明工人运动上升到了新革命阶段。瑞尼尔·格仑德曼(1991)[13]则显得更加理性和冷静,他从捍卫马克思主义的人化自然理论角度入手,鞭辟入里地分析了马克思主义支配概念和统治概念的区别,指出马克思用支配这个词语来解释人与自然关系的合理性和恰当性,支配没有征服和破坏的强烈内涵,而是意味着人类在自身与自然关系之中的自我定位更倾向于自律意识、服务意识和共存意识。据此,他在该发展阶段的学术贡献主要是为马克思的"人类中心主义"正名,主张用马克思主义历史唯物主义来指导解决全球生态危机问题。大卫·佩珀(1984)[14]也是该时期生态社会主义理论的重要代表人物之一。作为"马克思主义左派",他从生态运动的角度,清晰区分了"红色绿党"和"绿色绿党"的角色差异以及在生态运动中作用边界深。另一理论贡献是厘清了生态社会主义与生态主义之间关系逻辑,届此提出生态社会主义建设的基本原则。

(二)生态社会主义理论框架

生态社会主义理论虽然流派众多,但在有关于生态环境问题的属性特质、产生原因、应对策略、解决方法等重要问题上,生态社会主义理论家们的意见大体上是一致的,也形成了生态社会主义理论的基本框架以及主要研究范畴。

1. 生态危机产生根源

关于西方生态危机产生的根本原因和形成机理,生态社会主义认为资本主义制度是形成全球生态危机的首要因素,传导机制是资本主义制度决定了资本主义生产方式,资本主义生产方式决定了生态危机必然发生。资本主义生产以利己性和效率优先为基本原则,以追求无限价值扩张为根本目标。所以资本主义生产在快速发展过程中,生产处于无政府状态,资本家为了获取更大的经济利润,通过"过度生产"和"过度消费"的相互放大作用,使全社会消费规模不断膨胀,社会生产力和资源消耗无序增长,超过自然环境的承载上限。因为资本主义制度的本质特征,政府对这种发展方式采取放任及鼓励的态度,最终必将导致资本家为了追逐眼前利益对生态资源的开发利用涸泽而渔,人类与自然关系陷入恶性循环之中。资本主义追求的科技进步非但没能制止这种恶性循环,反而在利用自然、使用自然、破坏自然的道路上越走越远,越陷越深,甚至形成强有力的路径依赖,积重难返。基于以上原因,生态社会主义对人与自然的关系进行了哲学的思考,深刻认识到,若想从根本上铲除生态危机的发生土壤,必须选择更加能促进人类与自然和谐发展的社会制度。

2. 生态社会主义对马克思理论的评价

首先,对于马克思经济危机理论。生态社会主义学派在认同马克思对经济危机认知和解释基本原理的正确性之外,并不认同马克思对19世纪末资本主义经济危机结果的评价,该学派认为马克思对其严重程度估计过高,同时对资本主义社会应对经济危机的能力和手段又估计不足。此外,生态社会主义学派还指出马克思在解释经济危机时,过于局限在生产领域内寻找原因,而没有延展到消费领域,因此对消费领域内的危机诱导因素几乎未曾涉及,甚至被完全忽视。这就导致经济周期波动传导途径和表现形态发生变化,原来人们更加关注生产领域或者需求领域的经济周期问题,当前全球化的生态危机在一定程度上也可能诱发严重经济危机。这就为生态社会主义的发展提供了必要条件,生态社会主义学派研究者们认为随着时代变迁和社会发展,其解释理论也应随之变化,对原有理论进行修正和补充。资本主义面对不可避免的经济危机,采用了更加隐蔽和高明的手段,通过操纵消费建构消费主义社会的方式,将经济危机转嫁到生态危机上,这就要求马克思的危机理论也要审时度势,透彻洞悉生产、消费、人的需求、商业活动和生态环境之间的内在关系,不断修正理论认知架构,与时俱进,认清生态危机发生的本质逻辑。

其次,关于马克思的人与自然关系理论,生态社会主义学派充分借鉴了马克思的辩证思想和基本观点,承认人与自然的内在统一性,具体表现为:(1)人与自然共处同一个生态系统,相互作用,彼此联系;(2)人的自然属性本质意味着人离不开自然,需要向自然交换生存资源和能量;(3)生态自然的社会属性转换是人与自然关系和谐统一的必要环节,所以自然价值的实现也离不开人的社会活动。生态社会主义学派还对人类未来描绘了绿色社会的美好愿景,指出那是一个人与自然和谐共生的新型社会主义模式。

3. 生态危机跨境转嫁问题

生态危机在发达国家发生,在发展中国家也存在,关于不同区域生态危机之间关系问题,生态社会主义一针见血地指出发达国家对外输出生态危机的事实。发达国家通过产业链跨国延伸造成不公平的国际分工,将低端的对生态环境破坏力大的产业向发展中国家或者欠发达地区转移,或者直接向这些地区倾倒垃圾,一方面从这些地区掠夺发展资源能源,另一方面严重破坏这些区域的生态环境,还会在生态环境全球治理领域推卸责任,甚至将其作为对这些地区发起贸易壁垒和制裁的借口。生态社会主义学派除了洞悉到发达国家的生态剥削是造成欠发达地区生态环境恶化的根本原因之外,在一定程度上认识到资本主义社会在解决本地区生态危机问题方面的积极作用,但是资本主义的本质属性决定了它没有可能解决全球性生态危机问题。

4. 生态危机解决路径

(1)建构"稳态"经济模式。摆脱生态危机的根本出路是建立"稳态"的社会主义经济模式。这里所指的稳态经济模式具有以下几个特征:(1)经济发展要从追求规模目标转向质量目标。具体说就是破除以高消耗高污染大生产体系为主的集中化、规模化生产方式,转向发展以清洁无污染的小规模化的生产方式,目的在于激励人们在生产和消费每个环节都可以找到满足自我需要自主参与决策的领域,而不是在过度消费和资源浪费中寻求生命的意义及存在价值。(2)健康的"稳态"经济发展模式,是一种能与自然环境共同发展和谐相处的发展模式,既要有能力使大规模工业经济体系逐步被拆解,又要想办法尽可能降低人们对这种大规模体系的依赖性,帮助人们摆脱消费中心主义的心理束缚,降低对生态系统的压迫和破坏,使消费处于人与自然和谐统一的稳态之中。(3)达成"稳态"的手段和做法。一是把资源消耗限制在生态系统可承受范围之内;二是建立平等分配机制,缩小贫富差别;三是塑造节约消费的社会风气,鼓励人们在不损害生态系统的前提下来满足自己的基本需求,摒弃过度需求和浪费;四是限制人口过度增长;五是培育社会环境道德,减少废弃物排放,在生产环节提高产品品质、提升产品耐用水平,在产品设计上强调简便,减少材料物料的浪费,并且在设计之初就把易于回收考虑进去;六是要给人们创造更富创造性和自主性的劳动机会,让人们到劳动中探索存在的价值和人生意义,从物质依赖性和消费依赖性上回归到理性生产结构之中。

(2)建构社会主义新制度。生态社会主义充分认识到要从根本上重构资本主义权力关系,为建立前面所描绘的生产体系扫清制度障碍。那么在重构资本主义权力关系方面,社会主义新制度模式具有显著优势。因为生态危机不是某一领域问题,更不是单纯的自然问题,它是一个系统问题,关系到全社会的各个方面各个领域,这没有办法通过在资本主义制度框架上修修补补来完成,需要的是全领域的、社会制度关系的全盘变革,才能从根本上理顺人与自然的关系,解决全球性生态危机,这种新社会制度就是生态社会主义制度。

三、生态现代化理论

生态现代化概念最早由德国学者在 20 世纪 80 年代提出来。表达了一种新型社会发展理念,突出特色是将生态与现代化关联起来,核心观点即用生态优势推进社会的现代化进程,最终实现经济现代化大发展与生态环境保护协同共赢的目标。该理念体现了人们的美好愿望,人类的发展诉求需要经济社会现代化建设,同时也渴望优美生态环境给人类带来大自然的福祉,这二者有机结合即形成生态现代化构想。这一构想包含两层含义。一层是经济增长要以一定标准的生态环境品质为边界约束,经济发展一定要考虑环境保护问题,把生态建设作为发展的重要内容之一;另外一层含义是走经济增长与环境保护协同可持续之路,避免走先污染后治理和以牺牲环境为代价来换取一时发展的旧路径。

生态现代化理论以及生态现代化实践开始于 20 世纪 80 年代。在当时的西方社会,传统现代化带来了环境和生态危机,西欧一些发达国家如荷兰、英国等率先进行反思,由此在学术上兴起社会发展理论或环境政治学说。这些学说发端于对早期环境社会学的评析,尤其在解决生态环境危机的政策有效性问题上探讨的较为深入。其实践价值获得西方发达国家高度认可,进而作为环境策略被广泛采纳,其经验研究逐渐拓展到整个欧洲、美国、加拿大以及东南亚等地。基于生态环境问题的紧迫性,生态现代化理论有着广泛的适用价值,一经提出便在全球范围内迅速传播开来,理论研究进展迅速,其大致可划分为三个阶段。

(一)理论形成期

生态现代化理论形成于 20 世纪 70 年代至 80 年代。在这段时间内,在一些环境学、政治学及社会学著作中,开始出现若干有关于生态现代化学术论点,这些学术思想主要反映的是人们对传统现代化理论的隐忧、批判和反思,直到德国学者 Janicke 在 1982 的"作为生态现代化和结构性政策的预防性环境政策"项目研究中,以及 Huber 在 1982 年出版的《The lost innocence of ecology》著作中同时明确提出"生态现代化"这一概念,意味着生态现代化理论正式诞生。这一阶段生态现代化理论研究的最大贡献是学者们对概念内涵的讨论和明晰。主要理论观点:(1)强调政府在环境政策改革中的作用,包括对政府机构的批判观点,政府在环境改善过程中定位的讨论。(2)强调生态环境治理成效与工业技术进步水平息息相关。(3)强调生态环境的改善离不开微观主体的积极性,需要将生态环境治理纳入市场参与机制设计。(4)强调生态现代化过程中,从工业现代性向生态现代性转变是必经之路,生态现代化是工业社会向生态社会转型的必备内容。这些研究初步构建了生态现代化的理论框架。

(二)理论完善期

生态现代化理论在 20 世纪 80 年代末期至 90 年代末期进入逐步完善期。在这一阶段,生态现代化理论沿着三个方向演进并逐渐完善。

一是从社会管理政策演进视角,将生态现代化看作展现社会进步的新政策新策略。Janicke(1986)[15]将生态现代化看作是解决生态环境危机的一种办法,相比较以前的补救性策略,将其视作一种预防性策略。Hajer(1995)[16]更加大胆提出生态现代化是一种更具系统性的新政策论说,指出了生态现代化理论将从技术组合主义生态现代化走向"反省式"生态现代化的发展趋势。Mol(1995)[17]从规划策略的角度对生态现代化概念进行了深入的学理价值评价:(1)生态现代化概念从环境社会学视角探讨了生态的现代性和后现代性,拓宽了环境社会学的理论宽度;(2)是从社会科学分析视角提出了新型环境政治及政策范式;(3)成为 20 世纪末工业化民主国家设计生态政策的理论依据。Buttel(2000)[18]认为生态现代化是一个社会核心制度不断革新的过程,这个变化过程的诱发因素是生态环境问题。还有一些学者对生态现代化理论进行了微观应用,诸如企业发展、私人部门环境管理等。

二是从社会变革和进步的视角,提出生态现代化的社会革新模型。Spaargaren 和 Mol(1992)[19]系统分析了生态现代化与工业部门转型发展之间的内在关系,还深入阐释了生态现代化对社会变革和进步的动力机理。Cristoff(1996)[20]提出正确对待环境挑战及生态现代化的社会进步地位,否定把生态现代化仅作为一个技术概念来认知和阐释。更具创造性的研究是对生态现代化进行了分类,划分为弱生态现代化和强生态现代化两大类,这对生态现代化更具可操作意义。

三是从生态现代化与宏微观经济关系的视角入手,阐释生态现代化对宏观经济和微观经济的影响作用。Gouldson and Murphy(1997)[21]认为生态现代化是基于环境友好型工程技术进步的宏观经济重构模式,是生产模式和消费模式沿着生态化路径转型的经济组织结构革新。Huber(2000)[22]认为生态现代化是人类通过智慧的手段推进经济与生态协调发展共同进步的理论,同时它也是一个包括生产和消费向生态化转型在内的广泛社会转型过程。

四是从社会文化建设视角强调生态环境意识的重要性。Cohen(1997)[23]认为具有强烈环境保护意识和广泛科学敬畏精神的公众社会文化,是对生态现代化建设和实施的强有力支撑。

五是从生态现代化和可持续发展关系视角,辨析生态现代化理论与可持续发展理论的不同之处。Spaargaren 和 Mol(1992)[19]对可持续发展理论的评价是,之所以可持续发展理论被广泛认为对解决生态环境问题行之有效,是因为该理论内容更加抽象、宽泛和模糊,对很多解释具有较好的包容性,虽然也阐释了现代化理论范式可以用来解决生态环境问题,但在解决办法和手段上缺乏可操作性,相比较而言,生态现代化理论在用现代化理念解决生态环境危机时目标性更强,而且也具有更好的可行性。Orssatto(1999)[24]认为二者有显著的不同,可持续发展是社会性发展目标,而生态现代化主要强调自然生态与工业实践协调发展,也就是追求生态效率实现的过程。Hajer(1995)[25]却正好相反,认为生态现代化与可持续发展是紧密关联的两个理论,可持续发展的理论定位要高于生态现代化理论,二者具有从属关系,可持续发展是生态现代化的指引方向和底层逻辑,生态现代化是可持续发展的具象化理论,也就是说生态现代化理论比可持续发展理论更具体,更接近实践。

(三)理论实践期

生态现代化理论在进入 21 世纪之后更强调理论向经济社会发展实践的应用和转化,在这一阶段,生态现代化实证研究及实践应用案例的经验总结性研究逐渐增多。Mol & Sonnenfeld(2000)[26]和 Young(2000)[27]将生态现代化理论应用到国家、区域的研究中,同时研究了国家和国际组织的生态现代化案例。生态现代化理论实证内容主要集中于生态效率与技术、生态结构与组织、生态制度与政治、生态观念与文化等领域。此外,生态现代化实践领域不断拓展,城市生态现代化成为一个专门研究领域。由城市蔓延引起的各类城市问题需要城市生态现代化理论给予回应和解决,因此应该用"强生态现代化"理念 Cristoff(1996)[20]制定城市生态现代化发展策略。一方面强化制度建设,改变城市间的竞争格局,加强区域城市生态建设的整体意识和合作意识;另一方面需深入研究城市发展中生态现代化的建设容量问题(Weidner,2002)[28]。生态现代化建设实践已经成为发达国家的主要发展目标,如日本、德国、荷兰、瑞典等国家,把推动生态现代化进程纳入国家发展纲领,并把落实生态现代化的具体措施纳入国家环境政策体系。

第二节 西方生态文明实践演进过程

按照姚锡长(2017)①划分方式,国外生态文明建设实践可分为三个发展阶段。

---

① 姚锡长.国际比较视野中的生态文明建设研究.中国商论.2017,(28):150-153

一、环境问题涌现阶段

该阶段以 1962 年卡逊夫人《寂静的春天》作为开始时间,持续到 20 世纪 70 年代末期,可称为绿色意识觉醒阶段,表现为由社会各领域精英率先提出生态环境问题,点燃了人类对工业文明的反思之光,唤醒社会对生态危机的警觉以及深刻认知。在这一时期,人们对生态环境问题的实践活动主要体现在两个方面。一方面是面对严重的生态危机,生态环境运动风起云涌,其中美国的环保运动最具代表性。美国环保运动显著特征:(1)环保抗议事件增多,参与者众多。例如 1970 年之前,美国历史上的环保抗议事件只有 8 次,但是在随后的 9 年之中,就达到了 47 次,达到了美国历史上的最高值,增长了 3 倍多。环保运动参与人数众多,在 1972 年的地球日当天有至少 2000 万人参加活动。这一时期的环保运动中,女性环保主义者起到了重要的作用,环境保护成为当时美国女性社会活动的主要主题。此外,社会主流媒体也积极参与到环保运动中来,关于环保的新闻报道成倍增加。(2)环保理念出现。这一时期环保理念从资源保护转向新环保主义。资源保护理念强调资源使用合理性和效率最大化思想,尚处于狭义生态环保思想阶段。新环保主义也可称之为现代环保主义,强调提高生态环境质量、最大限度降低环境污染的广义生态环保思想。(3)环保运动范围广泛,内容丰富。环保运动主题种类较多,涉及野生动物保护、城市环境美化、工业废物污染问题、反核污染斗争等方面的环保运动。(4)环保组织得到迅猛发展。在 20 世纪 70 年代之后,在美国生态环保运动中成立的环境保护组织如雨后春笋般纷纷诞生,在塞拉俱乐部、荒野保护协会等传统环保组织基础上新成立了环境之友、绿色和平、美国环保协会等组织。生态环保组织成员规模也在快速增长,美国排名前 12 的环保组织成员从 1960 年的约 10 万人增长到 1972 年的 100 多万人。此外,倡导生态环境保护主张的社会组织也逐渐增加,据统计在 20 世纪 70 年代末期,该类社会组织已有 3000 多个。(5)生态环境保护的政府行动。1970 年之后,美国通过了多项环境立法,包括关于垃圾处理、有毒物质、农药、濒危物种保护等共计 23 个环境法律被美国国会通过;在国家环境治理政策中融入环境政策,美国签署了国家环境政策法案,建立美国环保局;1972 年联合国人类环境会议通过的《人类环境宣言》。

二、可持续发展的国家战略阶段

20 世纪 80 年代,可持续发展理念诞生,该理念将生态环保思想在时空维度上做了最为深广的拓展,追求以"协调"和"单调递增"为核心目标的发展方式。可持续发展作为一种理念,在实践上的指导性和可操作性均需要进一步深化。鉴于此,从国家层面推动可持续发展成为各国的主要政策导向,甚至上升到国家战略。在这一阶段各国的可持续发展实践有以下几个方面。

一是强化环境政策创新。西方发达国家在税收制度上进行创新,单独针对生态环境保护设置新税种,即生态税。总体来看生态税可分为三大类,第一类为了降低主要工业污染物排放量设置了二氧化碳税、二氧化硫税、水污染税等。第二类为了提高耗能材料使用效率设置了润滑油税、旧轮胎税、饮料容器税等。第三类为了针对造成其他公害的主要环境污染行为征税,例如噪音税和拥挤税等。

二是探索产业可持续发展路径。(1)美国十分注重农业的可持续发展,针对耕地保护、水资源保护、生态环境保护等制定了一系列法律法规,同时还制定了长期保护计划,如在1985年制定了"农地保护计划"。在1988年制定了农业研究和培训计划,旨在降低非环境友好型的农业投入和提高农业可持续能力。此外,美国还实施了退耕还草还林计划。(2)英国在这一时期为了提升农业活动与生态环境的协调发展能力,制定了一系列的农业环境计划。首先转变农业政策,英国政府逐渐放弃了完全依靠国内农业的政策,转而从国外进口大量食品,放弃了不惜一切代价提高产量和效率的做法,大力发展生态农业。其次加大法律保护力度,1981年在《野生动植物和乡村法》中加入对那些具有国家公园景观破坏性的农业活动设置限制性条款。1986年,在通过的《农业法案》中提出设立"环境敏感区",1987年,英国农业渔业及食品部制定了"环境敏感区计划",计划主要内容是政府与相关农场主和地主自愿签订为期五年或十年的按规定耕作及经营合同。(3)日本则积极宣传和推广自然农法。1991年,日本政府鼓励发展持续农业,推行环境保全型农业。为此,静冈县热海市自然农法国际研究基金会制定了自然农法技术纲要,建立了中部伊豆半岛的大仁农场、北部北海道有名寄农场、南端冲绳有石恒农场三个试验农场,并创建了世界持续农业协会。自然农法主张推广不使用化肥农药的种植技术,研究土壤堆肥技术以提高土壤肥力和安全性,研究作物病虫害防治技术,用栽培措施和物理防控来控制病虫害。(4)丹麦的生态工业园区。丹麦的卡伦堡工业园区,生态循环式园区发展模式发展于20世纪80年代,它是世界上最为成熟的生态工业园区,以能源、物质、信息循环利用为纽带的企业群落高效共生、协同发展,是世界多个国家建构生态工业园区的典范样本。

三、绿色经济的全球治理阶段

从20世纪90年代初期绿色经济概念诞生开始,绿色经济在可持续发展理念和实践基础上进一步将人类的生态思想和生态行为统一到一个系统框架之内。自1989年英国经济学家皮尔斯在《绿色经济蓝皮书》中首次使用绿色经济概念之后,发展绿色经济不仅是各个国家可持续发展战略的升级版,更是成为全球治理的新领域,有些生态问题甚至是国际话语权博弈的新焦点。这一时期生态环境实践主体多表现为国家行动以及国际政治行为,表现为全球绿色新政崛起。正式提出绿色新政概念的是联合国秘书长潘基文在2008年联合国气候变化大会上提出的。从内容上看,绿色新政一是强调政策属性是环境友好型的,有利于生态环境改善。二是强调政策的"新"内涵,决定着全球经济发展的新动向、新内容、新范式。三是强调政策对象的全局性复杂性,涉及全球性的环境保护、污染防治、节能减排等重大生态环境问题。从政策目的和意义上看,绿色新政关系到世界能源、产业、技术竞争新格局,率先掌握绿色发展话语权,就能在未来世界竞争中抢占制高点。以下是对各国绿色新政的具体实践行动进行梳理和总结。

(一)美国的绿色新政

美国绿色新政主要以市场手段为主,包括(1)制定排污权交易经济制度。早在 1990 年美国先于其他国家制定并实施了二氧化硫排污权交易政策机制,减排效果显著。2012 年,美国实行"总量管制与排放交易"机制,用拍卖方式分配全部二氧化碳排放份额。(2)在流域生态补偿制度上率先进行制度探索。流域生态补偿路径是由流域下游的受益主体向流域上游优质生态环境供给者给予经济补偿。补偿资金大部分由美国政府承担。流域补偿标准由美国政府根据竞标机制和自愿原则来确定。(3)实施新能源战略。美国政府在制定节能激励政策同时,通过财政手段激励可再生能源的开发和利用。《2005 能源政策法案》规定太阳能发电企业可享受"投资税收抵免",私人购买太阳能热水系统和光电设备所支付金额中的前 2000 美元的 30% 可从当年的联邦个人所得税中扣除。2006 年的"先进能源计划"旨在到 2015 年将太阳能发展成美国主要能源种类。

(二)德国的绿色新政

德国绿色新政以建构循环经济和生态账户为主要特征。1996 年德国确立了《循环经济与废弃物管理法》,大力发展以垃圾处理和资源再利用为主体的静脉产业,循环经济并将其打造成德国的支柱产业,同时也在各产业部门推行循环经济模式,建立起循环经济生产思想和生产行为习惯。德国在 2002 年出台的《联邦自然保护和景观规划法》中要求开展生态补偿,补偿对象主要是人类活动对土壤、生物多样性造成的生态损失。为了能够精准有效地落实生态补偿法规,首先需要建立"生态账户制度"。具体制度机制设计是:"官方授权机构向开发商出售可交易的生态积分,根据开发商对环境影响的大小,从生态账户中扣除相应积分;如果补偿项目提高了生态价值,增值部分可转换为积分存入生态账户"。

(三)日本的绿色新政

日本绿色新政内容较为全面。在生态环境保护方面实行控制与保护协同发展,在 1993 年出台了《环境基本法》。在推进循环经济方面,颁布了《建立循环型社会基本法》,以立法的形式在全社会推进"低环境负荷与高资源利用率"并重的循环经济形态。还制定了配套法规政策,如先后出台《绿色采购法》《资源有效利用促进法》《促进包装容器的分类收集和循环利用法》《家电再生利用法》《建筑材料再生利用法》《食品再生利用法》《报废汽车再生利用法》。此外日本政府还建立了 26 个生态工业园区,形成了完整的静脉产业链。在应对全球气候变化方面,日本率先提出低碳社会理念,1997 年在日本京都召开的全球气候大会形成了《联合国气候变化框架公约的京都议定书》,在形成共识性减少温室气体排放目标方面具有突出建设性意义。

(四)英国的绿色新政

英国在社会绿色宣传体系和节能减排新政体系建设方面具有突出贡献。英国在全社会建构了全方位的"生态文明传播体系",该体系的宣传目标是培养英国社会对生态文明的共同绿色价值观,提供公众对生态文明建设的行为自觉性。生态文明传播体系的宣传内容包括政策法规宣传、媒体大众传播、公众人际传播、城市空间和活动载体媒介宣传等。英国在节能减排方面的绿色新政主要包括制定绿色法案,反映在英国制定的《减碳承诺计划》之中,法案中设计了"温室气体排放许可证"制度、税收罚款制度、专家对企业减排辅助制度等。此外还包括"房屋热量散失税""节能减排一揽子计划""绿色投资银行资助清洁能源研究利用""可再生能源的圣地"等绿色新政。英国"绿色新政"计划终极减排目标是"到2050年碳排放减少到1990年水平的20%"。

参考文献

[1] 卢风. 生态文明——文明的超越[M]. 北京:中国科学技术出版社. 2019.

[2] Fetscher I. Conditions for the Survival of Humanity:On the Dialectics of Progress[J]. Universitas. 1978(3):161-172.

[3] MorrisonR. Ecological Democracy[M]. Boston:South End Press,1995:281.

[4] [美]小约翰 柯布 著,李义天 译. 文明与生态文明[J]. 马克思主义与现实. 2007(6):18-22

[5] Gare A. The Philosophical Foundations of Ecological Civilization:A Manifesto for The Future[M]. London & New York:Routledge. 2017.

[6] Aldo Leopold. A Sand County Almanac[M]. New York:Oxford University Press,1948.

[7] Boulding K E. The Organizational Revolution[M]. New York:Harper and Brother,1953.

[8] Herbert Marcuse. Reason and Revolution:Hegel and the Rise of Social Theory[M]. Humanity Books,1999.

[9] Leiss W. Limits to Satisfaction:An Essay on the Problem of Needs and Commodities[M]. McGill-Queen's University Press,1976.

[10] Agger B. Western Marxism,an introduction:Classical and contemporary sources[M]. Goodyear Pub. Co,1979.

[11] Gorz A. Ecology as Politics[M]. Pluto Press,1983.

[12] Georges Labica. Ecology and class struggle[J]. A handbook of Marxism,1991(8):12-20.

[13] Grundmann, Reiner. Marxism and Ecology [M]. oxford:Oxford University Press,1991.

[14] David Pepper. The Roots of Modern Environmentalism [M]. London:Croom

Helm,1984.

［15］Janicke,M. S taatsversagen. Die Lhnmacht der Politik in der Industriegesellschaft［M］. Munichlzurich:Piper,1986.

［16］ Hajer Maarten A. The Politics of Environmental Discourse. Ecological Modernization and the Policy Process［M］,Oxford University Press,1995.

［17］Mol,A. P. J. The Refinement of Production:Ecological Modernization Theory and the Chemical Industry［ M］. Utrcht:Jan Van Arkel/ International Books,1995.

［18］ F. H. Buttel. Ecological modernization as social theory［J］. Geoforum,2000,31 (1):57-65.

［19］ Spaargaren, G. and Mol, A. P. J. Sociology, environment and modernity: Ecological modernization as a theory of social change［J］. Social and Natural Resources, 1992(5).

［20］ Cristoff. Ecological Modernization and Ecological Modernity［M］. 1996.

［21］ Gouldson A P. and Murphy J. Ecological modernization:economic restructuring and the environment［M］. Blackwell Publishers,1997.

［22］ Huber. Towards industrial ecology:sustainable development as a concept of ecological modernization ［J］. Journal of Environmental Policy and Planning,,2000,1(2):86

［23］ Cohen M J. Risk Society and Ecological Modernization alternative visions for post-industrial nations［J］. Future,1997,29(2):105-119.

［24］ Orssatto R J. The Political Ecology of Organizations ［J］. Organization & Environment,1999,12(3):263-279.

［25］ Hajer Maarten A. The Politics of Environmental Discourse. Ecological Modernization and the Policy Process［M］,Oxford University Press,1995.

［26］ Mol A P J, Sonnenfeld D A. Ecological modernization around the world: perspectives and critical debates ［M］. Ilford:Frank Cass,2000.

［27］ Young, S. C. The Emergence of Ecological Modernization:Intergrating the Enviro nment and the Economy［M］. London:Routledge,2000.

［28］ Weidner. Capacity Building for Ecological Modernization ［J］. American Behavioral Scientist,2002,45(9):1340-1368.

第二章 国内生态文明理论和实践演进历程

第一节 生态文明科学内涵的源与流

一、生态文明科学内涵的核心要义

生态文明科学内涵的核心要义集中体现于习近平生态文明思想[1]，习近平生态文明思想是对以往生态文明内涵定义的系统阐释和科学升华。以习近平生态文明思想为理论引领，全视角透视，生态文明科学内涵包括以下五个层面的核心要义。

(一)生态文明科学内涵的生态要义

生态文明科学内涵的生态要义：(1)生态环境是可持续发展最为重要的基础。旗帜鲜明提出生态环境对人类发展的基础性功能，没有生态环境就没有人类的发展，充分体现了"生态优先"原则；(2)生态环境要达到"绿水青山"标准。在习近平生态文明思想中，"绿水青山"是对生态文明生态性的最形象表达，更是对生态环境品质的明确要求，是生态文明建设行为的方向标；(3)生态环境对人类活动边界要求是资源节约和环境友好。生态环境与人类活动的关系是生态文明产生的现实基础和思想源头，资源节约和环境友好是人类在处理与生态环境关系时的行为标尺。

该要义具有鲜明的中国特色，是中国智慧的集中体现。中国并没有在生态第一性或人类第一性问题上纠缠不清，而是以"和谐""包容""开放"等思想理念出发，寻求生态与人在自然组织过程中实现平衡共生的生态美学。

(二)生态文明科学内涵的人本要义

生态文明科学内涵的人本要义：(1)生态文明建设的前提条件是造福于人民。其充分体现了中国共产党以为人民服务为宗旨的根本目标，也是中国特色社会主义生态文明建设与众不同之处，是党为提高人民福祉针对生态文明建设进行的顶层设计，有根本政治制度保障，有全盘布局，有系统规划，有要素保障。(2)生态文明建设强调富民效应。这是中国式生态文明建设又一独特之处。在生态文明建设过程中，把为人民服务真正落到实处，既让人民享受绿水蓝天生态之福祉，又要向生态要经济效应，生态富民。这也正是"绿水青山就是金山银山"理论的精神实质。(3)生态文明建设以人民为主体，尊重人民在建设过程中的主体意愿和创新精神。因不同区域不同生态属性特征探索不同生态建设路径,以及不同的生态产品价值实现方式。因地域,因人群,因文化开展生态文明差异化建设。发挥人民的积极性和主动性,全民共建大生态,共创生态文明历史新篇章。

(三)生态文明科学内涵的系统观要义

生态文明科学内涵的系统要义:(1)强调参与主体多元性,建设对象多样性,主客体关系复杂性。体现了党和国家对我国生态环境治理问题在认识论层面有着客观理性深刻的理论准备。这也是习近平"系统性"[①]治理理念的深刻体现。(2)强调生态文明建设手段和路径上要讲求协调互补,追求 1+1 大于 2 的整体效应,避免各自为政、相互矛盾和内部消耗。(3)生态文明的理想形态是和谐共生。中国语境下的和谐共生有着独特的中国传统文化意蕴,是整体观、全局观和实事求是高度融合的宏大视角,包括人与自然的和谐共生,经济区域与生态区域的和谐共生,生态内部山林湖草田的和谐共生,生态外部城市与乡村的和谐共生。

总之,生态文明科学内涵中的系统观要义需要在生态环境治理过程中,建设主体用系统方法论对建设对象进行规划、实践、管理、评估、检验。系统观既是开展工作的方法论要求,又是生态文明建设的结果目标。

(四)生态文明科学内涵的科学要义

生态文明科学内涵的科学要义:(1)生态文明反映的是自然与人类和谐共生关系的一种客观存在,这种关系是不以人的意志为转移的。人们在对待人与自然关系上要秉持敬畏心理,在正确认识基础上,尊重并主动建设维持这种关系,而不是背离甚至破坏这种关系,破坏的结果往往是被大自然以惩罚的方式纠偏回正确轨道,但这样人类要付出更为惨痛代价。(2)生态文明反映的是人类创造的物质成果和精神成果高度统一的客观规律,该规律将人、自然、社会置于同一共生框架以期达到和谐发展。从这个意义上讲,生态文明建设是一项系统工程,这是人类认识自然和改造自然要遵循的基本规律和基本原则,只有这样才能做到科学建设生态文明,保证在改造自然过程中尊重自然规律,在其基本规律的逻辑框架内改造自然、使用自然。(3)生态文明建设需要先进科学技术作为重要手段支撑,需要人类用更先进的环境友好型科学技术体系替代原有生态对抗型科学技术体系。从这个意义上看,生态文明建设本质上是人类科学技术升级换代过程,是一场系统的科学技术革命,并由科技革命带来产业革命和社会革新。

(五)生态文明科学内涵的文明要义

生态文明科学内涵的文明要义:(1)将生态上升到文明的高度是中国在生态思想史上的首创,"生态兴则文明兴,生态衰则文明衰"[②]深刻阐述了生态与文明之间的密切关联,也是提

---

① 2013 年 9 月 17 日,习近平在党外人士座谈会上指出。
② 2018 年 5 月 18 日,习近平出席全国生态环境保护大会并发表重要讲话。

出生态文明的现实价值和必要性。(2)在人类文明发展过程中,生态文明是一个更为先进的高阶文明形态,与工业文明相比较而言,生态文明追求的是"人与自然是生命共同体",使得原有的经济建设、政治建设、文化建设、社会建设这些必要的人类活动超脱了单纯的物质创造和物质体验,而是将其与自然体验和生态体验高度融合。

二、生态文明科学内涵的学史地位

中国生态学家叶谦吉先生于 1987 年在国内首次提出生态文明概念①。郭印(2008)强调"生态文明的核心内容是'人类在处理与自然关系时所达到的文明程度'"[2]。

下面对我国学者关于生态文明内涵进行系统梳理及分析,寻找我国学者对生态文明内涵的理解的渐进过程,具体见表 2-1。

表 2-1　　　　　　　　　　　　　　生态文明概念汇总

学者及时间	定义原文	定义特色
叶谦吉、罗必良 1987	"生态文明的本质意义是人与自然的和谐统一,人类既从自然中获利,又还利于自然。"[3]	强调人与自然和谐关系
李绍东 1990	"生态文明应包括纯真的生态道德观、崇高的生态理想、科学的生态文化和良好的生态行为四个方面。"[4]	强调生态文明内容
沈孝辉 1993	"为拯救世界和人类自己,人类传统的生活方式、生产方式和思维方式均需要进行深刻的环境革命,这样才能找到一条新的发展途径,建立一个与大自然和谐相处、互不损害、共同繁荣,以环境保护为旗帜的人类新文明——这就是生态文明。"[5]	强调人与自然和谐关系
刘湘溶 1999	"生态文明是文明的一种形态,是一种高级形态的文明。生态文明不仅追求经济、社会进步,而且追求生态进步,它是一种人类与自然协同进化,经济—社会与生物圈系统进化的文明。"[6]	强调生态文明是一种高级文明形态
潘岳 2006	"生态文明,是指人类遵循人、自然、社会和谐发展这一客观规律而取得的物质与精神成果的总和;是指以人与自然、人与人、人与社会和谐共生、良性循环、全面发展、持续繁荣为基础宗旨的文化伦理形态。"[7]	强调人与自然的和谐关系

---

① 1987 年 6 月,生态农业科学家叶谦吉在全国生态农业研讨会上,针对我国生态环境恶化的态势,呼吁要"大力提倡生态文明建设",成为国内首次提出生态文明概念的学者。

学者及时间	定义原文	定义特色
王治河 2007	"生态文明是追求人与自然共同福祉的文明,是人类文明的一种新的形态,是对现代工业文明的反思与超越。生态文明是一种后现代的'后工业文明'。"[8]	强调生态文明是一种高级文明形态
钱俊生 2008	"广义的生态文明……是人类社会继原始文明、农业文明、工业文明后的新型文明形态……狭义的生态文明,即从生态文明与社会整体文明的关系来看,生态文明是与物质文明、政治文明和精神文明相并列的现实文明形式之一,着重强调人类在处理与自然关系时所达到的文明程度。"[9]	强调广义与狭义综合概念
陈寿朋 2008	"生态文明内涵主要包括生态意识文明、生态制度文明和生态行为文明三个方面。"[10]	强调生态文明内容
夏光 2009	"生态文明是国家处理人与自然关系的伦理要求。"[11]	强调人与自然的和谐关系
卢风 2013	"生态文明指用生态学指导的文明,指谋求人与自然和谐共生、协同进化的文明。"[12]	强调人与自然和谐关系
党的"十八大" 2012	经济建设、政治建设、文化建设、社会建设、生态文明建设五位一体。	强调生态文明建设内容
王玉庆 2014	"中国传统文化蕴含着许多人与自然和谐的思想,体现了与现代生态文明相契合的生态智慧。"[13]	强调人与自然的和谐关系
杨庭硕等 2015	"生态文明不仅需要追求人与自然的和谐共融,同时也必须追求可持续的发展。"[14]	强调人与自然的和谐关系及持续发展
党的"十九大" 2017	建设生态文明是中华民族永续发展的千年大计。必须树立和践行绿水青山就是金山银山的理念。	强调生态文明的中国属性及人民性

中外学者在界定生态文明内涵时,分析视角多聚焦于人类与自然的关系问题以及生态在文明成长道路上的历史作用。基于习近平生态文明思想的生态文明科学内涵,是对中外学者关于生态文明内涵研究的集大成者。广义上,该定义认为生态文明是一种新的文明形态,从人类历史纵向维度将生态文明作为比工业文明更加高级的文明形态。此外,该定义认为生态文明意蕴更加宽泛,内容更加丰富,出现了关于自然生态的新理念、新思想、新价值观、新机制、甚至新物质。狭义上,该定义更加注重人类的经济、社会、文化等全部活动内容要符合生态规律,达到人类与自然和谐共处。

三、生态文明科学内涵的思想源流

生态文明思想来源多元化,综合国内外学者相关研究成果,按主流且共识性观点的内在逻辑,梳理生态文明科学内涵的思想源流图普如图 1-1 所示。

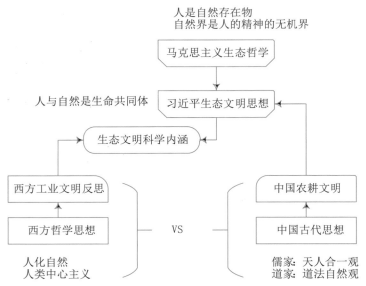

图 1-1　生态文明科学内涵的思想来源

首先,生态文明科学内涵直接衍生自习近平生态文明思想的"人与自然是生命共同体"生态哲学内核。习近平生态文明思想既是对马克思主义生态哲学的继承和发展,又是中国古代自然观思想及优秀传统文化在新时代的凝聚与发扬。因此,生态文明科学内涵以习近平生态文明思想为内核,吸纳了中国古代自然哲学思想,继承了马克思主义生态哲学思想。生态文明科学内涵也在一定程度上保留了西方生态哲学的思想痕迹,尤其是对既有工业文明体系中具有生态对抗性的技术体系、行为模式、社会规范等的反思精神,要予以吸纳和继承。

四、生态文明科学内涵相关概念

与生态文明科学内涵息息相关的首要概念是生态文明建设。生态文明建设是在党的"十八大"被明确提出的,"把生态文明放在突出地位,融入经济建设、政治建设、文化建设、社会建设的各方面和全过程",提出"五位一体总布局"的战略定位。这个重大决定在人类生态文明建设史上具有里程碑意义,把人们探索生态文明的各种行为统一到同一个目标、同一个思考框架以及同一行动指南下。具体内涵包括两个层次:第一,强调生态文明的重要性。要求给予生态文明较高的战略定位,在国家全方位建设发展格局中属于"突出"位置,表现为重要性突出,重视度突出,发展时序优先,要素匹配优先。第二,强调全方位融入。要求自然生态不再是人类活动的外生变量,必须要内生化,而且不是局部融入,是各领域、各环节、全过程融入。给生态文明建设的深度和广度既做了量的规定,又做了质的要求。党的"十九大"不仅把生态文明建设的战略地位进一步提高,提升到"基本国策"和"千年大计"的战略高度,而且创造性提出"绿水青山就是金山银山"的建设理念和行动纲领。关于这部分内涵的理论洞见,本书会在本章后续内容中予以详细阐释。

与生态文明科学内涵关联紧密的另一概念是生态文化。生态文化首要是价值观的改变。"从反自然的文化,人统治自然的文化,转向尊重自然,与自然和谐发展的文化"(余谋昌,1996)[15]。该定义从动态角度阐释生态价值观是一种由旧的价值观演变过来的新的价值观,把与自然和谐发展价值认同作为新的文化内涵。卢风(2019)做了更为具象化的界定,指出生态文化即蕴含生态价值观的哲学、宗教、科学、文学和艺术,并进一步强调其"超越物质主义"的"内用力"特性[16]。周鸿(2020)[17]对上述两种定义进行了综合,认为生态文化是人与自然协同发展的文化,也是人类建设生态文明的先进文化。尽管生态文化定义种类繁多,但核心要义有以下几点:(1)是一种生态价值观;(2)文化内容包括与生态相协同的所有物质财富和精神财富;(3)文化具有进程性。

第二节　国内生态文明理论演进历程

国内生态文明理论思想存续时间较长,发展历史较为久远,生态文明理论在演进过程中继承与吸纳并存,最后形成具有中国特色社会主义的生态文明理论。总体上可分为三个阶段。

一、中国古代生态文明思想孕育阶段

中国古代生态思想的内容体系比较完整,内容丰富,思想鲜活,对生态环境的认知角度多元,动静结合。整体来看,中国古代生态思想包括理论认知层面的生态思想和生态协同实践思想。儒家、道家等古代各哲学思想流派分别对两个层面阐述了各自不同的认知内容和思想观点。

(一)中国古代生态理论的核心思想

中国古代生态理论思想内核是自然化生一元论思想。该思想源于中国古人独特的宇宙观和对自然环境的认知视角。在一开始思考探讨宇宙及万物如何形成这个问题时,就选择了第三者及宏观整体的高度抽象视角,将"生"作为宇宙万物存在及演变的逻辑起点和基本规律。中国古代主要先哲思想家均有对"生"的论述,如表2-2所示。

表 2-2　　　　　　　　　　　中国古代思想家对"生"的论述总结①

古代思想家对"生"的论述	来源典籍或作者
生生之谓易,天地之大德曰生	《周易·系辞》
天地感而万物化生,圣人感人心而天下和平;观其所感,而天地万物之情可见矣	《周易·咸卦》
天地氤氲,万物化醇;男女媾精,万物化生	《周易·系辞传》
圣人久于其道而天下化成	《周易·恒卦》
观乎天文,以察时变;观乎人文,以化成天下	《周易·贲卦》
道恒无名,侯王若能守之,万物将自化	《道德经》
天下万物生于有,有生于无	
道生一,一生二,二生三,三生万物	
天地含精,万物化生	《列子·天瑞》
化育万物谓之德	《管子·心术上》
天地为大矣,不诚则不能化万物	《荀子·不苟》
乐者,天地之和也,和,故百物皆化	《礼记·乐记》
二气五行,化生万物	周敦颐
二气交感化生万物	
盖二气五行化生万物	朱熹
五行之气自行于天地之间,以化生万物	王夫之

"生"强调包括人在内的自然万物来自生成论,而非既成论或者创造论。这二者的区别在于既成论或创造论实质上将创造主体和客体隔离成二元存在,忽略了主客体之间的互动机制。而生成论恰恰相反,生既是存在本体又是变化过程,主体客体互动共生,彼此促进,自然一体,形成中国独特的生态整体观。为了将这一思想表达得更为准确和形象,中国先哲思想家们选择了精妙的"化生"一词,更加强调"生"的过程是自化过程,是主客体之间"感"而"自然进化"的融融共生之态。

(二)中国古代生态理论的流派思想

由这一核心思想出发,各主要思想流派各自从自身学说的核心思想出发阐释其生态思想。

首先,儒家学派从伦理视角阐释人与自然的关系,主要包含两个层面:

第一层是人对自然生态环境持有什么样的态度。归纳孔子、荀子、董仲舒等儒家代表的生态伦理观,崇尚"天命"生态观。如《论语·阳货》记载孔子之言"天何言哉?四时行焉,百物生焉",寓意为天并不说话,可是万物依旧照着一定的规律发展,所遵循的自然万物规律即

---

① 来自中国社会科学院哲学研究所余谋昌研究员于 2020 年发表在南京林业大学学报(人文社会科学版)第 4 期的《中国古代哲学的生态智慧》学术论文,由文中研究内容归纳而成。

为"天命",并进一步强调在该生态观下的行为方式应该为"知天命",按照自然生态发展规律行事,而不应该违背规律,达成"天人合一"效果。荀子也认为"圣王之制,草木荣华滋硕之时则斧斤不入山林,不夭天生,不绝其长也……"指万物的运行是有内在规律的,人类的行为要以遵守自然规律不逾矩为根本准则。之后的董仲舒也进一步强调"行为伦理副天地",儒家对待自然的"遵天命"态度前后一以贯之。

第二层是人面对自然生态环境时应该采取什么样的行为及反应,也就是该采取什么样的行为方式"遵天命"呢?孔子提出"子钓而不纲,弋不射宿"(《论语·述而》)的资源节约观。意思是抓鱼时只用鱼竿不用网,捕鸟时不捕杀巢中幼鸟,旨在节制欲望,追求可持续发展。正如孟子的"使民养生丧死无憾",也强调不能使欲望无限膨胀,要按照自然规律攫取资源。荀子也提出合理使用和消耗自然资源的节约思想。不打破自然规律、不破坏自然、不浪费资源作为人的道德规范之一,作为"圣人之制"的必然要求。此外,儒家还倡导保护自然生态的行为。孔子的"乐山乐水",孟子的"亲亲而仁民,仁民而爱物",朱熹强调的"仁是根,恻隐是萌芽"等均表达了对万物"仁爱"的生态情怀,这是一种尊重自然、公平、公正、平等对待万物的生态价值观,更是人与自然和谐共生的思想基础。

其次,在道家学派思想中,"道"是人与自然关系中的最高存在,作为道家思想创始人老子,将"道"视作客观自然规律,也是宇宙万物变换的根本。老子的核心生态思想是"道法自然",另一位道家代表人物庄子主张"物我合一"思想,如果将其用于人与自然界的关系,即为"天人合一"生态思想。由此"天人合一"和"道法自然"是道家生态思想的核心观点,均强调道、天、地、人四个子系统相互作用、和谐共生的关系。而且他们认为人与自然统一不仅是必要的,而且是可能的,因为万物的生存都离不开自然环境,人类的活动应"师法自然",遵循自然规律,不能离开天地万物而独立存在,人类与万物必定是相互依存、相互依赖的关系。

关于人在与自然生态相互作用过程中应该遵从什么样的行为准则方面,道教提出了"无为"的行为标准。"无为"并非消极不作为,而是要依照自然本性和规律而为,不做违反自然规律之事。遵循"见素抱朴,少私寡欲"(《道德经》)的思想,也就是说人要克制对自然资源过度掠夺的欲望,凡事适可而止,才能做到自然无为,实现人与自然的协调发展,维持生态平衡。

综上所述,无论是儒家的"天命"思想,还是道家的"天道"思想,都有一个共同的观点那就是人与自然本就一体,人类命运与自然进程休戚与共,警醒教化人们要尊重自然,遵循自然规律,有理、有度、有节地向自然索取,以求平衡发展,最终形成人类与自然界的生命共同体。

二、中国现代生态文明理论的吸纳与形成阶段

自新中国成立到党的"十八大"召开,在这 60 余年间,中国现代生态文明理论除了继承中国古代优秀生态文明思想之外,还继承了马克思生态文明理论的精髓,同时也吸纳了现代

西方生态理论的部分观点。此时,中国境内多种生态文明理论相互碰撞交叉。

(一)环境治理实践思想的形成

从新中国成立至 20 世纪七八十年代。在经济社会发展过程中,已经认识到环境治理的重要性,尤其在工业领域,有毒有害物质的处置问题深深困扰着实践者。钟玉昆(1973)[18]首次明确提出"化害为利,保护环境"的治理思想,提出三层含义,首先指出工业"三废"的环境危害性,工业"三废"已成为无法克服的社会公害,它严重污染空气,毒化江河,破坏水源,破坏农、渔业生产,危害人民健康。然后提出要正确认识工业发展与工业废弃物的关系,二者就是相生相伴如影随形的关系,并提出变"废"为宝的治理思想。最后指出环境保护问题与社会主义制度的关系,强调环境问题与社会制度形式无关,不同的社会制度只是决定了对生态环境治理方式不同、治理路径不同、治理效果不同,并进一步指出我国社会主义国家在解决这些具有公共产品属性的环境问题更有制度优越性。

进入 20 世纪 80 年代,环境治理逐渐从工业"三废"治理拓展至大空间尺度的环境治理问题,温存德(1980)[19]关注到"生态平衡失调"问题,指出"人类活动正以越来越大的力量冲击着自然界。在某些方面由于不按自然规律办事超过了自然界动态平衡的恢复能力,结果环境被污染或破坏,生态平衡失调或崩溃,出现了'公害'"。之后,环境治理实践向着全领域、多元化、专业化、技术化方向深入开展。环境治理思想伴随着中国经济发展的整个过程。

(二)西方生态理论引入和阐释

20 世纪 80 年代,各个西方生态理论流派传入中国,张业清(1989)[20]首次将生态伦理引入中国的伦理学研究范畴,介绍了生态伦理的全球道德属性、定义内涵、理论发展历程及理论流派的核心观点等。之后学者们快速将国外的生态伦理理论与中国传统文化中的生态思想放到一个分析框架下进行比较研究,研究成果十分丰富,以"生态伦理"为关键词,在CNKI 数据库中搜索到学术论文共计 4142 篇,研究主题分布情况如图 2-2 所示。

由上述主题分布情况来看,中国对生态伦理的探讨更加注重与中国传统文化的结合及与中国发展实践的结合,强调其时代价值、本土化价值,以及对解决中国生态环境问题的思想引导价值和实际应用价值。

夏雷(2000)[21]首次将生态现代化理论引入中国学术界,作者在《工业化国家的生态现代化理论》一文中以完全客观的角度简要介绍了生态现代化理论全貌。之后在生态现代化理论研究方面沿着这样几个方向演进。一是生态现代化理论与中国环境决策相结合,何晋勇和吴仁海(2000,2001)[22,23]强调"国内的环境决策以 Christoff 的分类为依据,应属于弱生态现代化一类,如何吸取强生态现代化的长处,对当前决策的制定应是一种启发。政府在环境决策的角色,应从被动的补救到积极的预防,从封闭的决策到民众广泛参与的决策,从严格的集权到适当的分权,从纯粹的干预向引导转变,找到适合中国国情的环境决策方法"。二是生态现代化理论与具体领域结合,包括与城市建设、住宅业、企业发展等领域的深度融

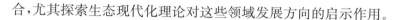

合,尤其探索生态现代化理论对这些领域发展方向的启示作用。

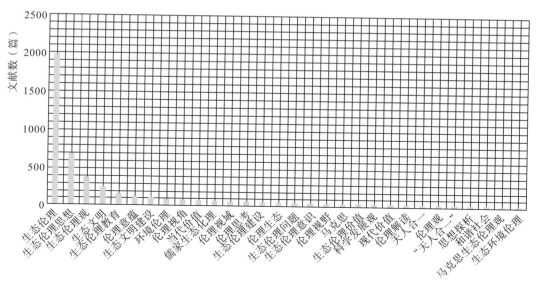

图 2-2　中国生态伦理研究主题分布

(三)马克思主义生态理论与中国实践的结合

中国生态文明理论界将马克思生态文明思想作为中国生态文明理论的重要渊源之一,指出在中国特色社会主义生态文明建设过程中,马克思的生态文明思想可以作为指导思想。马克思生态文明思想中的核心指导思想包括两大类。一是从自然界视角看人与自然的关系。一方面强调人诞生于自然,是从自然分化与进化而来的,从这个意义上说,自然是人类赖以生存与发展的母胎环境,是人类生存所必需的物质交换的直接对象。从人类发展的角度看,人是自然界发展到一定阶段的产物,人类的发展离不开自然环境的发展,人类的发展本身就是自然环境发展的一部分。另一方面强调人对自然的能动性。人类为了维持自身的生理机能正常运转,就必须与自然界进行持续不断的物质能量交,其中关键的转换环节就是人类的生产劳动活动,人类在生产过程中经过人与自然的物质能量交换,把自然这个无机的身体变成自己的身体,维系和延伸自己的存在与发展。

二是从人类的角度看人与自然的关系。指出人类的生产活动是人与自然内在统一性的基础,自然与人的关系是在人的实践基础上统一结合在一起的。因为人在本质上是社会存在物。人与自然的关系必然受到人与人所结成的各种各样的社会关系的制约。只有在这些联系和社会关系范围内才会有他们对自然的关系。由此引申出人类在进行实践活动时可以发挥其主观能动性,但不能违背自然的客观规律,否则会受到大自然的报复。这一认知与今天中国生态文明建设思想不谋而合,人类可以对自然进行改造但必须要遵循客观的自然规律,不能将人与自然视为敌对关系。此外,马克思生态理论还从科技生产力角度阐释了人对自然的能动性。在这个能动过程中,包含了科技进步、生产力发展与生态文明建设三者之间的动态关联与反应,马克思意指科学技术的进步促进生产力的发展,这既是建设生态文明的必要物质基础,也是生态文明建设的根本手段。也就是说虽然以往科技进步加速了人类对自然的改造力度,带来了生态危机,但是这是由于当时人类的生态意识薄弱,今天在强化生态意识的条件下,人类要想与自然环境和谐共生必须依靠科学技术的进步。

三、中国特色社会主义生态文明思想建立阶段

从党的十八大至今,以习近平生态文明思想为核心形成的习近平生态文明理论是国内生态文明思想及理论的集大成者,体现了国内生态思想由分散走向系统的发展历程。"习近平生态文明思想是由习近平同志主要创立的关于生态文明建设的全部观点、科学论断、理论体系和话语体系,集中体现了以习近平同志为核心的党中央为推动和促进人与自然和谐对经济社会发展规律认识、党的执政理念和执政方式的不断深化和勇于变革。习近平生态文明思想既是马克思主义关于人与自然关系(专门)思想和学说、马克思主义中国化的最新发展、最高成就,是习近平新时代中国特色社会主义思想十分重要的组成部分;又是整个人类社会人与自然关系思想史上的重要里程碑,是当代中国以生态文明建设构建人类命运共同体的中国方案和东方智慧。"①

(一)习近平生态文明思想的形成过程

习近平生态文明思想形成于对人民群众的朴素情怀之中,成长于为人民群众办实事办好事之中,扎根于中国发展现实、实事求是精神和强大的系统观,成熟于对中国特色社会主义理论体系和发展实践的科学论断和宏伟布局。生态文明的人民性是习近平生态文明思想的根和魂,更是思想结出成熟之果的养分之源。纵观其全部发展过程,可分为思想萌芽期、思想孕育期、思想实践期、思想形成期和理论成熟完善期五个阶段,这五个阶段充分体现了生态文明思想从实践中来到实践中去的发展历程,具体内容如表2-3所示。

表 2-3 习近平生态文明思想演进历程

发展阶段	时间	地点	实践经验	生态思想体现
思想萌芽期	20世纪60年代	陕西梁家河	治沟打坝、植树造林、大办沼气	为人民解决实际问题
	20世纪80年代	河北正定县	发展林业、利用荒滩,制定了《关于放宽发展林业的决定》	"宁肯不要钱,也不要污染"

---

① 该定义来自中国社会科学院生态文明研究智库理论部主任黄承梁发表在《中国人口·资源与环境》杂志 2019 年第 12 期上的文章《习近平生态文明思想历史自然的形成和发展》。

续表

发展阶段	时间	地点	实践经验	生态思想体现
思想孕育期	1985至2002	厦门	"强调不能以破坏资源环境为代价换取经济发展,着力整治乱砍滥伐树木、乱采砂石工作,推动筼筜湖综合治理。"	环境治理思想
		宁德	"靠山吃山唱山歌,靠海吃海念海经;闽东经济发展的潜力在于山,兴旺在于林。"	绿水青山思想
		福州	"生态环境规划"列入区域经济社会发展规划	提出"城市生态建设"理念
		福建	在三明市将乐县常口村调研时提出:"青山绿水是无价之宝,山区要画好'山水画',做好山水田文章。"形成了中国水土治理的"长汀经验",成为我国乃至世界范围内水土流失治理的典范	绿水青山思想
思想实践期	2003至2007	浙江	"八八战略"明确提出"进一步发挥浙江的生态优势,创建生态省,打造'绿色浙江'",启动实施了"千村示范、万村整治"工程	诞生了"绿水青山就是金山银山"科学论断
	2007	上海	"要以对人民群众、对子孙后代高度负责的精神,把环境保护和生态治理放在各项工作的重要位置,下大力气解决一些在环境保护方面的突出问题。"	生态文明理念
思想形成期	2007至2011	——	"两山"理论内容体系建构及示范实践	"两山"理论思想
理论成熟完善期	2012	——	生态文明写入党章	生态文明思想
	2018	——	习近平同志首次提出了"生态文明体系",涉及生态文化体系、生态经济体系、生态环境质量目标责任体系、生态文明制度体系和生态安全体系五大方面	生态文明系统论思想
	2019至今	——	生态文明系统理论全方位践行	生态文明系统践行思想

(二)习近平生态文明思想的核心内容

习近平生态文明思想的核心内容是"绿水青山就是金山银山"的"两山论"。"绿水青山就是金山银山"是习近平同志关于生态文明建设最为著名的科学论断之一,是习近平生态文明思想的独特价值和理念追求。"绿水青山就是金山银山"不仅写入党的十九大报告和修订后的《中国共产党章程》,成为党积极建设生态文明的党的意志,也是国家建设生态文明根本的思想遵循。

习近平"两山论"科学论断的核心内涵主要包括(1)是一种新的绿色发展观、可持续发展思潮、人与自然和谐的方法论和实践论①。新体现在习近平对新时代、新格局、新需要、新发展模式辩证关系的准确判断和把握,这与实现中华民族伟大复兴中国梦一脉相承。世界的发展历程和经验提醒我们,中国的崛起只有另辟蹊径,依靠走出一条新道路方可实现。这条新路径必须与人类未来命运同向而行方有旺盛生命力和可行性,这条新路必须要把人与自然结成命运共同体,符合自然万物的基本规律。(2)"两山"关系范畴阐释。习近平对"绿水青山"和"金山银山"辩证关系进行了系统阐述,指出关系演替分三个阶段,"第一个阶段是用绿水青山去换金山银山,不考虑或者很少考虑环境的承载能力,一味索取资源。第二个阶段是既要金山银山,但是也要保住绿水青山,这时候经济发展和资源匮乏、环境恶化之间的矛盾开始凸显出来,人们意识到环境是我们生存发展的根本,要留得青山在,才能有柴烧。第三个阶段是认识到绿水青山可以源源不断地带来金山银山,绿水青山本身就是金山银山,我们种的常青树就是摇钱树,生态优势变成经济优势,形成了浑然一体、和谐统一的关系,这一阶段是一种更高的境界"。②(3)是全球语境和国际表达。③从"构建人类命运共同体"④的视角出发,这是中国更长远的全球眼光、更广阔的人类视野、更博大的胸怀,更从容的气度的具体体现,更是中国作为世界大国参与全球治理体系、勇于承担大国职责的体现。(4)是当前人类社会新的价值观和发展观。对于人类社会发展而言,由工业文明社会走向生态文明社会是必经之路,当前,人类文明正处向新意识、新认知、新理念过渡的转折点上,据此,习近平"两山论"以承认"自然界的价值"为核心,在超越资本逻辑的基础上,为实现工业文明向生态文明转向转型提供了新的价值观和发展观。

(三)习近平生态文明思想特色

习近平生态文明思想理念为绿色、人本、和谐。体现为以人为本、人与自然和谐为核心的生态理念和以绿色为导向的生态发展观。

第一,习近平生态文明思想中"绿色价值"导向。习近平对绿色价值的深刻认知贯穿于整个生态发展观,是习近平生态文明思想的主要理论基础、主线逻辑和主要内容。由此诞生了"两山"理论,提出了生态价值实现的主体路径,形成了绿色发展观、绿色 GDP、绿色政绩观、绿色生产方式、绿色生活方式等建设内容。以绿色价值导向指引经济社会全面发展,他指出"不仅要看经济增长指标,还要看社会发展指标,特别是人文指标、资源指标、环境指标"。让"生产、生活、生态良性互动"。

---

① 该观点来自中国社会科学院生态文明研究智库理论部主任黄承梁发表在《中国人口·资源与环境》杂志 2019 年第 12 期上的文章《习近平生态文明思想历史自然的形成和发展》。

② 来自 2006 年 3 月,习近平同志在中国人民大学发表的演讲。他首次系统论述了"绿水青山"和"金山银山"的辩证关系。

③ 来源同②。

④ 是习近平同志 2015 年 9 月出席第七十届联合国大会时提出的重要战略思想。

第二，习近平生态文明思想中"新生产力"论。习近平提出"破坏生态环境就是破坏生产力，保护生态环境就是保护生产力，改善生态环境就是发展生产力"的科学论断。这是马克思生产力思想的新发展，是对人类发展生产力理论的新认知、新发现。这一论断彻底解决了生态环境外部价值内部化过程的诸多矛盾和疑虑。生态环境将与所有劳动者、劳动工具、劳动对象一样，在人类经济发展过程中处于同等重要地位，并置于市场运行机制内部，共同参与价值创造，并共同享有价值成果。

第三，习近平生态文明思想中的"人本思想"，将以人为本与生态建设有机结合。创造性的在人本思想中融入生态友好理念。习近平同志指出："以人为本，其中最为重要的，就是不能在发展过程中摧残人自身生存的环境。如果人口资源环境出了严重的偏差，还有谁能够安居乐业，和谐社会又从何谈起？""让人民群众喝上干净的水，呼吸上清洁的空气，吃上放心的食物。"面对发展与环保两难选择时，"生态优先发展"就是保证人民的最大利益。"必须懂得机会成本，善于选择，学会扬弃，做到有所为，有所不为，坚定不移地落实科学发展观，建设人与自然和谐相处的资源节约型、环境友好型社会"；"生态兴则文明兴，生态衰则文明衰。"

新时代中国特色社会主义生态文明建设理论体系是党的十八大以来习近平生态文明思想体系的外在显化及系统拓展，其理论框架建构依托于习近平生态文明思想的主体架构。习近平生态文明思想涵盖了新时代生态文明建设的战略地位、总体目标、基本框架、核心原则、根本途径、重点任务、制度保障、政治领导等方面，内容十分丰富，各部分之间逻辑清晰，关联紧密，协同性强。本著作建构的新时代中国特色社会主义生态文明建设理论体系对习近平生态文明建设的"四梁八柱"归纳总结，形成以建设目标体系、建设内容体系、建设路径体系和建设保障体系为主体结构的理论框架。

第三节　国内生态文明建设实践的演进历程

根据蔡昉、潘家华、王谋（2020）[①]对国内生态文明建设阶段的划分，可以分为三个建设阶段。

一、以生态治理为主的生态文明思想萌芽期

从1949年到20世纪70年代中后期这一阶段，中国面临着严重的生态失衡问题，主要表现为出现严重水土流失的区域逐渐增多，耕地面积减少，森林乱砍滥伐严重，森林草地面积锐减，传染病、地方病频繁发生，公共卫生条件差。为了应对这样的生态问题，当时我国主要采用事后生态治理的方式，具体治理实践包括：

1. 绿化造林。为了有效治理水土流失和增加森林面积，中央政府对风沙水旱灾害严重

---

① 蔡昉、潘家华、王谋．新中国生态文明建设70年．中国社会科学出版社．2020

地区有计划开展植树造林。出台的相关措施和实践活动如表 2-4 所示。

表 2-4　　　　　　　　　　　改革开放之前我国植树造林实践

绿化造林实践	实践主导方
《关于全国林业工作的指示》	政务院第二十八次会议
《中央转发〈华东局关于禁止盲目开荒及乱伐山林指示〉的通知》	刘少奇
"绿化祖国"行动号召	毛泽东
《关于全国林业工作的指示》	党中央
《关于保护和改善环境的若干规定》(试行草案)	党中央
《关于加强山林保护管理、制止破坏山林、树木的通知》	党中央
《中华人民共和国森林保护条例》	党中央
《关于加强护林防火的紧急指示》	党中央
草原保护运动	党中央
森林火灾防范运动	党中央
爱国卫生运动	党中央

2. 治理水系。为了解决粮食安全和水害问题,当时党中央高度重视水利工程建设,加大水系治理力度。主要治理实践活动如表 2-5 所示。

表 2-5　　　　　　　　　　　改革开放之前治水实践

治水实践	实践主导方	时间
《关于治理淮河的决定》	政务院	1950
第一次考察兰考指示"要把黄河的事情办好"	毛泽东	1952
荆江分洪工程	党中央	1952
南水北调工程	毛泽东	1952
古田溪水电站	——	1953
三门峡水库工程	党中央	1957
第二次考察兰考视察黄河治理和农田水利基础建设	毛泽东	1958
全国性大规模水利建设,成立林业部和水利部	党中央	1959
新安江水电站建成	——	1960
丹江口水电站建成	——	1973
葛洲坝水利枢纽工程	——	1970
乌江渡水电站始建	——	1970
刘家峡水电站建成	——	1974

3. 治理环境卫生。这一阶段,我国的公共卫生工作刚刚起步,为了尽快去除急、慢性传染病,寄生虫病和地方病等对人民群众生命健康的威胁,在提高环境卫生水平上采取了一系

列治理措施,如表 2-6 所示。

表 2-6 改革开放之前生态环境卫生治理措施

环境卫生治理措施	时间
成立公共卫生局	1949
成立爱国卫生运动委员会,开展"两管五改"运动。"两管"即管理粪便垃圾、管理饮用水源;"五改"即改良厕所、畜圈、禽窝、水井、水池	1952
基本上消灭老鼠、苍蝇、蚊子、麻雀	1956
中共八届三中全会明确提出爱国卫生运动的任务是除"四害"、讲卫生、消灭疾病、振奋精神、移风易俗、改造国家	1957
国务院发布了《关于除四害讲卫生的指示》	1958
我国首次出台环境保护文件《关于保护和改善环境的若干规定》,并确立了环境保护工作方针	1973
第一次在宪法中规定"国家保护环境和自然资源、防治污染和其他公害"	1978

二、以生态保护为主的生态文明建设尝试期

自改革开放至 2011 年之间,随着工业化的深入推进,土壤、水、空气污染严重,全球气候变暖日益严重,该阶段生态环境治理以生态保护为主,开展了以防治工业污染为重点的环境保护工作,也逐步关注对生态系统的维护与建设,确定了生态环境保护在经济社会发展中的战略地位,建立了生态环境保护的法律、法规、标准和机构,开始步入了用基本国策和配套法制来保护生态资源环境的新时期,初步形成了生态环境保护的法规体系,为生态保护和建设提供了好的法制保障。主要生态保护措施见表 2-7。

表 2-7 改革开放至 2011 年我国主要生态保护措施

生态保护措施	时间
生态环境保护第一次写进了《宪法》	1978
编制国家"八五"环保计划(1991—1995 年)	1982
《中华人民共和国海洋环境保护法》	1982
国务院召开的第二次全国环境保护会议将环境保护确立为基本国策,这是中国发展战略的一次重大突破	1983
国务院发出《国家环境保护工作决定》,对保护环境、防治污染、资金渠道等重大问题做出明确规定	1984
《中华人民共和国森林法》	1984
《中华人民共和国草原法》	1985

生态保护措施	时间
《中国自然保护纲要》	1987
第三次全国环境保护会议,制定"八项制第二章生态保护:从退化到平衡再到改善的自然修复3度"	1989
明确提出走可持续发展道路	1991
《中华人民共和国水土保持法》	1991
《联合国生物多样性公约》	1992
《联合国气候变化框架公约》	1992
《联合国防治荒漠化公约》	1994
《中华人民共和国自然保护区条例》	1994
第四次全国环境保护会议提出生态保护与污染防治并重的战略	1996
中央计划生育与环境保护工作座谈会正式确立了生态保护与污染防治井重的环境保护工作方针	1997 1998
《全国生态环境建设规划》	1998
中央提出要对天然林实行更严格的保护	1998
国务院批准《长江上游、黄河上中游地区天然林保护工程实施方案》《东北、内蒙古等重点国有林区天然林保护工程实施方案》	2000
国家环境保护总局联合有关部门开展了全国生态环境现状调查	2000—2003
党中央、国务院提出科学发展观	2002
退耕还林、退耕还草、水土保持、国土整治政策	2002

三、以"两山"转化为主的生态文明全面建设期

生态文明概念正式出现在政府文件中是在2007年党的十七大报告会上,将其作为全面建设小康社会奋斗目标中的新目标。生态文明全面建设理念的提出是在2012年党的十八大报告会上,将生态文明建设纳入中国特色社会主义事业整体布局的"五位一体"战略。自此我国生态文明进入了一个全新的系统建设阶段,成为生态全球治理的重要一环。到目前为止,这一阶段的生态文明建设可以划分为三个进程,第一进程是"十二五"时期,主要工作是把生态文明建设提升到"五位一体"总体布局的战略高度,印发了《关于加快推进生态文明建设的意见》《生态文明体制改革总体方案》等。第二进程是"十三五"时期,生态文明建设取得了一定的阶段性成果。第三进程是接下来的"十四五"时期,生态文明建设将系统、全面、高质量推进。在这三个进程中,我国在生态文明建设实践中取得了丰富成果,具体建设成就如表2-8所示。

表 2-8   2012 年以来我国生态文明建设成就

建设成就	时间
党的十八大将生态文明建设纳入中国特色社会主义事业"五位一体"总体布局,"美丽中国"成为中华民族追求的新目标	2012
习近平向生态文明贵阳国际论坛 2013 年年会致贺信时指出,走向生态文明新时代,建设美丽中国,是实现中华民族伟大复兴的中国梦的重要内容	2013
西起大兴安岭、东到长白山脉、北至小兴安岭,绵延数千千米的原始大森林里,千百年来绵延不绝的伐木声戛然而止。数以十万计的伐木工人封存了斧锯,重点国有林区停伐,宣告多年来向森林过度索取的历史结束	2015
中共中央、国务院印发《关于加快推进生态文明建设的意见》,明确了生态文明建设的总体要求、目标愿景、重点任务、制度体系	2015
《生态文明体制改革总体方案》出台,提出健全自然资源资产产权制度、建立国土空间开发保护制度、完善生态文明绩效评价考核和责任追究制度等制度	2015
《大气污染防治行动计划》出台	2015
《水污染防治行动计划》出台	2015
《土壤污染防治行动计划》出台	2015
北京环境交易所,塞罕坝林场 18.3 万吨造林碳汇挂牌出售	2016
联合国环境规划署发布《绿水青山就是金山银山:中国生态文明战略与行动》报告。中国的生态文明建设理念和经验,正在为全世界可持续发展提供重要借鉴	2016
"生态文明"写入宪法	2018
全国生态环境保护大会召开	2018
中共中央、国务院印发《关于全面加强生态环境保护坚决打好污染防治攻坚战的意见》	2018
十三届全国人大常委会第四次会议听取和审议大气污染防治法执法检查报告并作出《关于全面加强生态环境保护 依法推动打好污染防治攻坚战的决议》	2018
国务院印发《打赢蓝天保卫战三年行动计划》	2018
中共中央国务院印发了《乡村振兴战略规划(2018—2022 年)》,乡村振兴战略强调以绿色发展为引领	2018
《土壤污染防治法》	2018
《中共中央办公厅关于陕西省委、西安市委在秦岭北麓西安境内违建别墅问题上严重违反政治纪律以及开展违建别墅专项整治情况的通报》	2018
生态环境部命名第二批"绿水青山就是金山银山"实践创新基地和国家生态文明建设示范市县	2018

建设成就	时间
习近平总书记在北京世界园艺博览会开幕式上发表了题为《共谋绿色生活，共建美丽家园》的讲话，向全世界传递了人与自然和谐共处的思想和保护优先、绿色发展的理念	2019
《京津冀及周边地区 2019—2020 年秋冬季大气污染综合治理攻坚行动方案》	2019
《粤港澳大湾区发展规划纲要》《长江三角洲区域一体化发展规划纲要》等纲领性文件相继发布	2019
中共中央办公厅、国务院办公厅印发《中央生态环境保护督察工作规定》	2019
中央全面深化改革委员会第十次会议审议通过了《绿色生活创建行动总体方案》	2019
《关于构建现代环境治理体系的指导意见》	2020
《全国重要生态系统保护和修复重大工程总体规划（2021—2035 年）》	2020
《中华人民共和国民法典》用 18 个条文专门规定"绿色原则"、确立"绿色制度"、衔接"绿色诉讼"，形成了系统完备的"绿色条款"体系	2020
《黄河流域生态保护和高质量发展规划纲要》列入国家战略决策	2020
《中华人民共和国长江保护法》	2020
我国提出碳达峰碳中和目标和时间点	2020
"十四五"规划《建议》提出生态文明建设新目标	2020
"2020 年深入学习贯彻习近平生态文明思想研讨会"举办	2020

参考文献

［1］中共中央文献研究室. 习近平关于社会主义生态文明建设论述摘编［M］. 中央文献出版社，2017.

［2］郭印. 中国的生态文明观是中西方生态价值理论发展与融合的结晶［J］. 社会科学管理与评论. 2008（3）：62-68.

［3］叶谦吉，罗必良. 生态农业发展的战略问题［J］. 西南农业大学学报，1987（3）：1-8.

［4］李绍东. 论生态意识和生态文明［J］. 西南民族学院学报（哲学社会科学版），1990（5）：104-110.

［5］沈孝辉. 走向生态文明［J］. 太阳能，1993（7）：2-4.

［6］刘湘溶. 生态文明论［M］. 长沙：湖南教育出版社，1999.

［7］潘岳. 生态文明是社会文明体系的基础［J］. 中国国情国力，2006（10）：1.

［8］王治河. 中国和谐主义与后现代生态文明的建构［J］. 马克思主义与现实，2007（12）：46-50.

［9］钱俊生，赵建军. 生态文明：人类文明观的转型［J］. 中共中央党校学报，2008（2）：

44-47.

[10] 陈寿朋. 牢固树立生态文明观念[J]. 北京大学学报(哲学社会科学版),2008(1):
128-130.

[11] 夏光."生态文明"概念辨析[J]. 环境经济,2009(3):61.

[12] 卢风. 建设生态文明的理论依据[J]. 绿叶,2013(6):82-90.

[13] 王玉庆. 深刻认识和加快推进生态文明建设[J]. 中国高等教育,2014(1):17-21.

[14] 杨庭硕,彭兵. 生态文明建设与文化生态之间的区别与联系[J]. 云南师范大学学报(哲学社会科学版),2015(7):1-8.

[15] 余谋昌,文化新世纪——生态文化的理论阐释[M]. 哈尔滨:东北林业大学出版社,1996.

[16] 卢风. 生态文明——文明的超越[M]. 北京:中国科学技术出版社.2019.

[17] 周鸿. 生态文化与生态文明[M]. 北京:北京出版社:2020.

[18] 钟玉昆. 化害为利,保护环境—治理化纤生产中二硫化碳污染的措施[J]. 广东化纤技术通讯,1973(12):7-9.

[19] 温存德. 治理黄河与生态环境[J]. 人民黄河,1980(5):71-74.

[20] 张业清. 人类良心的支点——"生态伦理意识"片论[J]. 社会科学家,1989(3):
46-47.

[21] 夏雷. 工业化国家的生态现代化理论[J]. 苏南乡镇企业,2000(1):38-39.

[22] 何晋勇,吴仁海. 生态现代化理论及在国内环境决策中的应用[J]. 社会科学研究,2000(11):27-30.

[23] 何晋勇,吴仁海. 生态现代化理论与中国当前的环境决策[J]. 中国人口资源与环境,2001(12):17-20.

第三章　流域生态文明理论体系及实践模式[①]

流域生态文明是指以流域为整体单元的生态文明,以流域地理单元为基础,辐射流域周边地区,将整个流域的环境、资源、社会、经济和人类视为一个动态的整体复合生态系统。流域生态文明理论体系是党的十八大以来习近平生态文明思想体系的外在显化及系统拓展,其理论框架建构依托于习近平生态文明思想的主体架构。习近平生态文明思想涵盖了新时代生态文明建设的战略地位、总体目标、基本框架、核心原则、根本途径、重点任务、制度保障、政治领导等方面,内容十分丰富,各部分之间逻辑清晰,关联紧密,协同性强。本研究建构的流域生态文明理论体系是对习近平生态文明思想在以流域为地理单元建设中的归纳总结,形成以流域生态文化、流域生态经济、流域目标责任、流域生态制度、流域生态安全为主体结构的理论框架。流域生态文化是基石,流域生态经济是抓手,流域目标责任是关键,流域生态制度是保障,流域生态安全是底线。流域生态文明理论体系是习近平生态文明思想指导流域开发建设的顶层设计,是对生态文明建设战略任务在流域开发建设中的具体部署(任勇,2018)[1]。流域生态文明实践模式是在习近平生态文明思想指导下,在国内大小流域范围内开展生态文明建设的具体实践。由于长江是国内第一长河,也是第一大河,流域范围广,流经的地形地势复杂多样,所以其生态文明实践也呈现出不同的模式,在国内具有典型的代表性。

"中国特色社会主义道路是指在中国共产党领导下,立足基本国情,以经济建设为中心,坚持四项基本原则,坚持改革开放,解放和发展社会生产力,建设中国特色社会主义市场经济、社会主义民主政治、社会主义先进文化、社会主义和谐社会、社会主义生态文明,促进人的全面发展,逐步实现全体人民共同富裕,建设富强、民主、文明、和谐、美丽的社会主义现代化强国。"[②]生态文明建设被明确作为社会主义现代化建设中的重要内容之一,与社会主义市场经济、社会主义民主政治、社会主义先进文化、社会主义和谐社会具有同等地位,是促进人全面发展的重要支撑之一,是建设社会主义强国的重要文明之一。流域生态文明作为生态

[①]　本章是 2020 年度国家社科基金重大项目《长江上游生态大保护政策可持续性与机制构建研究》和 2018 年度教育部人文社会科学重点研究基地重大项目《长江上游地区生态文明建设体系研究》(18JJD790018)的阶段性成果。

[②]　来自十八届三中全会《决定》学习辅导(54)——甘肃省非公有制经济组织党建网,http://big5. xinhuane/

文明的一个重要方面,其建设定位确立的基本原则需立足国情,随着国情的动态变化、与时俱进的动态过程。流域生态文明建设也跟随生态文明先后经历了环境保护、可持续发展、科学发展观、生态文明四个发展阶段,该演进历程背后反映出我国以流域为地理单元的经济社会发展国情以及社会主要矛盾任务的变化过程。这四个阶段虽然不能完全割裂开来,但是有必要对每个阶段的由来和任务进行说明,以增强生态文明与环境保护、可持续发展、科学发展观的演进逻辑。

在改革开放和社会主义现代化建设初期,中国共产党依据社会主义初级阶段基本国情,明确我国所要解决的主要矛盾是人民日益增长的物质文化需求同落后的社会生产之间的矛盾。随着社会主义初级阶段主要矛盾在1981年中国共产党第十一届六中全会上明确,党和国家工作的重点随之转移到以经济建设为中心上来,大力发展社会生产力,扩大生产规模,快速增加物质产品供给数量,以改善人民的物质文化生活,成为社会经济生活的主基调。由于这一时期经济高速发展给流域所带来的环境污染问题也随之出现,并愈加恶劣,因此国际国内要求实施环境保护、污染防治的呼声越来越强烈,这些呼声的来源地逐渐成为环境保护的主要倡导者。然而,由于经济发展需求远远大于环境保护诉求,所以此时的环境保护行为尚属于经济建设行为的伴随行为或者被动行为。

随着我国经济体制改革逐步深入,在"九五"至"十一五"时期,我国经济发展持续推进,生态环境与经济发展的矛盾也日益尖锐,并且矛盾在环境容量约束、土地约束、资源能源约束等多个层面集中体现,如何节约集约使用资源、能源、环境要素成为当时生态文明建设的主要任务。在这个时期,以流域为主线的生态环境遭受到特别严重的破坏,生态环境破坏程度远超过国际平均水平,这一现象受到国内外部分专家和学者的高度重视,许多专家学者不断就这一问题向党和国家高度呼吁和建言献策,所以国家领导人先后据此提出可持续发展观和科学发展观。当历史车轮驶入"十二五""十三五"时期,中国特色社会主义进入新时代,党对社会主要矛盾有了新认识,全社会经济发展有了新的历史方位,标志着我国社会主要矛盾也发生了新变化。习近平总书记在十九大报告中指出:"中国特色社会主义进入新时代,我国社会主要矛盾已经转化为人民日益增长的美好生活需要和不平衡不充分的发展之间的矛盾。"同时指出我国社会主要矛盾发生变化的主要原因是:"我国稳定解决了十几亿人的温饱问题,总体上实现小康,不久将全面建成小康社会,人民美好生活需要日益广泛,不仅对物质文化生活提出了更高要求,而且在民主、法治、公平、正义、安全、环境等方面的要求日益增长。同时,我国社会生产力水平总体上显著提高,社会生产能力在很多方面进入世界前列,更加突出的问题是发展不平衡不充分,这已经成为满足人民日益增长的美好生活需要的主要制约因素。"流域生态文明建设在社会发展中地位大幅度提升,生态环境建设与经济建设处于同等地位,由于人们对美好生态环境的需求与对经济生活的需求同等重要,也是人们美好生活需求中的重要组成部分,流域生态文明建设由原来的被动行为变成主动行为,随同生态文明建设已成为一项重要国家发展战略。

中国特色社会主义包括中国特色社会主义道路、理论、制度和文化。中国特有的流域生态文明理念贯穿于中国特色社会主义现代化建设的整体发展过程,二者相伴相生,相互作用相互影响。中国特色社会主义现代化建设呼吁实施流域生态文明建设,中国特色社会主义现代化建设道路决定了流域生态文明的战略地位,中国特色社会主义现代化建设理论决定了流域生态文明的实践方式,中国特色社会主义现代化建设制度和文化决定了流域生态文明建设的主体框架和时空次序。反过来,生态文明是中国特色社会主义道路、理论、制度和文化的重要体现,更是中国特色社会主义优越性的集中体现和反映。

第一节　流域生态文明理论体系

根据习近平生态文明思想,流域生态文明建设的内容体系包括流域生态文化体系、流域生态经济体系、目标职责体系、生态文明制度体系和流域生态安全体系五个方面[1]。

一、流域生态文化

"文化"一词无论是从西方"Culture"拉丁文词源还是中国"文＋化"易经词源考察,相同之处在于二者均表明文化源于人与自然生态的互动,不同之处在于二者互动的方式不同,西方强调人对自然的能动改造关系,中国强调人对自然的适应关系。从中国的国学视角出发,不难发现流域生态文化是人的本源文化,是面对自然环境时做出的自我存在价值实现方式的选择,并在基础上形成的环境理念和行为标准。由此可见,流域生态文化中既包含作为文化主体的人与生态关系的自我认知,也包括人对生态价值的客观认知。随着认知的变化与深入,人们对流域的生态环境认识也逐步形成了独特的流域生态文化,流域生态文化也随着地域和河流的不同,呈现出不同的流域生态文化。自党的十八大以来,随着党和国家对流域生态文明认识的不断深化,逐步形成了具有中国特色的流域生态文化,相比较当前全球主流流域生态文化思想,新时代背景下的中国对流域生态文化的认知发生了根本性变化,"坚持人与自然和谐共生",建构"以生态价值观念为准则的流域生态文化体系"。该体系包括中国特色社会主义流域生态价值观、流域生态伦理、流域生态精神、流域生态美学、流域生态制度主要文化内容。其内在结构关系如图3-1所示。

---

[1]　2018年5月18日,习近平总书记在全国生态环境大会的讲话中指出,要加快构建生态文明体系,阐述生态文明体系包括五个方面:以生态价值观念为准则的流域生态文化体系;以产业生态化和生态产业化为主体的流域生态经济体系;以改善生态环境质量为核心的流域目标责任体系;以治理体系和治理能力现代化为保障的生态文明制度体系;以生态系统良性循环和环境风险有效防控为重点的流域生态安全体系。

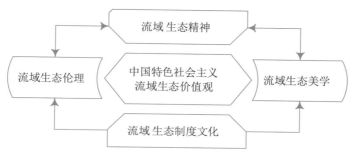

图 3-1 中国特色社会主义流域生态文化体系结构

1. 流域生态价值观。中国特色社会主义流域生态价值观是：人与自然是生命共同体，坚持人与自然和谐共生。该价值观是习近平生态文明思想中的核心价值观，也是中国特色社会主义流域生态文化的核心价值观。人与自然和谐共存、协同发展的生态价值理念是中国今天面对环境污染生态破坏等诸多生态问题所作出的新的发展方式和生态价值取向选择。中国特色社会主义流域生态文化根植中国优秀传统生态思想，以人与自然适应共生、生态—经济—社会耦合均衡、生态环境持续改善、人民幸福为核心价值内容。

2. 流域生态精神。中国社会需要依据该生态价值观，建构与中华民族性格相符合的生态精神气质。(1)针对各经济主体、个人、部门组织，培养其在生态文明建设上的使命担当精神；(2)以建设"美丽中国"[①]为生态文明建设宗旨；(3)以人与自然形成生命共同体为生态文明建设最高境界；(4)以满足人民日益增长的优美生态环境需求为生态文明建设的最终追求；(5)以保持生态环境质量持续改进为生态文明建设的意志品质要求。

3. 流域生态伦理。尊重自然、顺应自然是中华民族优秀的生态伦理传统，自我调节、自我约束，遵守一定的生态道德规范也是中华民族良好行为秩序。建设中国特色社会主义流域生态文化体系，关键在于构建中国特色社会主义流域生态道德行为规范体系。需要将生态行为规范与其他社会道德规范有机融合，形成社会公共道德规范和行为准则。

4. 流域生态美学。流域生态美学强调人类与环境之间的审美互动方式、内容及相互影响结果。具体包括：(1)人类对生态环境的审美偏好；(2)人类审美活动对于生态环境的影响；(3)人类审美价值、审美满足与生态价值之间的关系。根据生态美学理论，"生态优先"是习近平总书记给流域生态文明建设确立的美学基调，培育全社会的生态审美能力，提升生态美学价值，为全员参与生态文明建设奠定基础。

5. 流域生态制度文化。流域生态制度文化建设是生态文明建设中的一部分，制度文化

---

① 2015 年 10 月召开的十八届五中全会上，"美丽中国"被纳入"十三五"规划，首次被纳入五年计划；2017 年 10 月 18 日，习近平同志在十九大报告中指出，加快生态文明体制改革，建设美丽中国。

建设是生态文明行为规范养成的前提条件。从这个意义上讲,以生态文明制度体系建设为核心的制度文化建设是生态文明建设一个重要驱动力。关于具体的流域生态制度体系结构和制度建设内容本章后续部分会详加论述,此处不再赘述。

二、流域生态经济

(一)中国特色社会主义流域生态经济体系构成

对十八大以来习近平关于流域生态经济建设的讲话内容精神以及相关绿色发展文件内容精神进行系统归纳总结,形成中国特色社会主义流域生态经济体系,其结构内容及如图 3-2 所示。

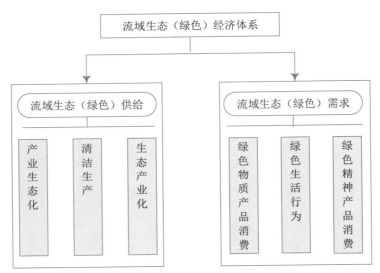

图 3-2　流域生态经济体系示意图

流域生态经济体系,又可以称之为流域绿色经济体系,尽管称谓不同,但在新时代中国特色社会主义语境下,可将我国流域生态经济体系和流域绿色经济体系视作同一含义。在宏观层面,体系包括流域生态(绿色)供给和流域生态(绿色)需求两个方面,流域生态经济系统追求的是生态供给与生态需求处于均衡稳态。为了建构稳态的流域生态经济系统,习近平总书记对两个方面均提出了具体发展要求。

1. 流域生态(绿色)供给方面,要大力推进产业生态化和生态产业化①。一是产业生态化。"产业生态化是指产业按照自然生态有机循环机理,在自然系统承载力内,对特定地域空间内产业系统、自然系统与社会系统之间进行耦合优化,达到充分利用资源,消除环境破

---

① 在 2018 年全国生态环境保护大会上,习近平总书记提出建立健全以产业生态化和生态产业化为主体的流域生态经济体系。

坏,协调自然、社会与经济的可持续发展"(陈柳钦,2006)[2]。产业生态化要求产业结构的生态化。产业结构生态化强调产业间和产业内部关联方式向生态化方向转变,具体含义有二层,第一层含义产业结构演化方向不是单以经济绩效作为衡量标准,而是要把生态绩效纳入进去,以联合绩效作为产业结构优化升级的判别准绳;第二层含义,根据是否有利于提高生态要素配置效率,来选择产业间或产业内部的关联程度及关联方式。推行产业生态化需要在生产领域大范围使用资源节约型生产技术,建立资源节约高效的产业结构和产业体系,减少对自然环境的排放,降低环境污染。产业生态化理念仿效了生态系统的整体动态均衡功能,突破单一部门或单一环节生态要素使用效率阈值,寻求多部门全链条经济活动与生态环境的整体关联效应。

二是清洁生产。在产业生态化过程中,清洁生产是其关键内容和环节,微观企业主体在产品的全生命周期之内,通过对能源、原材料的节约集约使用以及废弃物处理等手段,最终使之对环境的影响最小化。

三是生态产业化。生态产业化的基本思想是以实现生态价值向经济价值转化为目标,在自然生态系统承载能力允许条件下,按照产业化规律修复、保护生态环境,开发生态产品。最终促成生态、市场、产业协同发展,将生态要素内生进产业系统,通过市场力量促进生态文明建设,切实将生态优势转变为经济优势。在生态产业化过程中,关键在于生态产品价值实现模式的多样化创新。在传统产业发展模式中,生态视作外生变量是惯性思维和惯常经济行为,生态产业化是新尝试新做法,缺乏可借鉴的发展经验和成熟模式,各地区需要因地制宜,勇于创新。

2. 流域生态(绿色)需求方面,流域生态消费体系是流域生态经济体系必不可少的经济内容,没有生态消费,生态生产就不可持续,最终也就没有办法形成良性发展的流域生态经济体系。生态消费体系包括三部分内容。

一是绿色物质产品消费。绿色物质产品指在产品全寿命周期内符合环境要求,对环境危害小及有利于资源节约的物质产品。包括节能节水产品、环保产品、有机农产品、循环利用产品等。消费者以绿色物质产品作为消费选择对象的消费就是绿色物质产品消费。绿色物质产品消费是产业生态化和企业清洁生产的最重要的市场动力源。二者的匹配程度直接影响流域生态经济体系能否成功建立。当前绿色物质产品消费难点在于非绿色产品对绿色产品的替代效应过高,对于中低收入群体而言,绿色产品消费成本过高,导致绿色物质产品消费规模增长缓慢,对绿色生产和产业生态化发展的拉动力不强。

二是绿色精神产品消费。绿色精神产品指那些可以满足人们对生态环境需求心理的非物质性产品。人类起源于大自然,成长于大自然,对大自然的审美需求以及亲自然的体验需求是人类原始精神需求的重要组成部分。包括与生态环境相关的教育、艺术、娱乐、运动、健康医疗以及新技术带来的绿色信息消费等。绿色精神产品是生态环境向生态产品转化的重要方向。随着人们整体收入水平的提升及新消费群体的崛起,以精神产品或非物质性产品消费为主体的消费升级,是大力发展绿色精神产品消费的窗口机遇期,可以通过提供丰富的绿色非物质消费产品促进建构绿色消费模式。

三是绿色生活行为。倡导绿色生活行为是"十四五"时期绿色发展在需求层面的主攻方向。涉及人们日常生活吃、穿、住、行、用的方方面面。生活行为生态化、绿色化会大大加快绿色消费体系形成进程。在推进绿色生活行为形成机制时,倡导简约消费并不意味着限制消费。物质消费要满足人的基本需求,保障衣食住行等基本生存和发展条件,而人的物质需求是有限度的,超过了一定限度的物质消费实际上主要是为了满足心理需求,不健康的心理需求则导致浪费。因而,要倡导健康、简约的消费方式,遏制奢侈、扭曲的消费。但是,"这不能建立在对当代习俗、价值及机构批判的基础上"(拉卡里斯奇和英格罗帕克,2017)。简约绿色生活行为,不意味着否定或损害人们正当的消费需求,包括消费规模合理增长、消费品类替代、消费品质提升等方面的诉求。

(二)中国特色社会主义流域生态经济根本特征

相比较西方发达国家倡导的流域生态经济体系,中国特色社会主义流域生态经济体系存在显著不同,一方面体现了中国特色社会主义国家的根本经济属性,另一方面又体现了中国新发展阶段的时代特色。

1. 以人民为中心属性。中国特色社会主义流域生态经济应始终坚持以人民为中心的发展思想,无论是流域生态经济体系的理论探索还是实践应用,人的需要、人的享有和人的发展是第一位的,尤其要着重考虑人的生态需求、生态素养和生态享有如何在流域生态经济体系建设过程中得以实现。

2. 现代化属性。流域生态经济体系不是传统意义上的经济体系,而是突破以资本为中心增长模式的藩篱,以现代化产业体系、市场制度激活生态价值链,建构环境友好的新型经济增长路径。从这个意义上看,现代化流域生态经济体系是中国特色社会主义经济体系的重要组成部分,更是社会主义制度优越性的重要体现,对我国经济发展具有全局性和根本性的战略意义。

3. 生态中性增长属性。生态中性增长由陈洪波(2019)[3]提出。不同于西方流域生态经济学者"零增长"概念,生态中性增长本质上属于一种经济与生态脱钩式增长形式,在该增长路径下,高增长与对生态环境影响最小化并存。首先,生态中性增长是新时期中国特色社会主义经济发展所需要,是实现中华民族伟大复兴所需要,是人民幸福生活所需要;其次,生态中性增长在实践操作上是可行的。习近平总书记提出的"绿水青山就是金山银山"理论和"产业生态化、生态产业化"的发展路径,已经在最大程度上证明了生态中性的可能性和可行性,实现生态效益和经济效益双赢。

三、流域目标职责

"生态文明建设的政府目标责任体系是指以生态文明建设为目标,对政府部门相关主体明确权责配置并实施问责的体制机制,是生态文明体制的组成部分。"①流域目标责任体系建设对整体有序有效推进生态文明建设十分重要,调动各级政府生态文明建设的能动性和主动性,既体现了国家生态环境治理体系和治理能力现代化,又是我国打好污染防治攻坚战的重要制度保障。流域目标职责体系设计包括总体目标和详细目标框架。

(一)当前的流域目标责任体系

1. 总体目标。简要概括就是:到 2020 年,资源节约型和环境友好型社会建设取得重大进展,生态文明建设水平与全面建成小康社会目标相适应;到 2035 年,在生态环境治理领域,要求基本实现治理体系、治理能力现代化,要求基本实现"美丽中国"建设目标;到 21 世纪中叶,要求全面实现治理体系、治理能力现代化,要求"美丽中国"全面建成。

2. 详细目标框架。当前流域目标责任体系的基本框架如表 3-1 所示。

表 3-1　　　　　　　　　　生态文明建设政府流域目标责任体系

流域目标责任类别	主要目标	考核目的
第一类	(1)"五年规划"中约束性指标 (2)水利部门主导的"三条红线"指标 (3)环境部门主导的"大气十条"和"水十条"指标 (4)农业部门主导的"畜禽养殖资源化利用"指标	以具体减排指标、环境质量改善等具体任务为导向的目标考核
第二类	《生态文明建设目标评价考核办法》中的指标	以调整地方政府绩效考核为导向的综合性生态文明目标评价体系
第三类	各部门"生态文明建设试点示范"所要求的考核指标	以生态文明建设目标为导向的、引导性的、试点性的考评体系
第四类	政府出台的环境保护权力清单、责任清单、"生态环境保护工作职责"中所规定的指标	侧重于厘清生态文明建设领域相关部门常态化分工责任的制度安排
第五类	中央环保督察制度中所规定的指标	建立在责任体系基础上的问责机制

---

①　2018 年 5 月,习近平总书记在第八次全国生态环保大会上,提出建设"以改善生态环境质量为核心的流域目标责任体系"。生态文明建设的政府流域目标责任体系被明确提出。2018 年 6 月,中共中央国务院发布的《关于全面加强生态环境保护坚决打好污染防治攻坚战的意见》进一步提出"落实领导干部生态文明建设责任制,严格实行党政同责、一岗双责"。

(二)指标体系现存问题

1. 环境治理压力传导路径单一。当前各级政府在开展环境治理和推动生态文明建设实践工作上,惯常采用的方式就一种,自上而下运动式督察(督政)方式。这种方式的显著特征一是行政问责压力传导向下单向传导,未能形成系统权责匹配网格,大大降低系统治理能力;此外,还容易形成"层层加码"乱象,导致基层职责强度过大。二是以近期效应为主的"运动战",往往治标不治本,常态化行政问责机制未能有效建立。

2. 目标设置对区域差异性考虑不足。在生态文明建设政府职责目标考核体系时存在"一刀切"现象。我国各个区域生态环境资源禀赋及经济建设强度存在较大差异性,采取一刀切的考核办法会导致效率与公平失衡,导致经济发展与环境发展失衡,甚至挫伤地方经济建设和环境建设积极性。

3. 问责机制设计不合理。问责机制设计不合理主要体现在两个方面,一是问责法律依据不充分。这一方面会导致问责结果可信度差,难以被广泛接受;另一方面会导致少问责、乱问责,滋生环境管理乱象,甚至滋生腐败。二是问责重结果、轻过程。这一方面容易出现轻问责、重问责、错问责等矫枉过正的情况,挫伤政府管理者积极性;另一方面背离了问责的本质目的,目标考核和问责在于积累好的建设经验,发现建设中的问题和不足之处,加以纠偏,如果轻过程问责,往往会遗漏发现关键问题的机会,降低建设效率。

4. 过度考核引发逆向选择。生态文明建设领域专项考核繁多,使基层政府易形成考核依赖。

(三)指标体系改进方向

一是进一步明确生态文明建设主体的权责分工。要求各级政府做到:(1)进一步优化和完善有关于环境监管和环境保护的权责清单,提升清单制定的科学性;利用现代技术优化工作机制体系,提升管理效能。(2)建立常态化的跨部门协调机制。(3)强化法治意识和规范执法能力。二是进一步优化完善生态文明建设的绩效考核机制。(1)科学统筹考核程序,逐步减少自上而下的"运动式"考评工作;(2)明晰对政策绩效、监管绩效的分类分级评价及考核制度,避免"层层加码"。三是进一步规范和完善环保问责机制。(1)提高环保问责机制与既有管理机制的协调性,包括问责机制与流域目标责任体系的协调性,问责机制与组织结构权力配置的协调性,问责机制与环境监管程序的协调性,问责机制与环保机构垂直管理职能的协同改革能力。(2)提升问责机制的法治化水平和规范化水平,健全问责机制的制度化水平,避免"兜底"和"背锅"式问责,加大过程问责;提高问责机制科学性,健全问责相关责任人申诉制度。四是增补生态文明建设司法监督和公众参与制度。在关乎民生的重大生态文明建设项目中,增设社会组织、民众对相关主体责任单位的问责机制和公众评议机制;在各项生态文明项目建设过程中,增设对社会组织及公众的环境信息披露制度、多边沟通机制等。此外,还要强化各级人大、政协、司法机构对生态文明建设过程及结果的监督功能。

四、流域生态制度

流域生态文明建设的独特之处,就是有政治制度保驾护航的流域生态制度体系建设,主要包括决策制度、评价制度、管理制度、考核制度、法律制度。该制度体系具有强大的生态资源整合能力和参与建设社会资源的调度能力。

(一)流域生态科学决策制度

流域生态建设涉及经济、社会、生态多个子系统,以及家庭、企业、政府、社会组织等多个微观主体,需要人、财、物多种资源要素大量投入匹配,这是一个巨大系统工程,因此科学决策对流域生态建设效果起到关键作用。科学决策的具体表现(1)提高决策的全局性。要求从上到下在进行流域生态制度建设时,首先从全局战略高度做好通盘考虑、顶层设计、统筹部署;(2)提高决策的时序性。流域生态制度建设不是一蹴而就的事情,科学的时序安排可以有效配置资源,提高流域生态制度建设的可持续能力。需要根据区域生态环境和经济发展实际情况,分清问题主次,确定流域生态制度建设时序。(3)提高决策的新技术应用能力。科学决策就意味着精准决策,提高决策者的理论水平,尤其是对大数据、人工智能、区块链等新技术的应用能力,提高决策模型对现实建设场景的政策模拟效果,降低政策成本。

(二)流域生态评价制度

2016 年,中共中央办公厅、国务院办公厅印发《生态文明建设目标评价考核办法》,其中第五条至第八条制定了生态文明评价制度要求,流域生态评价制度可以参照生态文明评价制度进行制定。(1)流域生态制度建设年度评价工作可以由国家发展改革委、环境保护部会同有关部门组织实施;(2)流域生态年度评价可以按照《绿色发展指标体系》[①]实施,主要评估流域地区资源利用、环境治理、环境质量、生态保护、增长质量、绿色生活、公众满意程度七个方面的变化趋势和动态进展,同时设置相应的一级指标和二级指标,主要来自国民经济和社会发展规划纲要和《中共中央、国务院关于加快推进生态文明建设的意见》中的相关资源环境约束性指标或者检测评价指标。(3)生成流域地区绿色发展指数。绿色发展指数主要采用综合指数法。指数计算公式如下:

---

① 2016 年 12 月 12 日,由国家发改委、国家统计局、环境保护部、中央组织部联合印发《关于印发〈绿色发展指标体系〉〈生态文明建设考核目标体系〉的通知》(发改环资〔2016〕2635 号),其中的《绿色发展指标体系》就是生态文明建设年度评价的基本指标体系蓝本。另外,该指标体系中的部分指标会随着我国"十四五"规划纲要的出台而进行相应调整或增加新的指标。

$$Z = \sum_{i=1}^{N} W_i Y_i \quad (N = 1, 2, 3, \cdots, n) \text{①}$$

其中,Z 表示绿色发展指数,Y_i 表示指标的个体指数,N 表示指标个数,W_i 表示指标 Y_i 的权重。(4)年度评价结果应当向社会公布,并纳入流域生态制度建设目标考核。

(三)流域生态考核制度

2016 年,中共中央办公厅、国务院办公厅印发了《生态文明建设目标评价考核办法》,办法中单独设计了一套针对地方政府生态文明建设成效的考核指标体系,并明确提出将该项综合指标纳入地方领导干部政绩考核评价体系。随着流域生态制度建设的逐渐深入,指标权重也可以有所优化和提高,同时需要制定流域生态制度考核目标体系。流域生态制度考核目标体系同时需要设置相应的一级指标和二级指标,可以将资源利用、生态环境、年度评价、公众满意度、生态环境事件等设置为一级评价指标,每个指标赋予不同的分值,其中资源利用一级指标目标分值 30 分,涉及 8 个二级指标;生态环境一级指标分值 40 分,共有 12 个二级指标;年度评价结果一级指标分值为 20 分,只包括一个子指标,就是各地区生态文明建设年度评价的综合情况;公众满意度一级指标分值为 10 分,主要是居民对本地区生态文明建设、生态环境改善的满意程度;最后一个一级指标是生态环境事件评价指标。可以纳入这类指标的内容包括:第一种指地区突发的重大、特大环境事件,第二种指给社会造成恶劣影响的环境污染责任事件,第三种指产生严重生态破坏的责任事故。与前面的指标不同,这个指标在计算时采用扣分法,具有强烈的惩罚意味。此外。还需要着重强调流域生态制度建设的领导干部追责制度。比如:一是建立自然资源资产离任审计制度。在领导干部离任时,实行自然资源资产的离任审计。二是建立生态环境损害终身追责制和赔偿制。如果领导干部在任期间对任职地区造成生态环境损害,可予以离任追责,并对责任者严格实行赔偿制度,严重者可依法追究刑事责任。

(四)流域生态管理制度

1. 流域生态红线管理制度。划定流域生态保护红线,建立责任追究制度。流域生态红线是国家流域生态安全的底线和生命线,这个红线不能突破,一旦突破必将危及流域生态安全、人民生产生活和国家可持续发展。要让流域生态红线的观念广为人知、根深蒂固。首

---

① 指数计算公式、指标体系设计内容及注意事项均来自发改环资〔2016〕2635 号文件附件 1《绿色发展指标体系》。该计算公式具体应用详解:以"十三五"期间为例,将 2015 年作为基期,结合"十三五"规划纲要和相关部门规划目标,测算全国及分地区绿色发展指数和资源利用指数、环境治理指数、环境质量指数、生态保护指数、增长质量指数、绿色生活指数 6 个分类指数。绿色发展指数由除"公众满意程度"之外的 55 个指标个体指数加权平均计算而成。另外需要注意的,一是绿色发展指标按评价作用分为正向和逆向指标,按指标数据性质分为绝对数和相对数指标,需对各个指标进行无量纲化处理。具体处理方法是将绝对数指标转化成相对数指标,将逆向指标转化成正向指标,将总量控制指标转化成年度增长控制指标,然后再计算个体指数。二是公众满意程度指标未列入发展指数计算范围内,单独建立体系测算,其分值仍需纳入生态文明建设考核目标体系。三是各地区绿色发展指标体系的基本框架应与国家保持一致,部分具体指标的选择、权数的构成以及目标值的确定,可根据实际进行适当调整,进一步体现当地的主体功能定位和差异化评价要求。

先,严守红线,不能越线。要求各主体功能区之内的地方政府、经济主体在进行经济发展规划和产业规划时,必须严格管控流域生态红线,并且严格把好资源、环境、生态的源头红线管控关,对于越过红线者坚决给予追责处理。其次,设立合理开发强度。保证不越流域生态红线的关键在于各区域要根据自己的实际情况规划合理规划产业结构和开发强度,采取"能宜则宜"原则,做适宜自己做又能做的,把经济开发活动限定在本区域生态环境可承载范围之内,在对自身禀赋条件进行科学评估基础上设计国土空间的开发强度。

2. 流域生态空间开发管理制度。流域生态制度建设必然涉及流域生态空间开发,探索流域生态产品价值实现方式也必然要对流域生态空间进行人化自然的改造过程。为了有效进行以流域生态保护为根本原则和终极目标的流域生态空间开发,首先,对流域生态空间开发设立专门的规划体系和管理规范,要清晰界定流域"三生"(生产、生活、生态)空间开发界线,并且通过法规方式保证流域生态空间保护边界不被随意破坏。其次,将流域生态空间开发与国土空间开发有机融合,创新流域生态空间用途管制方法。为了更好发挥流域生态空间的生态效益,提升流域生态经济价值,在空间开发、利用、保护边界范围内,对流域生态空间资源按质量分级,按梯级开发、建设、使用和管理。

3. 流域环境产权和用途管理制度。在产权制度上,要对流域自然生态空间进行统一确权登记,争取做到对所有流域生态环境空间明确开发管理权属关系;在自然资源监管体制上,要严格全面执行监管标准,对我国所有国土空间范围,统一行使用途管制职责;在污染物排放监管上,一是实行全面监管原则,对所有污染物排放统一监管,二是实行绝对量控制原则,对企业实行污染物排放总量控制,对行业和区域也逐渐实行特征污染物总量控制。在环境标准执行方面,制定更加严格的排放标准和环境质量标准;在动态污染治理上,对重点流域和重点区域,采取更加严格的污染治理手段与流域生态补偿机制相融合的联合管控机制。

4. 强化对流域环境影响评价制度的管理。流域环境影响评价制度是保障国土空间开发、经济建设和生态空间开发对自然环境影响在可控范围的有力屏障。优化强化对环评制度的管理对流域生态制度建设具有关键作用。一要提高环境影响评价的规范性、合法性和权威性,建立对环评部门的监督监管机制,树立依法依规开展环境影响评价的工作风气。二要拓展流域环境影响评价种类及评价对象范围,从建设项目环评拓展到政策环评、战略环评和规划环评,把环评范围从经济实体建设领域和发展规划领域拓展到生态建设、政策制定等领域。三要提高流域各类环境影响评价之间的联动性和兼容性,比如建立健全规划环境影响评价和建设项目环境影响评价之间的联动机制。

5. 完善创新流域生态资源有偿使用管理体系。若在全社会建立生态保护自觉性,必须根据谁受益谁补偿原则建设流域生态资源的有偿使用机制和管理体系。(1)创新流域生态补偿管理制度。第一要根据资源特点建立差异性流域生态补偿机制,第二要打通资金渠道,设立多种类型的流域生态补偿专项资金,第三要建立管理制度,规范流域生态补偿运行机制。(2)中央政府要建立与地方政府的联动机制,加大对流域重点生态功能区的转移支付力度,提高这些区域的绿色发展力。(3)加快流域自然资源产品和生态环境产品的价格改革进程,尽快形成可以真实反映这类资源产品稀缺性的市场化价格机制。(4)针对亟须休养生息的生态环境,建立以奖促保机制,促进人们对这类环境资源以保护替代开发。

(五)健全流域生态法律法规体系

习近平总书记指出"只有实行最严格的制度、最严密的法治,才能为生态文明建设提供可靠保障"。为了满足生态文明建设的迫切需要,我国有关于流域生态环境方面的法律法规也要及时完善,与生态文明建设进程及经济社会发展相匹配。首先,要加快"立改废"进程,尽快完善流域生态环境、土地、矿产、森林、草原等方面保护和管理的法律制度,全面修理修订现有法律法规中与生态文明建设要求不一致的内容,研究制定生物多样性保护、土壤环境污染、核安全等法律法规。其次,通过不断健全和完善环境立法,进一步加强流域环境执法力度,为流域生态法律法规建设提供可靠的法治保障。第三,构建流域行政执法部门与司法部门对接机制,加快环境公益诉讼法律改革进程,严厉打击环境违法行为,对破坏流域生态环境的责任者严格实行赔偿制度,依法追究责任。第四,提高公众依法保护流域生态环境的参与度。"扩大环境信息公开范围,保障公众的环境知情权、参与权和监督权。健全听证制度,对涉及群众利益的规划、决策和项目,充分听取群众意见。鼓励公众检举揭发环境违法行为。"[1]

五、流域生态安全

2014年,习近平总书记在中央国家安全委员会第一次会议上强调构建集政治安全、国土安全、军事安全、经济安全、文化安全、社会安全、科技安全、信息安全、流域生态安全、资源安全、核安全等于一体的国家安全体系。推动流域生态安全跟随生态安全纳入国家安全体系,上升到国家生态安全层面,使之具有重要地位。十九届五中全会强调,要守住生态安全底线,流域生态安全同样是国家生态安全的重要组成部分,而且是非常基础、非常长远的部分。十九届五中全会的相关规定将保障流域生态安全纳入生态文明建设总体布局,事关党的宗旨,事关民生福祉,事关中华民族永续发展,凸显了流域生态安全在建设社会主义现代化国家中的极其重要性。

"国家安全是指一国具有支撑国家生存发展的较为完整、不受威胁的生态系统,以及应对内外重大生态问题的能力"。[2] 根据该定义,流域生态安全建设要以流域生态安全状态作为建设尺度和参照系,流域生态安全状态是建设行为的指向目标。综合中外学者对流域生态安全状态的界定,"是指在人的生活、健康、安乐、基本权利、生活保障来源、必要资源、生活

---

① 来自2021年2月的《国务院关于加快建立健全绿色低碳循环发展经济体系的指导意见》(国发〔2021〕4号)。

② 国务院在2000年12月29日发布的《全国生态环境保护纲要》中对国家流域生态安全做出的解释。

次序和人类适应环境变化的能力等方面不受威胁的状态。"①据此，参照流域生态安全状态的含义，我国提出守住自然流域生态安全边界，就是要守住国家流域生态安全底线的生态建设目标和准则，为了在建设过程中更具操作性和参考便捷性，我国构建了自然流域生态安全边界体系，主要包括三方面建设内容。

（一）流域生态空间安全建设

流域生态空间安全建设一方面是量的安全性建设，另一方面是质的安全性建设。首先，流域生态空间量的安全性建设要求构建流域生态空间保护体系。我国提出要守住"山水林田湖草"空间分布面积，确保面积不减少。一方面，完善自然保护地体系，要求自然保护地类型齐全、布局合理，生态功能相对完善。另一方面，生态保护红线划定取得积极进展。坚决杜绝自然流域生态空间遭受挤占、生态系统质量不高、无序开发破坏生态的现象，提升流域生态安全监管能力，健全法律体系。其次，流域生态空间质的安全性建设要求整体提升生态系统的生态能力。构建流域生态系统安全建设的目的是，能让流域生态系统自身的机体规律正常发挥作用和功能，使得生态系统可以自我维持、自我演替、自我调控、自我发展；可以自己完成系统内部各物种以及整个生态系统的生命演替过程；当系统在受到外来冲击或者被破坏之后，可以快速完成自我修复。促进生态系统(1)具有生命演化特色的客观实体，开展系统完整性建设；(2)具有时间空间维度的复杂系统，开展生物多样性建设；(3)具有承载修复能力的功能单元，开展区域性、流域性生态系统单元建设；(4)具有可持续性的物质信息载体，开展生态伺服功能升级建设。

（二）流域生态承载力安全建设

流域生态承载力安全建设方面，(1)要守住流域生态系统承载力底线，划定"三线一单"。"三线"是指生态保护红线、环境质量底线、资源利用上线。"一单"是指生态环境准入清单。其中，"生态保护红线指在流域生态空间范围内具有特殊重要生态功能、必须强制性严格保护的区域，是保障和维护国家流域生态安全的底线和生命线"②。"环境质量底线指结合环境质量现状和相关规划、功能区划要求，考虑环境质量改善潜力，确定的分区域分阶段环境质量目标及相应的环境管控、污染物排放控制等要求"③。"资源利用上线指以保障流域生态安全和改善环境质量为目的，利用自然资源资产负债表，结合自然资源开发管控，提出的分区域分阶段的资源开发利用总量、强度、效率等上线管控要求"④。"生态环境准入清单指基于环境管控单元，统筹考虑生态保护红线、环境质量底线、资源利用上线的管控要求，提出的空

---

① 国际应用系统分析研究所在 1989 年给出的定义。

② "三线一单"所有定义解释均来自 2017 年 12 月国家环境保护部印发的《"生态保护红线、环境质量底线、资源利用上线和环境准入负面清单"编制技术指南（试行）》（环办环评〔2017〕99 号）。

③ 来源同②。

④ 来源同②。

间布局、污染物排放、环境风险、资源开发利用等方面禁止和限制的环境准入要求。"[①]"三线一单"具体管控要求与管控原则见表3-2。（2）打击各种破坏生态和污染环境的行为。不断加大监管执法力度，严厉打击涉及野生动物非法养殖、贸易犯罪行为；开展"绿盾"专项行动，严厉查处涉自然保护区非法开采、筑坝、建工厂等活动；在长江流域重点水域实行为期十年的禁捕政策。（3）强化生态风险管控。生态危机造成的灾难性后果具有连锁反应，危害极大，比如生态危机除了能够引发地质、气候、山川河流灾害之外，还可以传导进经济系统和社会系统，引发经济衰退和政治动荡，如果继续恶化，容易产生生态难民和经济危机难民，给地区安全带来威胁。主要要强化生态系统性风险管控能力，一要建立生态灾害突发事件的预警机制和系统性应急管理机制。二要建立生态脆弱性风险评估及管理机制。

表 3-2   "三线一单"管控要求及原则

三线一单	管控要求	管控原则
生态保护红线	重要水源涵养、生物多样性维护、水土保持、防风固沙、海岸生态稳定等功能的生态功能重要区域，以及水土流失、土地沙化、石漠化、盐渍化等生态环境敏感脆弱区域	按照"生态功能不降低、面积不减少、性质不改变"的基本要求
环境质量底线	分区域分阶段环境质量目标及相应的环境管控、污染物排放控制等要求	按照水、大气、土壤环境质量不断优化的原则
资源利用上线	分区域分阶段的资源开发利用总量、强度、效率等上线管控要求	按照自然资源资产"只能增值、不能贬值"的原则
生态环境准入清单	空间布局、污染物排放、环境风险、资源开发利用等方面禁止和限制的环境准入要求	——

（三）流域生态服务安全建设

流域生态服务安全建设的根本宗旨是要守住流域生态服务功能，让"绿水青山"颜值更高。首先，坚守流域生态环境承载力底线，按照青山常在、清水长流、空气常新原则，实施大气污染防治行动计划、水污染防治行动计划、山水林田湖生态保护和修复工程，推进丘陵、荒山、滩涂植被恢复，构建特色生态资源保护廊道，搭建稀缺生态资源保护网络，培育生物多样性保护群落，增加优质生态产品供给能力。其次，将碳达峰和碳中和融入流域生态安全建设，提升流域生态系统的调节服务能力。鼓励各区域开展对各生态单元碳汇能力评估工作，精准制定生态单元的森林生态系统、土壤植被系统等的建设规划。再次，根据生态景观学，加强"绿水青山"颜值工程建设，加大生态精神产品创新创造力度，提升流域生态系统文化和

---

①   "三线一单"所有定义解释均来自2017年12月国家环境保护部印发的《"生态保护红线、环境质量底线、资源利用上线和环境准入负面清单"编制技术指南（试行）》（环办环评〔2017〕99号）。

欣赏价值服务能力。最后,强化流域生态资源资产管理能力。"生态资源资产管理是立足于生态功能区划,将生态功能作为资产进行管理,分析生态资产密度和消耗临界状况,利用各种手段不断改进生态系统管理、增进生态资源资产、支撑可持续发展"(吴柏海等,2016)[4]。尤其要提升流域管理的现代化水平。

第二节　流域生态文明建设的实践模式

一、基于"两山"理论的中国模式

习近平提出"绿水青山就是金山银山"的科学论断,简称为"两山"理论。该理论是生态文明建设中国模式的核心思想和理论创新,更是中国模式的显著特色。

(一)流域生态文明建设模式

流域生态文明建设中国模式特色在于突破西方生态成本论,创造性提出流域生态效益论。流域生态成本论本质上是以流域地理单元的生态—经济二元论思想,潜意识将生态建设与经济发展对立起来,认为二者在价值上不能统一兼顾。而我国在该问题的认知与西方恰恰相反,"两山"理论建立前提就是把流域生态建设与经济发展统一起来,确信流域生态建设不是经济发展的成本项,而是资本项。由此可见,中国模式的创新性和先进性就是对流域生态建设与经济发展关系认识上的另辟蹊径,其认识程度也更进一步和更加透彻。

(二)流域生态文明模式框架

流域生态文明建设中国模式的基本理论框架如图 3-3 所示核心部分是财富转化论,作为流域生态财富的绿水青山转化成经济财富和社会财富,这是流域生态文明建设模式的基本理念和科学指南。由此引申出生态生产力论、生态价值实现论、生态价值补偿论三大建设路径,最后在全社会形成流域绿色经济体系,从根本上完成我国经济发展方式的转型升级。

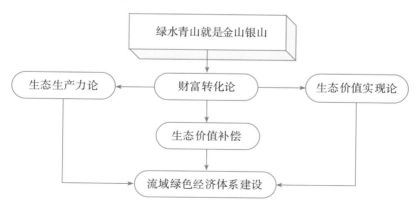

图 3-3　流域生态文明建设中国模式框架

二、流域生态文明建设中国模式的实现路径

(一)创造生态生产力

以流域为地理单元的经济发展与生态建设具有天然的联系,无论是人类早期狩猎经济、近代的工业经济,还是今天的智能经济,人们对此都深信不疑,二者之间最为关键的连接纽带就是生态生产力。做好生态文明建设就是提升生态生产力水平,是实现经济发展和生态环境保护协同共生的新路径。

首先,创造流域生态资源向生产资料转化的路径。"绿水青山"是一种生态资源和生态财富,但并不是人类可以直接使用或消耗的经济财富和社会财富。这也正是流域生态环境往往作为生产函数外生变量的直接原因。需要创造一种转换机制或路径,成为创造经济财富和社会财富的直接手段,纳入人类经济系统社会系统内部运行逻辑。根据马克思生产力理论,只有让流域生态资源通过某种路径转化为生产资料,进入人类的财富创造系统,对经济社会发展起到直接促进作用,流域生态资源才有可能转化成为一种经济财富和社会财富。理论上,流域生态资源向生产资料的转化模式如图 3-4 所示。

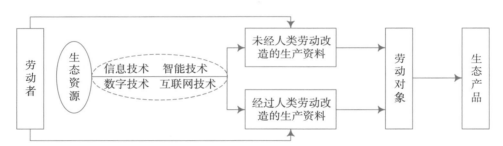

图 3-4　流域生态资源向生产资料转化模式

如上图所示,流域生态资源向生产资料的转化需要在人们劳动过程中实现,劳动者通过生产资料集合把劳动作用于劳动对象,最终形成满足人们需求的物质或精神产品。在传统的劳动过程中,生态资源并未纳入生产资料集合,生态文明建设需要用新技术结合及创新创意手段,将生态资源内生进生产资料集合。这里所说的生产资料是经济系统在进行生产时必须具备的生产条件,主要包括两大类,一类是未经人类劳动改造过的生产资料,另一类是经过人类劳动加工过的生产资料。随着信息技术、数字技术、人工智能技术、互联网技术的迅猛发展,人们对生态资源的有形、无形作用能力均得到大幅度提升,生态资源可以在不缩减规模不损害品质前提下转变成生产资料,当然,有的生态资源可以转变为经过人类劳动加工过的生产资料,有的时候,生态资源就以未经人类劳动改造过的生产资料形态出现。但转化过程需要有以下条件保障。

第一,需要激发人们致力于生态资源向生产资料转化的内在驱动力。也就是说转化成功与否取决于能否根据实际的生态资源特征及差异化属性,建立经济发展与生态发展兼容

共存的人类发展方式,这是人与自然和谐的终极动因。影响该动因有三个因素,首先是理念因素,想不想的问题。真切愿意树立与自然发展方向相一致、与自然规律相适应的人类社会发展理念。其次是技术因素,路径问题。在人类既有生产力和生产关系结构体系中,创生或重塑出符合生态规律的新的结构体系,所提的绿色经济体系、绿色产业体系等就属于该范畴。最后是习惯因素,怎么做问题。最后的执行者是人,人类是否能建立起与生态资源相一致的惯性选择行为,也就是经常提到的绿色生活方式。

第二,必须树立"环境就是民生"的发展理念。"良好生态环境是最普惠的民生福祉。民之所好好之,民之所恶恶之。环境就是民生,青山就是美丽,蓝天也是幸福。发展经济是为了民生,保护生态环境同样也是为了民生"①,习近平关于环境与民生的关系做了精准的论述。要求在生态环境建设和生态资源使用过程中,使生态环境真正的"为人民服务",满足人民对美好生活环境的需求,创造出让人民满意的生态产品,只有这样,生态资源才能顺利地转化为社会财富和经济财富。从这个意义上看,"环境就是民生"理念就是最朴素的供求关系论,环境供给的目的不是近期的利润最大化目标,西方历史经验证明这种做法行不通。要求环境生产的目的必须与人民群众对美丽环境的追求相匹配,通过生态环境产品供需均衡达成人与自然和谐共存。

第三,建立流域生态环境协同发展机制。我国地域辽阔,流域生态环境类型较为丰富,空间跨度大,资源条件状况复杂,区域经济发展不均衡,资源环境、资源空间分布与经济发展水平空间分布呈现相背离状态。在流域生态环境价值未能进入正常市场价格体系情况下,跨区环境盘剥现象就会形成。流域生态资源丰富地区长期为经济活动高强度地区提供原料和能源,长此以往,一方面生态资源富集区因生态环境过度开发而造成生态环境恶化,另一方面,这些区域因为对资源型产业的过度依赖导致产业结构单一化,随着生态资源的日益枯竭,区域经济日益衰退。另外一种盘剥方式是生态资源富集区往往都是交通建设成本较高的地区,导致交通条件差,久而久之,这些地区沦为欠发达贫穷地区。无论是哪种原因,生态富集区虽然拥有丰富生态资源,但由于经济发展水平低,技术资金匮乏,生态资源开发理念落后,即便面对生态文明建设政策红利,也难以找到有效路径获取,绿水青山难变金山银山。那么在生态文明建设重担之下,绿水青山对这些区域来说不是财富,而是负担。解决这一矛盾冲突的关键在于我国必须从全局视角统筹流域生态环境发展,以流域生态补偿为抓手,发挥主体功能区战略作用,建立流域生态环境的跨区协同发展机制,让各区域在我国经济社会环境发展中分工明确,各司其职。

(二)流域生态产品价值实现方式创新

流域生态产品价值实现是生态价值转换成经济价值的关键环节,直接关系着流域生态

---

① 来自习近平 2018 年在全国生态环境保护大会上的讲话。

文明能否可持续建设问题。传统意义上,生态产品的经济学属性以公共产品居多,或者为准公共产品,部分是产权明晰私有产品,导致流域生态产品难以进入市场流通参与价值交换。创新流域生态产品价值实现方式和路径势在必行,需要根据流域生态产品的不同特点,分类施策,采用不同的价值实现方式,具体从以下四个路径全面推进

第一,可以通过市场交换实现价值的生态产品,如产权明晰流域范围内的山、林、湖、草、田等,及其有形或无形衍生品。这类生态产品属于新时代人们消费升级的主要内容,潜在需求大,市场价值空间大。通过多种优惠政策鼓励市场主体参与生态产品创意、创造和生产,尤其要扩大高品质生态产品的供给增量,丰富产品种类。

第二,不能通过市场交换实现价值的流域生态产品,属于公共产品,如清洁空气、干净江水、河水、湖水、优美环境等。如果单纯依靠市场,这类流域生态产品的市场供给会远远小于社会需求,因为市场主体的投入非但得不到回报,还会由于隐形增加产品成本而在市场竞争中处于劣势。一是,政府要制定统一的排放标准和环境标准,并严密监测、严格监管。二是,健全企业环境成本管理制度,将环境成本纳入企业会计核算体系,进入各市场主体商品和服务成本之中,随着商品参与市场交换,实现环境价值,同时保障企业可以公平竞争,大大降低企业减排治污的逆向选择和道德风险。三是,政府要加强环境区域治理规划,采用集中排污治理的方式来降低区域内各个企业的企业环境成本支出。

第三,对于具有准公共产品性质的流域生态产品,如已经形成的存量污染物,应采用政府、企业合作治理模式,对存量污染物进行无害化和资源化处理。应通过具有相应资质的造价公司,对每一项治理工程所需费用进行科学评估,政府制定相应的补偿政策,再通过招投标,吸引国内外企业参与投资和治理。

第四,在我国碳达峰碳中和行动框架下,强化碳交易机制对生态产品价值实现的基础性作用。流域生态产品的生态功能中一项重要功能就是减排效应,也就是说大部分生态产品具有减排效应,由此,大部分生态产品及其相关的生态行为可以进入碳交易市场,激励生产、流通、消费各个环节的减排积极性。在最广泛范围内完成生态产品的价值实现。这是个系统工程,需要政府统筹规划,通过多种政策组合引导并激励企业、消费者、第三方服务平台,围绕碳交易机制形成生态产品生产链、消费链、服务链。

(三)全面建立流域生态补偿制度

流域生态补偿制度①是流域生态产品价值实现的根本保障和兜底制度,是一种新型环境

---

① 2013年5月,习近平总书记在十八届中央政治局第六次集体学习时指出,从制度上来说,我们要"建立反映市场供求和资源稀缺程度、体现生态价值、代际补偿的资源有偿使用制度和生态补偿制度,健全生态环境保护责任追究制度和环境损害赔偿制度,强化制度约束作用"。2016年5月,国务院办公厅印发《关于健全生态保护补偿机制的意见》。2019年8月,习近平总书记主持召开中央财经委员会第五次会议,会议强调,要完善能源消费总量和强度双控制度,全面建立生态补偿制度,健全区际利益补偿机制和纵向生态补偿机制。

管理制度,以防止生态环境破坏、增强和促进生态系统良性发展为目的,以从事对生态环境产生或可能产生影响的生产、经营、开发、利用者为对象,以生态环境整治及恢复为主要内容,以经济调节为手段,以法律为保障。全面建立生态补偿制度是指全面建立反映市场供求和资源稀缺程度、体现生态价值和代际补偿的资源有偿使用制度和生态补偿制度。生态补偿制度重要意义在于:实施生态保护补偿是调动各方积极性、保护好生态环境的重要手段,是生态文明制度建设的重要内容。只有探索建立多元化生态保护补偿机制,逐步扩大补偿范围,合理提高补偿标准,才能有效调动全社会参与生态环境保护的积极性,加快推进区域生态建设,促进生态文明建设迈上新台阶。

根据受益者补偿原则,流域生态环境改善的受益方对提供方给予资金补偿。按照生态利益是否可分割,受益方可以分为区域性(不确定人群)受益方和特定人群受益方。不同受益方可供选择的补偿方式也会有一定的限制。作为特定人群受益方可以采用市场化补偿方式,不确定人群受益方应着眼于区域生态补偿、流域生态补偿、森林生态补偿、草原生态补偿、湿地生态补偿等方式的探索,此外,在优化国土空间开发保护格局大背景下,要探索针对重点生态功能区转移支付的生态补偿方法和路径。为了保障全面建立生态补偿机制,需要:(1)建立稳定投入机制,多渠道筹措资金,加大保护补偿力度。(2)完善重点生态区域补偿机制,划定并严守生态保护红线,研究制定相关生态保护补偿政策。(3)推进横向生态保护补偿,研究制定以地方补偿为主、中央财政给予支持的横向生态保护补偿机制办法。(4)健全配套制度体系,以生态产品产出能力为基础,完善测算方法,加快建立生态保护补偿标准体系。(5)创新政策协同机制,研究建立生态环境损害赔偿、生态产品市场交易与生态保护补偿协同推进生态环境保护的新机制。(6)加快推进法治建设,不断推进生态保护补偿制度化和法治化。

三、构建流域绿色经济体系

2021 年 2 月 22 日,国务院出台《国务院关于加快建立健全绿色低碳循环发展经济体系的指导意见》,将"建立健全绿色低碳循环发展经济体系"[①]作为"解决我国资源环境生态问题的基础之策"[②]。所建构的流域绿色经济体系如图 3-5 所示:

---

① 来自 2021 年 2 月的《国务院关于加快建立健全绿色低碳循环发展经济体系的指导意见》(国发〔2021〕4 号)。

② 来源同①。

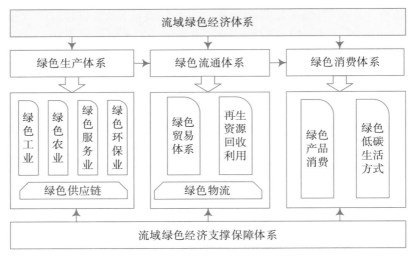

图 3-5　流域绿色经济体系示意图

　　流域绿色经济体系主体包括四部分,分别是绿色生产体系、绿色流通体系、绿色消费体系和绿色基础设施体系。

(一)绿色生产体系

　　绿色生产体系以提供绿色产品和服务为主要任务,具体建设内容有:

　　1. 构建绿色工业体系,加快传统工业绿色化升级步伐。一方面,对于新兴战略性工业,以建设绿色制造体系为主要目标,在产品从设计到回收的全生命周期之内推行绿色制造理念,做到绿色设计,绿色生产、绿色包装,绿色回收。另一方面,对钢铁、石油、化工、有色金属、建材、纺织、造纸、皮革等传统产业开展绿色制造革新,全面推行清洁生产,促进这些产业绿色升级。

　　2. 构建绿色农业体系,推进绿色农业高质量发展。(1)健全生态农产品供给机制。一是以精准匹配市场需求为导向,适度扩大生态农产品供给规模;二是加快推进生态农产品整体生产技术革新,提供农产品生态品质;三是拓宽生态农产品稳定供给渠道。(2)完善绿色农产品认证管理机制。一要提高绿色农产品认证的科学性;二要扩大绿色农产品第三方认证机构数量,并建立统一管理机制;三要提高绿色农产品供给方认证的便捷性,提高认证效率;四要建立绿色农产品虚假认证的维权机制。(3)加大农业环境污染治理力度,大幅度降低农业面源污染。一要加大对被污染土壤的治理力度;二要加大对临近水流污染的治理力度;三要提高畜禽粪污资源化利用水平;四要加大农膜污染治理力度。(4)提高对退化耕地的综合治理能力。(5)大力推进农业节水,推广高效节水技术。(6)提高三产融合发展能力。盘活乡村旅游资源,瞄准市场需求,创新农业与其他产业的融合路径,精准供给农业生产产品,避免农业资源浪费。

　　3. 构建绿色服务体系,全面提升绿色服务水平。(1)促进商贸企业整体绿色升级,激励商贸企业打造绿色商业场景空间。(2)加快出行、住宿、餐饮、会展等服务行业的绿色化转型发展,推进相关行业绿色服务标准及物品绿色使用标准快速出台。(3)加快推进信息服务产业绿色转型,提供绿色服务能力。一方面做好信息服务业核心设施的节能工作,例如大中型数据中心和网络机房的节能降耗改造,另一方面增加对社会的绿色信息服务内容,提高绿色信息的加工服务能力。(4)推动汽修、装修装饰等行业使用低挥发性有机物含量原辅材料。

4. 壮大绿色环保产业体系。(1)建立再生资源回收产业体系。一是要鼓励地方建立再生资源区域交易中心;二是要引导生产企业建立逆向物流回收体系;三是要完善废旧家电回收处理体系。(2)一是要建设绿色产业示范基地,形成基于新理念、新技术的创新性绿色产业生态系统,尤其打造以大型绿色产业集团为主体,以"专精特新"中小企业为主业中坚力量的产业生态群落,形成开放、协同、高效的绿色产业业态。二是要深入分析绿色产品市场供求的动态变化趋势,及时修订绿色产业指导目录,引导产业健康发展,避免产能过剩。(3)健全第三方生态资源能源管理服务体系。随着碳达峰碳中和推进工作的逐步深入,对各经济主体的能源资源管理能力提出了更高的要求,也就需要更加专业化的管理技术,但这往往是很多经济主体不具备的,需要有更加健全的第三方管理服务体系来辅助。当前亟须的第三方服务包括环境污染第三方治理服务,生态环境第三方托管服务,碳源碳汇第三方咨询、核算服务,公共机构的能源托管服务。

5. 全方位打造绿色供应链。绿色供应链是绿色生产体系的核心成长逻辑,使得绿色生产边界从企业边界拓展到行业边界,甚至是行业集群的边界。由此可见绿色供应链对建构绿色生产体系具体巨大的拉动作用。全方位打造绿色供应链需要在以下几方面做好强化、优化和创新工作:(1)强化绿色产业链内部绿色关联节点建设。提高绿色设计、绿色材料供应、绿色采购、绿色工艺、绿色包装、绿色运输、绿色回收处理各环节的专业化程度,提升各环节绿色发展能力和绿色贡献度。(2)强化绿色产业链金融供给能力。充分发挥金融血液作用,高效快速全面激发产业链绿色活力,提高绿色生产环节创建速度。(3)建立完善绿色供应链管理体系。绿色供应链管理还是个新鲜事物,管理主体、管理模式、管理制度等都需要探索和创新,鼓励行业协会、银行、第三方服务平台等组织依托新科技探索绿色供应链管理机制。

(二)绿色流通体系

1. 打造绿色物流。首先,打造绿色运输结构,增加铁运、水运等低排放型运输能力占比,因此需要加快推进铁、水、公、空多式联运网络建设以及联运体系的现代化、信息化能力建设。其次,鼓励并引导物流运输组织绿色升级改造,包括推进物流公共信息平台建设;优化信息共享机制设计;推动以甩挂运输、共同配送、标准化托盘循环共用为核心的物流组织再造示范。再次,依托新能源、大数据和人工智能技术,拓展绿色低碳运输工具在物流行业的使用范围,尤其鼓励港口机场服务、城市物流配送、邮政快递等领域优先使用绿色低碳运输工具,提高对老旧运输工具的替代率。最后,鼓励有条件的物流企业进行智能化改造。包括搭建数字化运营平台,建设智慧仓储,设计规划智慧运输。

2. 打造绿色贸易体系。绿色贸易体系包括内贸体系和外贸体系,内贸体系部分与绿色消费体系合到一起讨论,这里只讨论绿色外贸体系如何优化的问题。(1)增大绿色贸易在整体外贸规模中的占比,扩大绿色产品出口规模;(2)提高绿色出口产品品质,优化出口品类,大力发展高质量、高附加值的绿色产品出口;(3)增加环境产品出口清单的品类,提高环境产品关税优惠的谈判能力;(4)创新绿色贸易壁垒应对策略。一是在绿色标准设计制定方面积极参与,加强国际合作,在那些具有显著技术优势和市场优势的环境产品上,要引领或主导国际标准的制定。二是积极推动合格评定合作和互认机制。三是优化绿色贸易规则与进出口政策的衔接机制。(5)拓展与"一带一路"的绿色贸易范围。在节能环保、清洁能源等领域内,强化技术装备和服务的贸易合作,并逐渐扩大合作范围。

(三)绿色消费体系

1. 建立绿色产品消费体系。(1)加大绿色产品消费引导、教育和宣传,强化消费者的绿色产品消费偏好;(2)创新引导激励办法,例如消费补贴、积分奖励、个人绿色信用交易、电商平台设立绿色产品销售专区等方式,提高绿色产品对非绿产品的替代水平。(3)增加居民对绿色产品及消费信息获得性;(4)加大政府对绿色产品的采购力度,扩大绿色产品采购范围,积极引导国有企业逐渐实行绿色采购,在全社会起到绿色消费示范作用。

2. 全面普及绿色生活方式。(1)在全社会开展绿色生活方式普及教育和养成教育,形成绿色生活新风尚和主流时尚文化;(2)创新激励机制,在吃、穿、住、行、用全生活场景构建绿色行为体系。主要倡导节约集约生活、适度消费、理性消费、绿色出行、共享经济绿色生活行为。(3)因地制宜在居民中推进生活垃圾分类,开展宣传、培训和成效评估。(4)开展多种绿色生活创建活动,提升绿色生活体验价值。

(四)绿色经济发展保障体系

1. 强化绿色基础设施保障能力。(1)加大能源基础设施绿色升级改造力度。一是提高传统电网对可再生能源的并网能力及分布式管理能力,提高可再生能源利用比例;二是提高电网汇集和外送能力并推进农村电网升级改造;三是改善北方清洁能源集中供暖结构,尝试在北方县城设立生物质耦合供热和清洁热电联产集中供暖试点;四是加快推进天然气基础设施建设和互联互通。(2)促进城镇环境基础设施升级改造。推进城镇污水管网全覆盖;完善污泥污水生活垃圾等无害化资源化处置设施建设;加强危险废物集中处置能力建设;推动大型海水淡化设施建设。(3)加大交通基础设施绿色改造。推动交通基础设施建设集约利用土地资源,合理避让重要生态功能空间;加强新能源汽车充换电、加氢等配套基础设施建设等。

2. 完善绿色标准、绿色认证和统计监测制度。(1)优化绿色标准体系结构,提升标准设计的科学性,推动中国绿色标准国际化,加大对绿色标准化技术支撑机构的培育力度。(2)健全绿色产品认证体系。依托移动互联网技术、大数据技术、人工智能技术、5G 通信技术和区块链等,提升绿色产品认证的智能化水平和准确性,并培育一批专业化现代化的绿色认证机构,完善认证机构信用监管机制。(3)健全绿色统计制度,加强对节能环保、清洁生产、清洁能源等领域的统计监测,建立能源统计信息共享机制。

3. 完善绿色法规体系和管理制度体系。(1)健全绿色法律体系,强化执法力度。尤其要加大对重点绿色发展领域的法律法规制度建设,加大违法行为查处和问责力度,严厉打击虚标绿色产品行为。(2)完善环境治理收费机制。一是完善污水处理收费机制,二是完善生活垃圾收集、清运及处理的收费制度。(3)加大对节能环保产业的财政支持力度。一要对环境基础设施短板部分、环保产业、循环经济、能源高效利用等方面,继续加大财政资金支持和预算内投资力度;二要加大对生态环境服务企业的税收优惠力度。例如对节能、节水、环保、资源综合利用、合同能源管理、环境污染治理等提供第三方服务的企业,继续落实所得税、增值税等优惠政策,并加大优惠力度。(4)培育壮大绿色交易市场。一是进一步健全排污权、用能权、用水权、碳权等交易机制;二是加快建立初始分配、有偿使用、市场交易、纠纷解决、配套服务等制度;三是做好绿色权属交易与相关目标指标的对接协调。

第三节　流域生态文明建设的价值体现

习近平生态文明思想对生态环境重要性有着明确而系统的论述,分别从民生观、生产力观、和谐观三个维度阐述生态环境对我国可持续发展的基础性作用。

一、流域生态环境对提升民生福祉的基础作用

关于生态文明建设价值归宿问题,习近平生态文明思想明确表达了生态环境民生论基本理念。在生态环境与民生福祉之间关系上,习近平总书记阐释了三层含义。

一是"环境就是民生"和"良好生态环境是最普惠的民生福祉"。由此可见环境与民生具有同等重要地位,尤其强调良好生态环境对民生更具普惠价值。关注民生福祉、强调人民性是中国共产党执政为民的直接表达,是中国特色社会主义的显著特色。当把生态环境提升到民生福祉的高度,这是对生态环境与人的统一性的最高评价与礼赞。

二是"发展经济是为了民生,保护生态环境同样也是为了民生"与"不断满足人民日益增长的优美生态环境需要"。保护生态环境的目标指向是民生福祉。这与党为人民服务的宗旨具有高度一致性,发展经济和保护生态虽然工作任务形式不一样,但本质都是为了民生,人民日益增长的对优美生态环境的需要就是当前重要的民生诉求,民生诉求就是党的工作指向标,习近平生态文明思想就是对新时代民生诉求的战略性总结和表达。

三是"民之所好好之,民之所恶恶之"与"要坚持生态惠民、生态利民"。生态环境治理过程中的执行操作标准是民生福祉。民生福祉是衡量当前生态环境工作效果的唯一标尺,人民重点关心的环境问题就是生态环境治理的重点领域,所以要重点解决损害群众健康的突

出环境问题,加快改善生态环境质量,提供更多优质生态产品,努力实现社会公平正义。习近平总书记不仅提出"环境民生论",而且把人民群众是否满意作为判断我国生态文明建设成功与否的标准,鲜明地体现了中国共产党"以人民为中心"的发展思想,是我国生态文明理论研究和建设必须坚持的基本原则和价值立场。

二、流域生态环境对提高生产力的基础作用

"纵观世界发展史,保护生态环境就是保护生产力,改善生态环境就是发展生产力。"①

马克思认为,"生产力,即生产能力及其要素的发展"。由此可见生产力是生产能动主体和生产要素客体相互作用相互匹配而形成的生产满足人们需要的产品的能力。生产力又可以分为自然生产力和社会生产力。生态环境一直都是生产力系统中重要组成部分,是生产力能动主体的作用对象,甚至生态环境系统本身就创造生产力的能动作用。生态环境的质量变化会直接影响生产力发展水平,生产力只有在包括生态环境在内的诸多要素达到均衡匹配状态才能发挥最佳功能。从这个角度看,人类发展史就是一部生态环境与人力不断谋求最佳匹配的历史。不管经济学家们是否愿意将生态环境纳入经济建模之中,生态环境始终参与人类生产力的创造是个不争的事实,只是看他们是否愿意把"稀缺原理"指针偏向生态环境这一边,是否愿意用"边际原理"给生态环境赋予人类偏爱的价值符号。习近平生态文明思想突破这个经济学障眼法,站在历史全局视角,一针见血指出生态环境就是生产力,生态环境是人类生产力发展的根基。生态文明建设的一切手段和做法都会回归到生产力可持续发展这条主线上。

三、流域生态文明建设事关民族未来大计

中华民族是世界上唯一的文明未间断过的民族,我们的文化之所以能够源远流长,与中华民族"仁民爱物""万物一体"的自然观及环境行为息息相关。今天中华民族的可持续发展和伟大复兴需要生态文明高质量建设。

首先,经济发展方面,先污染后治理的发达国家老路在中国行不通。习近平在 2012 年 12 月 7—11 日广东考察工作时的讲话中指出,"我们在生态环境方面欠账太多了,如果不从现在起就把这项工作抓起来,将来付出的代价会更大。在这个问题上,我们没有别的选择。人类的认识是螺旋式上升的,很多国家,包括一些发达国家,在发展过程中把生态环境破坏了,搞起一堆东西,最后一看都是一些破坏性的东西。再补回去,成本比当初创造的财富还要多。特别是有些地方,像重金属污染区,水被污染了,土壤被污染了,到了积重难返的地步。要实现永续发展,必须抓好生态文明建设。"这段话充分说明了我国当前必须重回环境友好型发展道路是历史的选择,从中华民族未来整个生命周期来看,现在搞生态文明建设也

---

① 引自 2013 年 4 月 10 日习近平在海南考察工作结束时的讲话。

是所付代价最小的路径选择。

其次,从全球发展格局来看,以环境换发展的旧模式不利于中国建构国际话语体系。习近平指出"我们建设现代化国家,走欧美老路是走不通的,再有几个地球也不够中国人消耗。中国现代化是绝无仅有、史无前例、空前伟大的。现在全世界发达国家人口总额不到十三亿,十三亿人口的中国实现了现代化,就会把这个人口数量提升一倍以上,走老路,去消耗资源,去污染环境,难以为继"。这段话充分表明了中国的大国担当情怀。中国的生态文明建设不是立足一隅,而是着眼全球永续发展。作为世界人口大国,中国没有将自身发展权建立在减少他国发展机会基础上,而是主动承担环境治理责任,真正以公平公正的姿态去解决具有全球公共产品属性的环境问题。这有利于提升中国的国际地位和大国形象,有利于中国就生态环境等问题掌握国际话语权,推动全球大气环境治理向着有序、健康、共识的方向迈进。

四、流域生态文明建设事关"五位一体"总体布局统筹推进

党的十八大报告确定了"五位一体"作为中国特色社会主义建设总体布局的框架内容,在经济建设、政治建设、文化建设和社会建设基础上增加了生态文明建设。相较于以前党领导集体确定的总体布局,最显著的变化就是在总体布局中加入了生态文明建设这个新成员,首次将生态文明建设提高到这样的战略高度,与经济、政治、文化、社会处于同等地位,足以见得生态文明在今天中国发展进程中的重要性,对国计民生的重要程度。这一新拓展也明确彰显了党对中国特色社会主义建设规律的认识上升到新的水平。

基于党对中国特色社会主义建设规律的科学认知,"五位一体"统筹发展是我国实现两个百年目标的客观需要,更是经济建设、政治建设、文化建设、社会建设和生态文明建设内在统一规律的科学表达,没有生态文明建设的支撑,经济建设、政治建设、文化建设、社会建设最终会受到环境因素制约,导致其发展不可持续,甚至前功尽弃。反过来,生态文明建设也离不开经济建设、政治建设、文化建设和社会建设的内在响应和补充,只有把生态文明建设内生进经济建设、政治建设、文化建设和社会建设,成为其重要组成部分,"五位一体"总体布局才能焕发出强劲的系统效能。

五、流域生态文明建设事关"四个全面"战略布局协调推进

我国面对新发展形势和新的全球战略格局,"四个全面"战略布局作为我国当前治国理政的总体方略,是各项事业发展的总方针和总指导原则。若想成功实现生态文明建设的战略目标,必须从"四个全面"的战略布局出发,"四个全面"战略布局协同推进行动框架内,借助战略大局运行的势能优势,方能全盘动起来,扎实推进生态文明建设。具体协同方式及路径包括:

1. 全面建成小康社会需要生态文明建设作为重要内容支撑。习近平总书记指出:"走

向生态文明新时代,建设美丽中国,是实现中华民族伟大复兴的中国梦的重要内容。"全面建成小康社会是中国梦的具体表达和实体内容,其中生态文明建设就是实现美丽中国梦的具体实践和行动方案,没有扎实全面的生态文明建设,中国的小康社会建设就是不完整,因为优美生态环境本就是人民福祉的关键组成部分。从这个中华民族未来发展前途来看,生态文明建设关系到我们的发展能否持续问题,关系到民族命运走向问题,是中国梦的重要内容。首先,"十四五"时期是个特殊时期,既是第一个百年目标的收官期和决胜期,又是第二个百年目标的关键开局期,在此关键时期,全面建成小康社会任务完成情况一方面关系着第一个百年目标能否完美收官,另一方面关系着能否为实现第二个百年目标奠定坚实基础问题。建成"美丽"的社会主义强国需要"十四五"时期生态文明建设全面推进,并取得显著成效,为后续发展铺好路。其次,作为全面建成小康社会的重要内容之一,"十四五"时期生态文明建设任务仍然艰巨。一是资源环境瓶颈制约依然强劲,亟须缓解石油、天然气等战略性资源的对外依存强度,坚决守住18亿亩(1亩约为666.67平方米)耕地红线。二是亟须提高环境承载能力,禁止盲目开发、过度开发、无序开发。三是亟待提高生态环境修复水平,加大环境资本储备力度。在扩大森林总量、防治草原退化、水土流失等方面加大力度,创新治理技术和管理方略,探索根本性的解决方案和发展途径。综上而言,中国若要成功实现绿色发展、全面建成小康社会、建成社会主义现代化强国,生态文明建设已是躲不开、绕不过、退不得的重要内容和关键环节。更是人民群众高度关切的领域,对"四个全面"战略布局协调推进有着非凡意义和价值。

2. 全面深化改革为生态文明建设提供强大动力。在人类发展史上,人类社会的每次重大进步都伴随着人与生态关系的重大变革。新时代中国对生态文明建设做出的重大决策部署,本质上意味着中国社会乃至带动全球开启范围最广、程度最深的绿色革命。这场绿色革命既要求生态文明内部建立力量的革新,同时又需要外部改革力量赋能。因此,全面深化改革战略为绿色革命既提供了变革机会和动力,又为变革提供了强有力的政策保障支撑。具体要求:首先,强化对生态文明体制改革正确方向的把握。在生态文明体制改革过程中,必须将生态文明建设与我国的根本政治制度、经济制度和大政方针相匹配,并有机融合。具体包括一要坚持自然资源资产公有属性不动摇;二要坚持城乡环境综合治理一体化原则;三要坚持在区域协同发展共同富裕原则下,推进试点先行和整体协调推进相结合的生态文明建设进程;四要在碳达峰、碳中和战略框架内,建构生态文明建设国际话语权,主动开展国际合作。其次,深入推进生态文明制度改革,健全生态文明制度体系。为了完成美丽中国的建设目标和使命,必须加大生态文明建设制度的改革力度,方可形成系统合力攻坚克难。主要需要革新或完善的制度,首先,要改进自然资源资产的产权制度。由于包括山川河流等在内的自然资源多数具有公共产品或准公共产品属性,产权问题是限制这类产品提高供给数量和供给品质的关键因素,所以明晰产权归属是最重要的基础性工作。在第一轮宅基地、农田、山岭、林地、草原等自然资产确权登记完成之后,需要加快推进江河湖泊、滩涂、荒地、森林等公共自然流域生态空间的确权登记工作,明晰管理边界和职责权属,建立产权制度体系。然后,要完善并坚定执行主体功能区制度。充分尊重并发挥自然生态资源空间分布不均衡特质,科学建立国土空间开发和保护制度,鼓励根据各区域资源空间特点和比较优势,合理规划空间用途,建立协同发展理念,最大化发挥主体功能区功效。再次,改进创新资源有偿使用制度。根据"两山"理论的基本思想,创新"绿水青山"资产化、资本化路径,完善包括碳权、排污权、水权等在内的交易机制和生态补偿制度。最后,健全污染物排放管理制度体系。一方面强化严格和独立监管机制,创新独立行政执法机制,并提高独立执法能力;另一方面需要完善污染物排放许可制以及企事业单位污染物排放总量控制制度。再次,全面依法治国是生态文明建设的根本制度保障。首先,生态文明建设本身就是我国全面依法治国的一个重要组成部分。因为在全面依法治国的内容体系中包括依法治理生态环境的内容,而生态文明建设又是依法治理环境的核心内容和全面体现。其次,生态文明建设需要健全的法制环境来保驾护航。无论是源头性的生态环境保护,还是终端性的生态修复和环境治理,有法可依、依法行事都是顺利开展生态文明建设行为的根本前提,尤其在探索生态产品价值实现方式过程中,完整的生态环境法治制度体系是有效运行源头保护制度、损害赔偿制度、责任追究制度和生态补偿制度的基本法律环境。总之,在全面依法治国框架内,通过最严格的法律制度和最严密的法治手段,规范约束各类相关于自然生态环境开发、利用、保护行为,建立起用制度保护生态环境的社会规范体系。最后,全面从严治党是生态文明建设的根本组织保障。生态文明建设是个系统工程,涉及空间范围之广泛、时间之长久、社会主体之多元、制度变革之深远,史无前例,中外少有。这就需要有一个强大的组织保障,对巨量人、财、物具有强大调动能力和匹配智慧。中国社会主义制度最本质的特色就是中国共产党领导,党的领导地位由我国宪法确立,这是我国最大的政治优势,全面从严治党就是要把我国这个最大政治优势发扬光大。我国各项事业的建设都要依仗这个政治优势,也是党领导一切的根本目的。

因此,从严治党,强化党的领导是我国生态文明建设的最大组织优势。具体要做到:(1)提高党对生态文明建设战略地位的把控能力。一是要不断提高党对生态文明建设重视程度,明确确立生态文明建设的基本国策和国家战略地位;二是把生态文明建设作为加强和改善党的领导一块试金石,作为增强党的执政能力、巩固党的执政基础的一项战略任务;三是把生态文明制度体制改革作为我国改革实践的一项重要事业,也作为一条基本经验加以总结。(2)把党的领导贯彻到社会主义生态文明建设的全过程和各方面。坚持党总揽生态文明建设全局的原则和导向,发挥党对生态文明建设的领导核心作用;坚持党对生态文明建设的重大决策机制;坚持党协调生态文明建设各方资源要素的工作体制机制;强化党对生态文明建设监督机制。(3)提高党对生态文明建设的科学领导水平。一是提升党领导绿色发展的理论水平、战略思维能力,各级党委要深化对绿色发展规律的科学认识,对流域生态文明建设规律的认识;二是提升党领导生态文明建设的科学决策能力,完善党研究生态环境保护等重大方针政策的决策咨询机制、工作机制和信息发布机制；三是提升党领导生态文明建设的依法执政能力，尤其要提高抢抓绿色发展机遇能力、防控风险能力、区域协调建设能力；四是要提高党领导生态文明建设的现代化水平，推进生态环境治理体系和治理能力的现代化进程。

参考文献

[1] 任勇.加快构建生态文明体系[J].求是，2018.

[2] 陈柳钦.产业发展的集群化、融合化和生态化分析[J].华北电力大学学报，2006(1)：16-22.

[3] 陈洪波.构建流域生态经济体系的理论认知与实践路径[J].中国特色社会主义研究，2019，(4)：55-62.

[4] 吴柏海，余琦殷，林浩然.流域生态安全的基本概念和理论体系[J].林业经济.2016，(7)：19-26.

第四章 长江经济带生态文明建设历程与概况

文明是人类在征服、改造自然与社会环境过程中所获得的所有产物[1]。相较于野蛮,文明反映了人战胜野蛮,形成社会属性构建社会体系的过程,是人类进化和社会进步的体现和标志。任何一种文明的存续与其构成模式,都是其所处的自然与社会环境互相"选择"的结果。如果从人类利用和改造自然的历程来看,可将文明划分为渔猎文明、农业文明、工业文明、信息文明、生态文明几种文明形态[2]。就生态环境而言,应该"以人为本",既不是消极的回归自然,也不是简单的统治自然,而是积极地与自然和谐共生。因此,生态文明是人们在改造客观物质世界的同时,不断克服改造过程中的负面效应,积极改善人与自然、人与人的关系,建设有序的生态运行机制和良好的生态环境所做出的全部努力和取得的全部成果[3],是人类社会发展的必然要求和重要成果,是文明发展的崭新形态。

在人类文明发展进程中,人与自然的关系是一个古老而深邃的命题。不同的历史时代,人们对大自然的认识、处理人与自然关系的方式都有所不同。远古时期,伯益"烈山泽而焚之"[4],不是"破坏"自然环境,而是"烧曾薮,斩群害以为民利"(《管子·轻重戊》)[5]。由此可见,人们对生态文明理解和建设,随着社会经济的发展而变化。我国拥有 5000 年历史,人们在与自然的相互作用中既积累了合理开发自然,"天人合一"的生态文明思想、制度和措施,当然也伴随着不适当开发导致的教训。前车之辙,后车之鉴,以古为今用的原则,本章内容侧重谈论我国各历史时期,长江流域生态文明建设的环境变迁和积极经验,以及当下长江经济带的建设概况,以期为长江流域生态文明建设和发展提供借鉴参考。

第一节 长江经济带生态文明建设历程

我国辖区面积广袤,各区域的地形地貌、水文气候以及人们生产生活方式具有自身的禀赋,各有特点,各区域的人地关系因而表现出差异性和多样性。就长江流域而言,水文条件的变化对本区域人类活动和生态环境的影响甚大,而且长江上、中、下游生态环境具有内在关联性,人地矛盾相似[6]。在不同历史时期,我国特别强调以农为本,农业活动对环境的影响,致使生态环境存在相当大的差异。因此,根据历史环境状况和区域历史变迁,将长江流域生态文明建设历史划分为五个阶段,即:先秦时期,秦汉时期,魏晋南北朝,隋唐宋元,明清时期。

一、先秦时期的生态文明建设历程

(一)先秦时期人类文明与生态变迁

全新世中期,长江流域森林植被的分布是十分广泛。无论是平原、丘陵、山地,几乎都覆盖着茂盛的亚热带(含部分温带、热带)常绿阔叶林、针叶林和落叶林,森林覆盖率估计在80%左右[7]。因此,"筚路蓝缕以处草莽"[8]森林密布是当时长江流域主要的生态特征。新石器时期,长江流域已有长期、发达的人类文明,主要平原地区已经有了较多的稻作农业活动,其耕种方式主要是"草干即放火,至春而开垦。其林木大者杀之,叶死不扇,便任耕种。"[9]这种易地而耕、刀耕火种的耕作方式对长江流域天然植被产生了相当大的破坏作用,不过由于当时人口绝对数量极少,因而土壤和植被有足够的时间得以休养生息。由于长江流域水域广、丛林密,交通险阻,一定程度上限制了区域间的文化传播[10],至商周时期长江流域形成了"濮夷无君长总统,各以邑落自聚"(《史记·楚世家》)[11]的自然分离状态,致使长江流域在商周前后农业经济没有得到长足的发展。

商周后期至春秋战国时期,随着北方黄河流域的部族通过战争和迁徙进入长江流域,青铜和铁的冶制技术的发展,促使农业生产发生了一次质的飞跃。考古研究发现,长江流域青铜农具盛行于商代中期至战国早期,而铁制农具兴起于春秋晚期。铜铁农具取替了石质农具,能够显著节省劳力提升效率。因此,"铁使更大面积的农田耕作,开垦广阔的森林地区,成为可能"[12],推动了长江流域稻作农业水平的进步。尤其是铁制农具的广泛使用,长江流域的丘陵山区有了一定规模的开发。人口增长、战争、农业发展和铜铁冶制等因素的综合作用对长江流域的森林造成了一定的破坏,但主要集中在平原和河谷地带,且因战争主要集中在黄河流域,同时虽然长江流域人口有所增长,但仍"荆所余者地也,所不足者民也"(《吕氏春秋》卷二十一)[13]。所以,直至春秋战国时期,长江流域平原地区虽有了较大规模的开发,但仍存在相当大面积的森林地带,如江汉平原上的"云梦"之地,食草动物"犀兕麋鹿盈之"(《战国策·宋卫策》)[14],一派林野景观。

(二)先秦时期朴素的生态思想

先秦时期,人们一直在试图回答:为什么人既是自然的一部分? 为什么人也是自然的对应物? 人与自然的对立和统一性体现在哪里? 通过探索这三个关联问题,人们完成了对自然的认识、改造,并形成了我国古代生态文明思想的基础。无疑,这些思想对后世影响很大,在今天看来,仍然有一定的现实意义。

从神话中可以发现,远古时期人们对自然环境的认识囿于生存上浓厚的依赖,在神话传说中,自然被拟人化,人被自然化,人与自然之间界限模糊。在图腾社会,人们对图腾的崇拜说明了人们抽象思维能力的提高,通过图腾崇拜,一方面幻想借助图腾的力量来实现对自然环境的虚构统治,一方面也将自己与自然看成一体[15]。因此,在远古时期,人们顺从自然,依附环境,既是人类本能的表现也是对自然规律的认同。虽然这些行为表现是一定的环境保护行为,如图腾崇拜对某些物种的保护,但是现代意义上的生态文明意识在当时还是一种主客不分,物我不分的混沌状况[15]。

在进入奴隶社会以后,随着社会生产力的较大发展,尤其是青铜冶制的发展,增强了人们征服自然的能力,也影响着人们对人与自然关系的理解。商代人崇拜"帝",《礼记·祭法》记载:"祭法,有虞氏禘黄帝而郊喾,祖颛顼而宗尧;夏后氏亦禘黄帝而郊鲧,祖颛顼而宗禹;殷人禘喾而郊冥,祖契而宗汤,周人禘喾而郊稷,祖文王而宗武王。[16]"可见,"帝"即是对祖先的祭祀,也表达出对于祖先的崇拜。先民们对先祖的崇拜反映了人们对自然的认识从"万物有灵"到"一元神"的过渡,实则是先民对自身征服自然的历史和经验的继承。周以后,对"天"的崇拜取代了对"帝"的崇拜,出于统治的需要只能"顺乎天而应乎人","敬天保民",天与人相通,形成了天人相关学说的最朴素的基础。而商周时代,人们对"帝"和"天"的崇拜,一方面反映了人们对自然威胁的依附和抗争,一方面也反映了人们对自然认识的进步,开始从意识上与自然相分离。

春秋战国时期,生产力进一步发展,促进了经济社会的变革。从孔孟到老庄,诸多学派的思想家从不同角度对社会变革表达主张,形成了"百家争鸣"的局面。这一时期诸子百家彼此诘难,学术局面盛况空前,人们的生态环境意识得到极大的提升和发展,其中最具代表的在老庄、管孟、荀子的生态思想以及《吕氏春秋》中的相关论述中有所体现。

"道"是老庄哲学的核心,它体现了老庄对自然界逻辑构成以及人与自然关系的生态认识[17]。老子认为"道"是天地万物生成之本,又说:"人法地,地法天,天法道,道法自然。(《道德经》[18])"综上,老子认为人要遵循"道",天也要遵循"道","道"是人与自然和谐统一的基础。"道"就是万事万物要按其自然规律去看待自然。"道常无为而不为"其发展变化的规律是通过"自然无为"而体现出来的,其思想包含了"道法自然"的生态平衡观、万物相系的生态整体观和"知常曰明"的生态保护观。庄子进一步指出"以道观之,物无贵贱,以物观之,自贵而相贱"(《秋水》)[19],认为万物是平等的、和谐的,人也是自然万物的一部分。对于人类妄自尊大,过度索求引发环境破坏,老庄都予以反对,并表现出强烈的忧患意识。老子认为"祸莫大于不知足,咎莫大于欲得,故知足之足,常足矣"(《老子·俭欲第四十六》)[20]。庄子认为"夫弓弩、毕弋、机变之知多,则鸟乱于上矣;钩饵、网罟、罾笱之知多,则鱼乱于水矣;削格、罗落、置罘之知多,则兽乱于泽矣","故上悖日月之明,下烁山川之精,中堕四时之施,惴耎之虫,肖翘之物,莫不失其性"(《庄子·胠箧》)[19]。人们这种贪婪无度的行为,必将对生态环境造成破坏。

《管子》形成了两个重要的生态文明思想。一是自然资源利用有度的问题。管子认为:"地者,万物之本源,诸生之根菀也","水者,地之血气,如筋脉之流通者也……万物莫不以生"(《管子·水地》)[5]的状况。因此,必须要保护好山林川泽,合理利用开发自然;并指出"山林虽广,草木虽美,禁发必有时;国虽充盈,金玉虽多,宫室必有度;江海虽广,池泽虽博,鱼鳖虽多,网罟必有正,船网不可一财而成也。非私草木爱鱼鳖也,恶废民于生谷也。故曰:先王之禁山,泽之作者,博民于生谷地(《管子·八观》)[5]。"由此可见,管子对生态环境保护形成了朴素的可持续利用思想。二是环境的人口承载力问题。春秋战国时期,增加人口是增强国力的重要手段和措施。管子不反对增加人口,但是提出必须对人口进行必要的管理;否则,人口增多非但不是好事,甚至会导致国家的衰败。"地大而不为,命曰土满;人众而不理,命曰人满;兵威而不止,命曰武满。三满而不止,国非其国也"(《管子·霸言》)[5]。同时,他还提出土地与人口,以及各类人口均需要保持适当的比例,不能超过土地承载力。孟子强调人要与自然和谐融洽,生态环境影响人的行为,而人要适应环境。他提出"居移气,养移体,大哉居乎"(《孟子·尽心上》)[4],反对"辟草莱任土地",认为土地的过度开发,森林的过度开采,必然会破坏生态环境。孟子有较强的重农循时意识,提出"不违农时""斧斤以时入山林"的主张,而且把它提升到"王道"的高度。

荀子重要的生态文明思想体现在"天人相分"的人与自然关系的认识,以及取之有时用之有度的可持续利用的生态思想。荀子关于自然与人认识的一个鲜明观点是"明于天人之分,则可谓至人矣"(《荀子·天论》)[21]。即,人与自然是有区别的。"天有常道矣,地有常数矣,君子有常体矣"(《荀子·天论》)[21]。荀子认为:自然规律客观存在,不以人的意志为转移,而人类社会也有自己的生存发展的规律法则。这种"天人相分"的观点是我国古代生态文明思想史上的一个大的进步,表现了人们在意识上与自然界的"揖别"。他接着提出了"天行有常""制天命而用之"的观念,即虽然自然规律客观不可改变,但是人们可以利用自然内在的规律征服和改造自然,突出了人的主观能动性和以人为本的生态观。这种观点在人们还普遍恐惧敬畏自然的古代是十分难能可贵的。出于人与自然关系的考虑,荀子也认为生物与生态环境息息相关,生态环境得到保护则"川源深而鱼鳖归之,山林茂而禽兽归之"(《荀子·致士》);破坏了生物生存的环境,就会出现"川渊枯则龙鱼去之,山林险则鸟兽去之"(《荀子·致士》)[21]的状况。因此,要遵守"时禁""强本节用"。《吕氏春秋》以老庄学派为主,兼容各家思想是对先秦思想文化较为系统的整理和总结。在生态文明思想方面,《吕氏春秋》突出的两个观点是:"法天地"和"因则无敌"。

(三)先秦时期生态文明建设实践

《逸周书·大聚解》"禹之禁,春三月山林不登斧,以成草木之长;夏三月,川泽不是网罟,以成鱼鳖之长;不麛不卵,以成鸟兽之长。"[22]是夏代生态保护制定的明确法规,也被认为是最早的"森林保护法"。周朝法律以"礼""刑"结合。《周礼》中,记载了周朝为保护生态环境设置的专门管理机构"虞","虞,度也,度知山之大小及所生者"。可以说,虞是掌管天下山林保护、制定相关禁令的一个机构。《周礼·司徒·叙官》的记载"山虞,每大山中士四人,下士八人,府二人,史四人,胥八人,徒八十人;中山下士六人,史二人,胥六人,徒六十人;小山下士二人,史一人,徒二十人。"①可见,该机构层级完备。除了"山虞"之外,《周礼》中涉及山川管理的还有"林衡""川衡""泽虞",这也是最接近现代意义上的生态保护职官[23]。同时在《周礼·地官司徒第二》中也规定了虞衡的职责,即掌握山林川泽的政令,执行"时禁",并为守护而从事和依赖山林川泽生产生活的人设立禁令。周代的这一整套虞衡机构对后世影响很大,春秋战国时期各国也一直在沿用。

在长江流域,人们也运用自己的智慧利用和改造自然,于当时的社会生产力水平下,形成了人与自然的和谐。长江上游地区有杜宇"教民务农",对成都平原稻作农业做出了重要贡献,鳖灵治水使岷江、沱江上游水患得到初步治理,使"民得陆处";战国时期,秦国蜀守李冰建都江堰水利工程,使成都平原成为"水旱从人,不知饥馑"[24]的天府之国。长江中下游有楚国孙叔敖"激沮水作云梦大泽之池"[11],春申君治无锡湖为"坡"。在云梦县出土的《田律》是迄今为止,我国发现的最早的有关生态保护的法律文献实物[25],据《田律》记载,"不夏月,毋敢夜草为灰,取生荔,麛卵鷇,毋毒鱼鳖,置阱罔,到七月而纵之……邑之皂及它禁苑者,麛时毋敢将犬以田。百姓犬入禁苑中而不追兽及捕兽者,勿敢杀;其追兽乃捕者,杀之。河禁所杀犬,皆完入公;其他禁苑杀者,食其肉而入官。"[26]《田律》突出了一个"时"字,"发必有时,取之以时",是保护生态环境的关键所在,对于后世的影响十分深远。

总体而言,先秦时期,长江流域开发很有限,主要集中在平原地区,因此,长江流域的亚热带、热带常绿阔叶林森林十分茂密。研究表明当时全国的森林覆盖率在49.6%以上,南方地区的森林覆盖率在90%以上[7]。埃克霍姆在《土地在丧失》中认为,先秦是生态文明的"黄金时代",一是因为人口绝对数量不多,特别是长江流域直到战国仍有"荆所余者地也,所不足者民也"。所以,当时的农业生产发展没有造成生态环境的破坏和恶化;其次是先秦时期重视山林川泽保护,形成了一套严格执行的制度和管理机构,而且产生了各种生态文化思想和理论。综上所述,先秦时期是我国古代长江流域生态文明建设的黄金时代。

二、秦汉时期的生态文明建设历程

(一)秦汉时期人类文明与生态变迁

秦统六国后,结束了诸侯割据的战国时代,实行了郡县制,而汉承秦制,因此,秦汉这个时期对生态文明的构建具有较高的承接性。秦汉时期对长江流域地区开始长达两个世纪的战略性开发。秦汉栈道突破了大巴山、秦岭等天险,与中原和西北地区建立了直接联系的最早通道,都江堰等水利工程改善了长江上游航运交通,成为四川盆地对外交流和商贸运输的主要通道[27]。同时,基于"巴蜀道险,秦之迁人皆居蜀"(《史记·项羽本纪》)[11]开始将中原地区人口大量向巴蜀地区迁徙,而当时荆州地区"伐木而树谷,播莱而播谷"的耕作方式,对

---

① 杨天宇撰.周礼译注[M].上海:上海古籍出版社.2004:129.

环境造成了很大的破坏。更有秦始皇"使刑徒三千人伐湘山树,赭其山",大兴土木征"蜀、荆地材"建造阿房宫(《史记·秦始皇本纪》:26)。东汉马援在镇压农民起义时,"除其竹木"以求达到使起义军"如婴儿头之虮虱,剃之荡荡,无所复依"的目的(《东观汉记·马援传》)[28]。据《汉书》和《后汉书》记载,秦汉时期长江中下游自然灾害计有 31 次,从地区来看,长江以北有 10 次,长江以南有 6 次。从时序来看,西汉 5 次,东汉 26 次[29]。由此可见,长江流域生态环境迎来第一次恶化期。

总的来说,秦汉时期长江流域的经济情况,如《史记·货殖列传》描述:"楚越之地,地广人稀,饭稻羹鱼,或火耕而水耨,果隋赢蛤,不待贾而足,地势饶食,无饥馑之患。"[11] 显然,长江中下游人口一般分布在平原地区且"地广人稀",耕作方式尚是"火耕水耨"粗放耕作。相对来说,长江上游成都平原地区的稻作农业发展较早,技术水平处于领先地位[30]。就森林植被保护而言,相较于黄河流域,这一时期长江流域的丘陵山区尚未开发,森林植被保持基本完好,故江南地区"有江水沃野,山林木蔬食果实之饶",上游巴蜀广汉"有山林竹木之饶"(《汉书·地理志下》)[31]。但这里林木已作为经济资源而开始受到关注和利用,故有"蜀山兀,阿房出"之说。两汉时期长江流域大量采用的木椁墓,消耗大量木材,说明当时长江流域有大片原始森林[30]。左思《蜀都赋》云:"其树则有木兰、梫、桂、杞、櫹、椅、桐、棕枒、楔、枞、楩、楠幽蔼于谷底,松、柏荟郁于山峰,擢修干,竦长条,扇飞云,拂轻尘。"[32]从中可见四川盆地一带树木繁茂、丛林苍莽的景象。而从新莽末年王匡、王凤起义时有"藏于绿林中"的数万好汉的记载里,也不难想象江汉平原周围山区的广阔丛林。靠近中原的江北流域的山区森林植被状况尚如此良好,江南流域的山区森林面貌当更有过之。这一时期,长江流域的森林覆盖率应接近于 70%[7]。

(二)秦汉时期的生态思想

先秦时期,百家争鸣,人们对自然的认识和尊重自然的意识有极大的提升,倡导天人和谐的生态观念形成雏形。在秦汉时期,特别是两汉时期形成了中国古代生态思想的总结定型。秦汉时期,迎来了我国历史上经济发展的第一个高峰,与此同时,经济发展与环境污染相伴,生态环境进一步恶化,因而这一时期也成为我国历史上第一个灾害多发期。面对生态环境的不断恶化,当时之有识之士提出了人与自然和谐统一、加强环境保护、尊重生态伦理等主张,政府也以此制定环境保护的政令,这些都体现了秦汉时期人们的生态思想。

关于生态和谐的思考。自然界和人类社会是一对并列和相互对应、统一的概念,要想使这种人类与自然的关系保持着良性的态势,就必须使二者趋于和谐与统一[33]。淮南王刘安在《淮南子》提出"阴阳和合而万物生"[34],强调人与自然的内在和谐。《本经训》描述了"天覆以德,地载以乐;四时不失其叙,风雨不降其虐;日月淑清而扬光,五星循轨而不失其行。当此之时,玄玄至砀而运照,凤麟至,蓍龟兆,甘露下,竹实满,流黄出而朱草生,机械诈伪莫藏于心[34]"一幅完美和谐的理想景象。硕儒董仲舒其专著《春秋繁露·立元神》提出"天生之,地养之,人成之……三者相为手足,合以成体,不可一无也。"[35]即天地人三者的和谐生态思想。汉初贾谊认为,自然界是运动不已的,而且有其自身的规律,这个规律就是"六理"。王充也指出:"人不能以行感天,天亦不能随行而应人。(《论衡·明雩》)[36]"即,人只有顺应自然,遵循客观规律,才能实现人与自然和谐统一。东汉末年张仲景更为直接地提出:"夫人禀五常,因风气而生长,风气虽能生万物,亦能害万物,如水能浮舟,亦能覆舟。(《金匮要略》[37]"

生态伦理思想的形成。先秦时期诸子百家在提出人与自然和谐共生的生态思想的同时也进行了朴素、直观的生态伦理的思考,但其生态伦理思想的产生仍为不自觉的状态。两汉时期独尊儒术,儒家"天人合一"的系统自然观得到了进一步的认同,主张对生态环境要有正确的伦理观,尊重各种生命权利,善待各种生命体[38]。贾谊提出"文王之泽下被禽兽,洽于鱼鳖,咸若攸乐,而况士民乎"(《新书·君道》)[39],将统治者是否能把自己的仁德及于禽鱼作为衡量其执政能力的重要标准。"天人合一"理论是硕儒董仲舒的核心思想。为论证"天人合一",他提出了"人副天数"说,认为人的伦理来之于自然,所以应对自然讲伦理。他认为"天"即人,人即"天"的化身,强调"是故事各顺于名,名各顺于天。天人之际,合而为一,同而通理,动而相益,顺而相受,谓之德道"(《春秋繁露·盟会要》)[35]。可见董仲舒将"天人合一"上升到"天人一道"的高度,认为人是天的缩影,人与人之间存在道德伦理,那么人与天也存在伦理,这里的"天"是指董仲舒提出的"自然之天",并且这种人与天的伦理关系与人与人之间的伦理道德并存,对此人们必须给予高度重视。同时,董仲舒认为"天地之精所以生物者,莫贵于人。人受命乎天也,故超然有以倚"(《春秋繁露·重政第》)[35],即人与自然万物之间是密切联系的,但是人与自然,与万物之间的地位却不相等,这里董仲舒突显了人在与自然之间关系中的主导位置,强化了人超越自然的"超物"意识,其目的是强调人对于自然界的责任感。同时也指出,人对自然的"超然"并不是将人类视为自然的主宰,反之,"人受命于天"应视天地为父母,自然万物与人相互关联统一、精神相通,人与自然的关系应是和谐融洽,在认识和尊重自然规律的前提下,维持生态平衡,合理利用和改造自然。

(三)秦汉时期生态文明建设实践

秦汉时期,中央十分重视"月令"。在甘肃敦煌悬泉置汉代遗址发掘出土的泥墙墨书《使者和中所督察诏书四时月令五十条》颁布于汉平帝元始五年(公元5年),是一份以诏书形式向全国颁布的法律,文首是太皇太后诏文,主体部分是月令五十条,是四季禁忌和需要注意的事项,其中亦有关于生态保护的内容[40]。同时,秦汉时期也设立相应的生态官员。据《汉书·百官公卿表》记载,"少府,秦官,掌山海池泽之税,以给供养"[31]。当时少府为九卿之一掌管山林海泽盐矿之税,同时还兼理山泽宫廷街商林木培育保护和管理的职责。汉承秦制,国家进一步强化了对国有资源的统筹管理,设置统一的官员,对山林川泽管理也更为严格,未经审批普通人不能随意开发利用。秦时少府一职在汉仍存,主要职责是掌"山泽坡池之税";东汉时划入司农,其生态管理的职责愈加突显。都水长丞是秦汉所设专管水利资源的官员,汉武帝时,调增都水长丞官员数量,增设左、右都水使者,并且中央政府配以水衡都尉。

可见,汉代对水利资源管理的重视。秦汉时期,林业管理的官职设置最为完备,除了少府和水衡都尉外,还有将作大匠,其职"掌修作宗庙、路寝、宫室、陵园木土之功,并树桐梓之类列于道侧"(《后汉书·百官志四》)[41]。同时,秦汉时期,不仅中央政府设置有生态环境保护的相关官职外,郡县也因地制宜地设置相应的生态职官。如《汉书·地理志》记载,汉中央政府在蜀郡设有"木官"以为加强对林业的管理;江夏郡西陵县设有"云梦官",以管理包括林业开发在内的关于山泽事务;巴郡设置"桔官",专门管理柑橘的生产和进贡所需的御桔[42]。

秦汉时期,长江流域生态保护实践也进一步完善。首先是对丰富水资源的综合利用,如会稽太守马臻创三百里镜湖。《汉书·地理志》所载时人对彭蠡湖(今鄱阳湖)的综合利用,发展灌溉农业,当地人们"食水产""食鱼稻",彭蠡湖区经济发展水平和人口密度大大高于其他地方。其次是对动植物资源的保护,秦《田律》已经较为详细地阐述了对动植物保护的律法。《汉律类纂》记载了"贼伐树木禾稼……准盗论。"《十三州志》:"上虞县有雁为民田,春拔草根,秋啄除其秽,是以县官禁民不得妄害此鸟,犯则有刑无救。"[43]最后是合理利用土地资源。注重因地制宜,《淮南子·主术训》主张"肥硗高下,各因其宜,丘陵阪险,不生五谷者,以树竹木"[34]。《论衡·量知篇》提出"地种葵韭,山树枣粟"[36]。这些内容即规定了宜农则农、宜渔则渔的因地制宜地执行原则,而且《论衡·率性》提倡精耕细作,保护地力,注重"深耕细锄,厚加粪壤,勉致人力,以助地力。"[36]至此东汉末年,长江流域逐渐由"地广人稀",发展到"沃野千里,士民殷富"的"帝王资之"之地。

三、魏晋南北朝时期的生态文明建设历程

(一)魏晋南北朝时期人类文明与生态变迁

竺可桢先生对我国近5000年来气候变化的系统研究显示,魏晋南北朝是我国历史上第二个寒冷期[44]。其间政局动荡,朝代更迭频繁,长期的战争使北方黄河流域的经济文化遭到严重破坏,生产凋敝,州郡萧条,也导致生态的破坏和环境质量的下降[45]。但从全国整体来看,长江流域及其以南地区战争较少,政局较稳,相对较为安定,经济文化得到发展,自然环境的破坏较轻[46]。因此,与黄河流域相比,魏晋南北朝时期长江流域腹地山区的开发才刚刚起步,森林还比较多[47]。孙吴时期,赣东、皖南山地还是"周旋数千里,山谷万重,其幽邃民人,未尝入城邑,对长吏,皆仗兵野逸,白首于林莽"(《三国志》卷六十四)[48]。由于长江流域自然植被较好,动物资源丰富,三国时,孙权"亲乘马射虎与庱亭"(《三国志》卷四十七)[48]。义兴人周处少时为祸乡里,与"南山白额猛兽"和"长桥下蛟"并称三害[49]。刘宋后期,庐陵郡"荒芜,频有野兽"。西晋《博物志》记载"海陵县扶江接海,多麋兽,千千为群,掘食草根"[50]。《宋书》记载魏晋时期长江流域白鹿出现记录31条,说明当时该区域生态环境好,森林覆盖率高。

但是,魏晋南北朝时期是中国历史上人口大迁徙的高峰时期之一,也是历史上北方居民大量南迁的高峰时期之一[51]。这次历时百年的移民与生态环境的变化密切相关,既是北方

环境恶化的结果,同时又对南方的生态环境产生了严重的影响。多达百万的北方居民南下迁徙,而移居长江下游的人口最为集中且数量巨大,导致长江下游流域人地关系变得紧张,也造成了江浙山地的植被大量开发。移民带来了新的生产力,从而加速了对生态环境的改变速度。一是农业的大力开发加速了对地形地貌和河流的改造。例如农田开荒、填湖造田、水利兴建,创造出了三大农业新区,迅速改变了该流域的地貌水体。二是森林植被的开发与干预。大量的移民加大了对木材的需求,大量森林植被砍伐,同时人工栽植了新的树木,对森林植被的分布、培育进行了人为的干预。三是畜牧的养殖对动物资源的改造,包括对野生动物的猎取以及对家畜的饲养增殖。综上,南下移民与土著居民合力加大了对自然的改造,也增加了环境的压力。不过,由于战争人口锐减,这个时期也是生态环境得以恢复的时期。

(二)魏晋南北朝时期的生态思想

从先秦开始,天人合一成为人们思考、解决现实问题的方式之一,天人协调在处理人与自然的关系问题上具有直接的指导作用[52]。因此,这一时期上到皇家下到百姓反映出崇尚生态和谐、泽被群生的观念,同时其政令方针中也体现了人与自然和谐的生态理念。如曹丕在"让禅第三令"反思自身,认为自己的统治没有实现"古圣王之治"下的风调雨顺、天地万物和顺协调之景象,因而不受玺绶,以此鞭策自己,体现出其执政理念中所蕴含的生态意识[53]。晋武帝在诏书中将"允协灵祇,应天顺时"作为褒扬晋文帝政绩的标准之一[54]。同时,受儒家的天谴灾异学说的影响,当时的统治者认识到生态恶化会导致灾害频发,并归因为自身德行有阙,而下罪己诏改正错误以顺民心。魏文帝认为"灾异之作,以谴元首"。宋文帝诏曰:"阴阳违序,旱疫成患,仰惟灾戒,责深在予。思所以侧身克念,议狱详刑,上答天谴,下恤民瘼。群后百司,其各献谠言,指陈得失,勿有所讳(《宋书》卷五)[55]。"这些做法包含了追求天地阴阳调序、生态环境协调的成分,具有朴素的生态和谐意识。

魏晋南北朝时期,佛教已传入我国,而当时道教和玄学盛行,在此思潮的影响下,形成了"泛爱万物,宽刑育物"的生态思想。受这个思潮的影响,当时社会盛行以"和善、友爱"的态度对待自然万物,遵从取之有时,用之有度的朴素可持续发展理念。孝文帝太和六年(公元482年)诏曰:"虎狼猛暴,食肉残生,取捕之日,每多伤害,既无所益,损费良多,从今勿复捕贡(《魏书·孝文纪》)[56]。"按照天人感应学说,统治者如果以苛政酷刑治理国家,必然会杀人过多,戾气太重则会导致阴阳不和,从而引发灾害。晋武帝颁布律令强调以"简法务本,惠育海内,宜宽有罪,使得自新"(《晋书·帝纪第三》)[57]为原则,旨在保护生民万物。陈世祖诏曰:"古者春夏二气,不决重罪。盖以阳和布泽,天秩是弘,宽网省刑,义符含育,前王所以则天象地,立法垂训者也。朕属当浇季,思求民瘼,哀矜恻隐,念甚纳隍,常欲式遵旧轨,用长风化。自今孟春迄于夏首,罪人大辟事已款者,宜且申停(《陈书·世祖纪》)[58]。"统治者多将刑罚制度是否得当与生态环境的协调与否结合起来,将减轻刑罚与顺时育物相联系,其中也蕴含着有益的生态保护意识[53]。

由于战乱不断,导致大量移民,因此在处理人与自然的关系上,人们一方面要求爱护环境,另一方面也重视对自然的改造和利用。时人利用"用"与"养"结合的方式,来保障生产生活资料的可持续利用,维护了生态平衡,促进社会、经济和生态环境的良性互动。陈世祖就战乱刚息百废待兴,规定地方官员"明加劝课,务急农桑",而且要求秋收时节官员必须"亲临劝课,务使及时。其有尤贫量给种子"[58]。同时还注意敬授民时,即督促百姓尊重自然规律,依时令变化进行农业生产,一方面不误农时,另一方面规范了农业生产活动。孙权下诏要求"当农桑时,以役事扰民者,举正以闻"(《吴志·大帝传》)。晋武帝认为"阳春养物,东作始兴"[57]。陈后主也提出应顺承天时开展农桑生产,"今阳和在节,膏泽润下,宜展春耨,以望秋坻"(《陈书·后主纪》)[58]。综上可知,这一时期,各朝各代都很重视农桑树艺,其施政目的是为了促使农业发展、确保百姓民生,与此同时其诏书政令也蕴含了生态建设的内容,从客观形成了农业循环利用,促进了生产的可持续发展,保证了经济和生态双效益的结合。

总体而言,魏晋南北朝时期人们的生态思想的形成,除了对秦汉时期生态环保意识的继承外,也受到当时佛教、道教和玄学等社会思潮的影响。

(三)魏晋南北朝时期生态文明建设实践

魏晋南北朝时期,就农业生产的发展,对动植物与环境的关系,畜牧养殖、种植栽培甚至遗传育种等方面都有深入的研究。从农业科学和社会经济发展的角度来看,产生了诸多促进农业发展的科学著作。动植物学由此兴起,魏晋南北朝时期的《南方草木状》和《南方草物状》就系统记述了各种动物、植物的形态、属性、分布状况等,并提出南岭作为南北植物分布的分界线。《竹谱》记述各种竹类分布状况。贾思勰的《齐民要术》更是详述了农作物栽培、选种、育种、栽种、管理、植保、收获、加工以及家禽家畜的饲养、疾病防治、天敌防御、产品加工等等方面,反映了当时农林畜牧业科技和农村生态科技达到的最高水平,对此后的农林畜牧业和农村生态有着深远的影响[59]。

南北朝时期,上至皇帝下到百姓,整个主流社会信佛者甚多。杀戒是佛家第一大戒,故而,戒杀放生、提倡素食、不用动物皮革等政令与倡议不少。梁武帝萧衍《唱断肉经竟制》提倡断肉食,不用动物皮革[60]。南朝时上有行政方面的谏猎书,下有宗教角度戒杀议论者。因此,期间各朝统治者颁布的诏令中也有关于禁止滥捕野生动物的规定,反映出对动物资源保护的重视。另外,南北朝时,寺庙兴建甚多,"南朝四百八十寺,多少楼台烟雨中"。在当时,寺院客观上起到了保护动植物品种、保护森林的作用。因为,这一时期战乱对森林的破坏严重,各朝皇帝以及有识之士提出保护植被,加强植树造林的诏令与举措。曹魏文帝时,郑浑为山阳、魏郡太守,"以郡下百姓苦乏木材,乃课榆为篱,并益种五果,榆皆成藩,五果丰实,入魏郡界,村落齐整如一,民得财足用饶"(《三国志》卷十六)[48]。可见,这一时期既注重植树的生态效益也重视其经济效益。

除上述农业可持续利用、动植物保护等措施外,魏晋南北朝时期针对生态环境恶化所引起的公共健康风险也采取了一些积极的防治措施,如传染疾病防治。这一时期,人们已经开始采取隔离、消毒等措施对传染病加以预防。《晋书·王彪之传》记载:"永和末,多疾疫。旧制,朝臣家有时疾,染易三人以上者,身虽无病,百日不得入宫。至是,百官多列家疾,不入。"《晋书·列传四十六》》[57]再据《肘后方》记载:"赵瞿病癞,历年不差,家乃斋粮送于山空中。"[61]这是民间麻风病者由家属自行隔离的记录。这种病患隔离的方法,对传染病的传播起到了较好的控制效果,故为后世袭用。

四、隋唐宋元时期的生态文明建设历程

(一)隋唐宋元时期人类文明与生态变迁

隋唐时期较之魏晋南北朝时期气候较为温暖,但至南宋开始长达了约 800 年的寒冷期,并对我国历史进程产生了十分明显的影响。隋唐代水利工程的兴修、江东犁的定型以及水田耕作工具的不断进步,促使长江流域水稻种植技术趋于精细化,也使水稻土肥力有所提高,土地开垦面积进一步扩大[30]。由于稻米产量的不断增加,长江流域逐步成为全国重要的粮区,经济发展也越来越好逐渐成为全国经济中心。宋元时期创造了一套开沟筑畦、排水防渍的技术,"熟土壤而肥沃之"土壤逐渐变肥,江南地区逐渐成了全国的粮仓,长江流域经济逐渐繁荣起来,加之气候变迁气温下降,中国的文化中心、政治中心也逐渐南移。

人口的增长和农业的快速发展是这一时期诱导长江流域生态环境变化的主要因素。从魏晋南北朝时期开始,北方人民逐渐南迁,导致北方的粟、麦等旱地作物在长江流域逐渐普及。移民早期,这些旱地作物主要种植在长江流域平原地区,但当时四川盆地丘区的旱作农业规模已相当可观。至隋唐时期长江流域的旱作和水稻种植慢慢普及,粟麦和水稻种植技术都得到较大的提升。由于当时水稻一年两熟的技术还不成熟,因此长江流域灌溉条件好的平原区域更多的分布着水稻,而旱作粟麦类作物则向流域丘区和山区发展,到了唐宋时期其势可谓达到极致。因为当时长江流域丘陵山区"畲田处处、种畲之风"盛行,这些地方的森林植被已经受到破坏。从唐到宋代,特别是在南宋时期,长江中下游流域地区已呈现地少人多的局面,人地关系逐渐紧张,加之农业技术的不断发展、稻麦复种兴起已经开始对"欹斜坡陁之处"进行开发利用,宋元时期长江流域丘陵低山森林逐渐大片消亡。隋唐宋元时期,诗词中常有"畲田""畲种"之词,这实际上是一种开荒模式,即针对丘陵山地,顺坡而种的开垦方式。南宋诗人范成大对"畲田"的解释为:"畲田,峡中刀耕火种之地也"。畲田耕作粗放,两到三年便地力衰退而另开新田,只好逐渐从平地往山地发展,这种粗放的农业开垦方式大面积地破坏了丘陵山坡的天然植被,造成严重的水土流失。约至宋代,长江流域甚至出现了"虽悬崖绝岭,树木尽仆"(《畲田词·序》)[62]的景象。南宋以后,长江流域不少地方慢慢将"畲田"改造成为梯田,促使流域丘陵低山地带层峦叠嶂的农业景观。森林植被呈"皆土山,略无峰峦秀丽之意,但荒凉相属耳"之态(《骖鸾录(五则)》)[63]。唐代,茶叶真正形成较大规模的商品性生产,由于种茶可"规厚利",到宋代,长江流域的植茶业更是畸形发展;元代植茶业在宋代基础上又有一定的发展。茶树"大概宜山中带坡峻"的丘陵低山地带生长,为了种茶,砍伐大面积的丘陵山区森林势为必然[64]。占城稻是宋代从海外引进的诸多优良稻种之

中种植范围最广的,作为籼稻的一种,占城稻耐旱耐瘠的优点,使其一经传入很快就推广到长江流域丘陵山区,"令择民田之高仰者莳之"[65]。占城稻的推广,使长江流域丘陵山区的森林进一步被破坏,可见,沈括所云江南"松山太半皆童矣",不是无稽之谈。估计经过隋唐宋元的垦殖活动,长江流域绝大部分天然森林植被已被农作物和次生林木所取代[30]。由此,该时期成为长江流域历史上第二次恶化期。

(二)隋唐宋元时期的生态思想

佛教在南北朝大为流行,并逐渐中国化,到隋唐则产生了中国特色的教派和教义。唐代帝王对于儒学与宗教等实行兼容并蓄的政策,儒学作为皇朝统治的正统思想持续发展,对道教、佛教崇信扶植,对社会思潮影响深刻。这一时期,表现为受儒学"天人合一"影响的"至和育物、大孝安亲"。隋唐帝王以儒家仁政思想和天人感应为指导执政理民,意在实现天地、阴阳、人类、动植物的和顺协调,其中蕴含着有益的生态意识[66]。唐太宗在即位诏书中提出"惟天为大,七政所以授时;惟辟奉天,三才于是育物。故能弥纶宇宙,经纬乾坤,大庇生民,阐扬洪烈"(《即位大赦诏》)[67]。唐玄宗告诫诸州刺史,帝王德及草木、生态良好的最佳境界,表现为"草木不夭,昆虫咸遂"[68]。如同魏晋时期一般,唐宋帝王也将执政与自然环境相联系,认为人事与自然灾害之间诸多因果关联,"不能调序四时、导迎和气",从而造成阴阳失序、灾害频发。唐高宗在诏书中认为,"晋州之地屡有震动"的自然界异常状况,是由自身执政"赏罚失中,政道乖方"所造成,因而要求百官积极谏言[69]。由此可见,隋唐时期人们已经能够意识到人类活动对自然环境的影响,能够将人类不恰当的行为与环境恶化联系起来分析检讨。同时,这一时期的生态思想也受到佛道教义影响表现为"常慕好生之德、固无乐杀之心"(《旧唐书》卷二十)[69]。宗教教义中的慈悲观念、护生观念,主要体现为禁杀禁伐、放生禁捕两个方面,上至天子,下及庶民都崇尚禁杀、放生以广种善果,对当时社会产生重要的影响。当时帝王受佛家众生平等的思想影响认为万物生命皆可贵,动植物也保护,因而禁止无谓的屠杀与滥伐。这种禁杀禁伐意识,主要有四种类型,即遇节禁杀、祭祀禁杀、牲畜禁杀、爱生禁杀[66]。在下诏禁止屠杀滥伐动植物的同时,还下诏禁止随意捕猎、圈养动物,主动放生,禁止贡献野生动植物及其制品[70]。首先,慈悲放生,要求"五坊鹰隼并解放,猎具皆毁之"(《旧唐书》卷十六)[69];其次,禁捕禁贡,针对官员"仍有访求狗马鹰鹘之类来进,深非道理","自今后更有进者,必加罪责"(《册府元龟》)[71]。

宋代的生态思想,明显继承了先秦儒家提倡的对动植物资源"用之有度,取之有时,取之有法"一类的思想,以及两汉将生态现象政治化的思想[72],但与唐代盛行人文精神相比较,宋代则更崇尚科学精神[73]。其一,宋代生态伦理观对于"天人合一"的"天"即自然之天,至于人,是自然的人,认为"人与天地一物也""仁者以天地万物为一体"。因此,宋代十分推崇以"天人合一"的宇宙哲学观为基础的生态伦理观[74]。其二,要守"人伦",要循"物理"。朱熹说,"人受天地之中而生耳",人与天地的不同只是规模有大小之别而已,"天是一个大底人,人便是一个小底天",人与天地万物具有同样的特性[75]。因此,人类社会中的伦理道德自然也适用于天地万物。其三,在宋代的生态伦理观中,还与"中庸"和谐的哲学观有密切的联系,"中庸"作为一种处理人与自然关系的伦理指导思想,"本天道为用""尽人道而合天德",遵循"天道四时行,百物生",使人与自然之间始终处于和谐平衡的状态[76],科学地认识与尊重自然客观规律,顺应自然,改善自然。元代,蒙古文化对包括汉民族在内的整个社会有很大的冲击。因此,元代的生态思想和此前相比,也有明显的发展。主要表现在人与自然主动性和科学性的发展。如对于蝗虫灾害的应对实践上,元人较宋人有明显的进步,且完全突破了"灾异说"的思想[77]。对于人与动物关系的认识,也提出了"仁人之本心"和"不得已而杀"的观点,即在认识到保护动物对人类生存发展的重要性之外,也明确了以人为本的生态观点,为了人类的生存和健康,捕杀动物,也是属于必要的,也在"不得不杀"之列。"天时不如地利,地利不如人事",这种人可胜天的思想,在以人力改造自然以适合农业发展方面也表现得十分明显。

(三)隋唐宋元时期生态文明建设实践

这一时期主要的生态文明实践体现在三个方面:

一是水利建设显著发展。水利事业的发展,是隋唐代时期的重要成就。除了隋朝京杭大运河之外,仅据《公新唐书·地理志》记载,唐代兴修的水利工程就有200处以上,而宋朝有1100次,是唐代的4倍[78]。安史之乱以后,北方战乱,长江流域掀起兴修水利的热潮,唐人权德舆指出"赋取所资,潜较所出,军国大计,仰于江淮"[79]。江南水利工程偏重于排水和蓄水,水利兴修的特点盛行堤、堰、坡、塘的修建[78]。宋代也提出"大抵南渡后水田之利,富于中原,故水利大兴"(《宋史·食货志》)[80],木兰坡是11世纪兴修的一座有代表性的引、蓄、灌、排综合性的大型水利工程,九百年来一直发挥着重大作用。元代也十分重视南方水利,特别是对圩田的整治和土壤的改良。水利的兴修使荒田变成熟田,旱涝成灾地区变成水旱无凶年,产量显著增长。

二是植树造林保护森林。初唐沿袭隋代的均田制,兴庄园经济,行庄园营林活动,规定"每亩课种桑五十根以上,榆枣各十根以上。三年种毕。乡土不宜者,任所宜树充"(《通典·田制下》)[81]以栽植桑、榆、枣树为其要务,且承袭庭院植树,"有宅一区,环之以桑"的传统。大唐是我国行道树建设兴旺发达的朝代,在唐诗中反映颇多,行道树对城市环境绿化起到了重要作用。宋代也继承了种行道树的传统,《闽志》所记"蔡襄为闽部使者,夹道树松以避炎,人至今赖之。"隋唐宋时期,水利兴起,因此广种护岸林,以固堤防。唐代江南各江河堤岸及长安城中的湖堤都多植柳护岸,更有白居易"以树补风"的典故。宋真宗咸平三年(公元1000年)诏,"缘河官吏、知州、通判两月一巡堤,县令佐迭巡堤防……申严盗伐河上榆、柳文禁(《宋史》卷九十一)[82]"禁伐堤岸树,甚至提出了堤树—牛—土—桑—蚕小型农业生态系统。唐宋也兴苑囿园林,唐代大兴佛教,宋朝佛教在唐朝基础上有所发展,道教也十分盛行,寺院道观遍布于名山,位于深山大谷中的古寺名祠或分布于各坊的寺庙,饲养、栽种了大量动物、植物,无疑对自然资源起了积极保护作用[83]。

三是农业技术的发展进步。唐代在生产实践中认识到食物链,并已应用到农业生产中,总结出了立体农业、生物治虫等经验。如唐代长江流域池塘养鱼已形成渔稻立体农业模式,据《岭表录异》两广地区以蚁治虫、用蛙治虫的记录。五代乾祐年间保护益鸟以防治害虫的较早记载。宋代也有禁民捕蛙,才出现了"稻花香里说丰年,听取蛙声一片"的丰收好年景。从唐代开始直至元代,对于外来作物的引进以及改良得到长足的发展。波斯枣(《酉阳杂俎》)、尼颇罗国(今尼泊尔)的菠菜(《唐会要》)等,元代《农桑辑要》指出引进外来作物的必要性,指出此举能丰富物产,提高人们的生活水平,且对引进外地物种,共享优良物种,有重要的积极意义。《接花说》从理论的高度提出:"花,植物也,苟识其理,顺其情,能变俗而奇,仍旧而新,即此而彼,以人力之有为,夺化权于无穷。[84]"可见,改良物种的科学认识和技术已达到相当的高度。

五、明清时期的生态文明建设历程

(一)明清时期人类文明与生态变迁

进入明代,虽然长江流域的丘陵低山地带天然森林已所余无多,但是,在位置大多僻远的中、高山地区域,开发程度还非常之低。如开发历史较长的秦巴山区,晚至清前期这里的景象尚是"古木丛草,遮天蔽日""长林探谷,往往跨越两三省"[30],还是属于原始森林比较集中的区域。长江流域山地森林的大规模破坏应该说开始于明代,加剧于清代[85]。而长江流域生态环境的急剧衰败,其根本原因就是沉重的人口压力。

明朝时其人口不过6000万上下,以当时农业开发的程度是无须垦荒拓田就能够养活全部人口的,然而,由于皇室贵族、官僚豪强大肆兼并土地,仅各地的"皇庄"就占地数千万顷。如四川蜀王府就占据了整个成都平原十分之七的田地,造成大批农民失去土地,只能流亡到深山老林,靠烧荒垦田来维持生存。到明朝中期,仅荆襄地区,在原来森林茂密荒无人烟的山区就聚集了几十万流民。他们斩茅结棚,烧畲为田,垦荒屯种,被称之为"棚民"[86],而在南方,盗湖为田成风,水旱不断,严重影响了自然环境的稳定和平衡。显然,大量棚民的出现是对长江流域生态环境的巨大威胁。清代并没有改变环境恶化的局面,同时又采取了"摊丁入亩",免征人头税的税收政策,形成了人口迅猛增长的局面。乾隆初年,全国人口已达一亿,到乾隆末年,人口剧涨到三亿多。人口剧增,地力下降,加上土地兼并集中,造成土地需求日趋紧张,矛盾日益尖锐。为了缓解矛盾,清廷不得不多次下令,鼓励农民开垦新田[87]。雍正皇帝针对"国家承平日久,生齿殷繁,地土所出,仅供瞻给,偶遇荒欠,民食维艰"(《清实录》)[88]的局面,提出开荒扩地,增加耕地面积,"务使野无旷土,家给人足"的对策。但实际上,"家给人足"只是一种愿望,而"野无旷土"则成为千真万确的事实。在南方,垦田之风愈烈,比明朝有过之而无不及,"水退一尺,则占耕一尺",秦岭北坡的老林几乎荡然无存。急功近利的政策,刀耕火种的落后生产方式严重地破坏了已经日见紧张的生态环境。因此,明清时期是长江流域生态环境严重恶化期。

（二）明清时期的生态思想

王夫之，明末清初的大思想家，继承了前人"裁成辅相天地"（《周易大传·象传》）的思想，认为人们在遵循自然规律的前提下，是可以对自然环境加以调整的[89]。他认为："语相天之大业，则必举而归之于圣人。乃其弗能相天与，则任天而已矣。鱼之泳游，禽之翔集，皆其任天者也。人弗敢以圣自居，抑岂曰同禽鱼化哉？天之所有因而有之，天之所无因而无之，则是可厚生利用之德也；天之所治因而治之，天之所乱因而乱之，则是无秉礼守义之经也。夫天与之目力，必竭而后明焉；天与之耳力，必竭而后聪焉；天与之心思，必竭而后睿焉；天与之正气，必竭而后强以贞焉；可竭者，天也；竭之者，人也。人有可竭之成能。故天之所死，犹将生之；天之所愚，犹将哲之；天之所无，犹将有之；天之所乱，犹将治之。[90]"王夫之在《续春秋左氏传·博议·吴征百牢》卷下中强调了人有能力去使将死之"天""生之"；"所无"之"天"，"有之"，紊乱之"天"，"治之"[90]。那么，他的"相天"，就是要充分发挥人的能动性，去调整自己，调整自然，治理万物。而且他还强调，人的这种能动性并非圣人所特有，一般人也能对客观现实有所改变。这种观点在客观上恰恰是对劳动人民在维护生态平衡上的创造的一种肯定。

王夫之对"君相可以造命"加以发挥，提出了"造命"之说[89]，认为："'君相可以造命'，邺侯之言大矣，进君相而与无争权，异乎古从言俟命者矣。乃唯能造命者而后可以俟命，能受命者而后可以造命……虽然，其言有病，唯君相可以造命，岂非君相百无与于命乎？修身以俟命，慎动以永命，一介之士莫不有造焉。祸福之大小，则视乎权籍之重轻而已矣（《读通鉴论》卷二十四）[90]。"王夫之这里的"命"其实是规律的展现。人或事物违背生长之理，那就符合衰亡之理，死亡就不可避免[91]。虽然，王夫之的"造命"说，肯定了人在自然规律面前的能动性和创造性，而自然环境被破坏恶果，就是因为人们的行为违反了自然环境的生长之理。人只要在尊重和遵循自然规律的基础上发挥主观能动性，是完全能够与自然环境共同发展，和谐相处的。王夫之的"相天""造命"说在明清生态保护思想史上无疑是一个颇有见地的观点。

清初学者顾炎武较系统地研究了历代田制后指出："先王之法，无弃地而亦无尽地，田间之涂九轨，有余道矣；遗山泽之分，积水多得有所休息（《日知录·治地》）[92]。"同时，他也指出："宋政治以后围湖占江，而东南之水利亦塞。"他认为开发自然环境必须要适度。清学者梅曾亮在其《书棚民事》中，对森林的作用以及破坏森林的危害留下了深刻的印象，他说："未开之山，土坚石固，草树茂密"，下雨时，"从树至叶，从叶至土石"，"其水下也缓，又水下土石不随其下"，"故低田受之不为灾，而半月不雨，高田犹受其浸溉。"然而开山造田后，"一雨未毕，沙石随下，奔流注壑涧中，皆填污不可贮水，皆至洼田中乃止，及洼田竭而山田之水无继者，是为开不毛之地而病有谷之田。[93]"应该说这是对垦荒及其危害的精确刻画，伐林开荒完全是一种竭泽而渔的行为。清文学家蒲松龄在其《农桑经》一书中，对自明朝以来形成的综合开发模式进行了总结，认为："种竹山，必养鸡，竹得鸡矢而茂。养鱼必养羊，鱼食羊矢，速长而肥"等等[94]。蒲松龄所提出的合理利用和维护生态环境的思想,既是对前人实践经验的总结,也是对传统的"欲要取之,必先予之"思想的继承,是中国农业发展保护环境相结合的一个极为重要的思路。

(三)明清时期生态文明建设实践

明代社会经济发展较快,对于自然资源的需求相应增加,明代对于自然资源实行弛禁,但在局部地区,仍有明令保护。明代的山林川泽由虞衡管制,明代根据古时山林川泽以时入而不禁的原则,规定在"冬春之交,罝罛不施川泽;春夏之交,毒药不施原野"(《明史·职官志》)[95]。这些规定显然是有保护作用的。明代的保护范围相当广泛,"凡帝王、圣贤、忠义、名山、岳镇、陵墓、祠庙有功德于民者,禁樵牧。"这些属于完全保护、严禁开发的地方,但至仁宗时,遂放弃管制,或部分放弃管制。据《明史·食货志》载,"仁宗时,山场、园林、湖池、坑冶、果树、蠟蜜官设守禁者,悉予民"[96]。其原因可能是为了缓和"工役繁兴,征取稍急"的困难局面,减轻人民负担。仁宗为解决薪柴困难,也令弛禁一些地方。"古山林川泽皆与民共,虽虞衡之禁,取之有时,用之至节,其实亦为民守,非公家专有之。"(《典故纪闻》)[97]。

对于动物资源,明代也曾下令保护。明世宗于正德十六年(公元1521年)下诏,"纵内苑禽兽,令天下毋得进献。"明穆宗隆庆元年(公元1567年)夏四月,"禁属国毋献珍禽异兽。"将珍稀动物放归自然,严禁再献,对于减轻政府负担和生物的自然繁殖具有积极意义。明律中对于毁伐树木、烧毁山林都实行重罚。"凡毁伐树木稼穑者计赃准盗论。""若于山陵兆域内失火者杖八十,徒二年,延烧林木者杖一百流二千里。"朱元璋不仅下令种树,并且下令解决树苗育种的问题。植树之后,还要实行检查汇报制度,实行不力者,将被充军。明律对于城市环境也有明确规定,"凡侵占街巷道路而起房盖屋以及为园圃者,杖六十,各令复旧,其穿墙而出秽污之物于街巷者笞四十。""京城内外街道若有作践掘成坑坝淤塞沟渠,盖房侵占,或傍城使军车撒牲口损坏城脚……御道基盘者问其罪,枷号一个月。"[98]

清代作为中国历史上最后一个封建王朝,其法律制度源于明代,基本体系与内容与明朝法制相近。清朝由于人口增加迅速,垦荒远胜于历代。康熙五十一年(公元1672年)上谕中说:"人民渐增,开垦无遗,山谷崎岖之地,已无弃土"。雍正元年(公元1723年)下诏说:"民食维艰,将来户口日滋,何以为业?唯开垦一事,于百姓最为有益"(《历代户口通论》)[99]。开垦荒地,乱砍滥伐较前严重。许多地区水土流失严重、沙漠扩大,自然环境进一步遭到了破坏。统治者在总体上没有控制住环境恶化。

综上所述,我国长江流域生态环境经历了先秦时期的黄金期,秦汉时期出现第一次恶化,魏晋南北朝时期相对缓和期,隋唐宋元期间出现第二次恶化,以及明清时期生态环境的严重恶化。我国的生态文明思想表现出超前性、历史继承的完整性和连续性,即:不同时代的不同学者对生态环境虽然提出了种种观点,但论述和追求的共同目标都是"天""人"之间的一种和谐共生,而这与当下世界生态文明潮流所追求的目标不谋而合。正因为如此,中国生态文明思想影响之深远却是世界其他各国同类思想史所无法比拟的,以致其众多思想至今仍焕发着旺盛的生命力[100]。但是,中国学术思想传统崇尚思辨,忽视实验,热衷于对复杂的人文伦理问题的宏泛大论,而忽视对直观自然现象的归纳及操作技术。这种局限性造成了古代环境保护的思想观点满足于哲学式的抽象而缺乏操作性,也难以转化为具体的环境保护行为和标准。

第二节　长江经济带生态文明建设概况

当代中国生态文明建设秉承"以古为鉴,古为今用"的原则,积极发展和创新。自 2016 年确立长江经济带"一轴、两翼、三极、多点"的发展新格局以来,新时代下奔流不息的长江也呈现出新样貌、新态势。长江经济带高质量发展需要围绕"创新、协调、绿色、开放、共享"五大发展理念,对政治、经济、文化、社会、生态等领域进行系统整合与改革创新,需要长江上游、中游、下游各个城市群的内外联动与统筹协调。而城市群作为一个高度开放的复杂系统,它依赖于不同城市的紧密连接与相关要素流动,依赖于具有地缘关系的各小、中、大城市在城乡、市场、生态及体制机制等领域的协同合作,共同实现其增值效应[101]。就目前而言,城市群已成为中国区域发展的主要空间形态,在促进经济高质量发展、助力生态文明建设、推动城镇化进程中作用凸显。长江经济带以城市群为核心的空间发展格局已经基本形成:长江上游主要有滇中城市群、成渝城市群、黔中城市群;长江中游包括武汉城市群、环长株潭城市群、环鄱阳湖城市群;长江下游则以长三角城市群为主[102]。本节以城市群为分析单位,围绕"和谐、健康、清洁、优美、安全"的战略目标,对长江流域生态文明建设进行概况分析。

一、长江上游生态文明建设概况

长江上游河段西起青藏高原,南经云贵高原,向东经川渝至湖北宜昌。上游包括通天河、金沙江水系、雅砻江水系、岷江水系、大渡河水系、乌江水系、嘉陵江水系及其他支流。其中,四川宜宾至湖北宜昌河段长江干流长 4529 千米,占长江总长度 72%,流域面积 100.6 万平方千米,占 55.6%。该段流域覆盖面积广阔,涉及青海、云南、贵州、四川、重庆等主要省市,涵盖三江源草原草甸湿地生态功能区、川滇森林及生物多样性生态功能区、三峡库区水土保持生态功能区以及滇中城市群、成渝城市群、黔中城市群。从功能及区位上讲,长江上游生态文明建设主要是围绕生态屏障建设,开展水土保持、水源地涵养等生态工程[103]。

(一)长江源区生态文明建设

长江、黄河、澜沧江三江源头汇聚,为青海披上神奇、神圣的面纱。据统计,长江总水量的 25%、黄河总水量的 49%、澜沧江总水量的 15% 均来自三江源区,出省境水质常年保持在Ⅰ类—Ⅱ类,水质状况优。作为中华水塔、我国淡水资源的重要补给地,作为国家"两屏三带"生态安全战略格局中面积最大的生态安全屏障,三江源区的生态战略地位十分重要且独特。三江源是国家 25 个重点生态功能区之一,也是其中面积最大的水源涵养性功能区,担负着防风固沙、保持水土、涵养与调蓄水源、维护生物多样性等极其重要的生态功能。[104]该区域水源补给能力和生态环境质量,既关系到源头区域经济社会发展,又对流域中下游的众多地区产生关联影响。

2017 年,首部生态文明建设蓝皮书——《青海生态文明建设蓝皮书》发布,全书结合青海省情,从青海省生态文明先行示范区建设、三江源区生态资产核算与价值评估、三江源区生态保护和建设一期工程成效、青海省环境综合治理等八个方面对青海省生态环境保护与建设现状做出了具体分析[105]。三江源区优良水质的保持,与青海省在生态文明建设方面的资金、技术、人才投入和制度创新、工程建设息息相关。

第一,紧抓机遇,实施生态保护修复奖励政策。为落实党的十九大"以共抓大保护、不搞大开发为导向推动长江经济带发展"的要求,促进长江流域水质改善,构建长江流域联防联治保护治理新格局,2017 年,青海省抓住政策机遇,争取到中央财政对于长江经济带生态保护修复的定额补助,4 年共计 10 亿元的资金支持。同年,青海省组织编制了《长江源区流域水环境补偿实施方案》《关于长江源区流域上下游横向生态补偿协议》《长江源区流域上下游横向生态补偿水环境监测方案》,并积极建立了符合青海省长江源区特点的生态补偿资金绩效考核指标体系。为贯彻全国生态环境保护大会精神和习近平在深入推动长江经济带发展座谈会上的重要讲话精神,落实《长江保护修复攻坚战行动计划》,2019 年,青海省全力推进三江源生态保护二期工程建设,主要实施了黑土滩治理、封沙育草、人工造林、湿地保护等项目,超额完成 9 亿元以上的投资任务。在该项目实施的前 4 年内,三江源地区年平均出境水量达到 525.87 亿立方米,比平均出境水量年平均增加 59.67 亿立方米,且水质始终保持优良[106]。

第二,构建生态惠民长江源区保护治理体系。生态保护与治理并不是某个政府或某一单一社会组织的责任,而是一项人人参与、人人治理的共同体项目。2016 年,青海省启动三江源国家公园体制试点。此后,青海省秉承人与自然和谐共生原则,建立农牧民参与共建机制,通过实施生态管护公益岗位"一户一岗"、为生态管护员购买保险的计划,引导当地农牧群众积极加入生态环境保护的行列,夯实生态环境保护的群众基础,实现了农牧民脱贫减贫和生态环境保护的双重效果;强化社区支撑国家公园保护建设的管理能力,编制《三江源国家公园社区发展和基础设施建设规划》,大力开展生态保护与建设示范村试点,使社区成为三江源国家公园的保护主体和生态保护最直接利益相关者[107]。同时,统筹各类资源优势,强化国内战略合作、国际交流和宣传推介,构建以国家公园为主体的自然保护地体系,建设国家公园示范省。

(二)滇黔区域生态文明建设

1. 云南生态文明建设概况

云南省地处长江上游,省内金沙江干流长 1560 千米,流域面积达 10.95 万平方千米,覆盖昆明、大理、丽江等 7 个州(市)。云南始终坚持"生态立省、环境优先"的发展战略,深入推进该省生态文明体制改革,压实长江上游生态文明建设责任,筑牢长江上游重要生态屏障,积极推动长江经济带保护与发展。2017 年,云南省生态保护指数居全国第 2 位,环境质量指数居全国第 5 位,森林覆盖率达 59.7%,资源利用指数居全国第 7 位,但是其环境增长质量指数分数、绿色发展的公众满意度及绿色生活指数评分较低。

综合来看,云南省的生态文明建设概况如下:

第一,重视生态文明政治制度建设。十八大以来,云南省委省政府坚持保护优先,以生态文明先行示范区建设为抓手,以打造全国生态屏障建设先导区、绿色生态和谐宜居区为战略目标,先后出台了《关于加快推进生态文明建设排头兵的实施意见》《生态文明建设目标评价考核实施办法》,率先制定并通过了《云南省生态保护与建设规划(2014—2020 年)》,这是首个以自然生态资源为对象的保护与建设的规划。

第二,加强生态文明法律制度建设。在立法领域,云南于 2018 年在全国率先开展了生物多样性保护条例立法、生态保护红线划定工作,发布《云南省生态保护红线》,划定生态保护红线面积 11.84 万平方千米,约占该省国土面积的三分之一[108]。同时,出台生态环境损害赔偿、生态保护补偿、国土资源管理等重要改革方案,实现了国家公园管理体制地方立法。在司法领域,云南检察院印发了《关于充分发挥检察职能服务和保障生态文明建设的实施意见》,同时,省内长江上游各州市联合昆明铁路运输检察机关共同开展了"金沙江流域(云南段)生态环境和资源保护专项监督行动"。

第三,坚持把生态修复工程摆在首位。2018 年以来,云南财政统筹安排 12.86 亿元资金,支持长江流域涉及的省内 7 个州市、49 个县市区签订补偿协议,在全国第一批实现补偿机制全覆盖。2020 年,云南获得 2.55 亿元中央财政安排的奖励资金,用作长江经济带生态保护修复,为进一步改善长江流域生态环境质量提供资金保障。同年,云南与川、黔共同签署了《赤水河流域横向生态保护补偿协议》,在全国率先建立了多省间流域横向生态补偿机制,积极构建"1+2"流域横向补偿政策构架,这极大地调动了流域内政府、社会组织和群众保护生态的积极性和主动性[109]。

第四,严格落实生态文明建设工程。2017 年以来,云南省持续加强对高原湖泊如滇池、洱海、抚仙湖的重点治理与保护力度,实施了"森林云南""九大高原湖泊治理行动"[110]"七彩云南保护行动"等举措,加强高原水土流失防治、石漠化治理、退耕还林等工程,加强草地、湿地、森林资源和自然保护区管护建设,确保长江流域生态安全,着力构建以高原湖泊为主体,水面、林地相连、块状相间、带状环绕的高原生态格局[111]。同时,全力实施碧水、蓝天、净土、国土绿化和城乡人居环境提升行动,使生态环境成为云南发展的核心竞争力、成为人民生活质量的增长点、成为展现七彩云南良好形象的发力点。

2. 贵州生态文明建设概况

贵州地处我国西南腹地,位于长江和珠江两大水系上游交错地带,是西南地区和长珠上游的重要生态屏障,在国家生态安全格局战略中具有重要作用。贵州土地面积中有 65.70%

属于长江流域,88个县市区中有69个属于长江防护林保护区范围,作为长江上游地区唯一的国家生态文明示范区,肩负着筑牢上游生态屏障的责任和使命。基于特殊的地理位置,贵州省毕节、遵义、同仁、贵阳等市分别根据区域内生态环境实际,开展了各项生态文明建设工程。

重视大江大河生态屏障建设。铜仁市出台了《铜仁市开展长江上游生态屏障保护修复攻坚行动方案》,通过技术攻关、项目引导、支持绿色环保企业发展等举措,开展流域内防护林建设、石漠化治理、生物多样性保护和水源地保护,大力推进乌江流域水环境综合治理及土壤污染防治,为保护好长江及珠江上游生态屏障、建设好绿色发展先行示范区提供技术支撑[112]。1989年,毕节市赫章县被列为全国首批长江防护林建设县,该县国家级森林公园也成为黔西北地区最重要的生物基因库和水源涵养林区[113]。2013年,贵州省委编制了《贵州省赤水河流域保护综合规划》,为全面推进生态文明建设,促进赤水河流域经济社会永续发展提供了指导。为推进赤水河流域生态保护,政企共建(遵义市和茅台集团)为生态补偿注入资金(5年给予毕节市1亿多元)。2020年,黔、川、滇3省共同出资2亿元设立赤水河流域横向生态保护补偿基金,守护这条有"美酒河"之誉的长江支流[114]。同年9月,贵州省争取到中央预算内投资13亿元,支持生态文明建设和长江经济带绿色发展,这为长江上游生态屏障建设提供了极大的资金支持。

着力推动生态经济体系创新。2017年,贵州同青、赣、浙等长江流域四省共同列为首批国家生态产品价值实现机制试点省,以此推动长江经济带绿色发展。2020年,为推动长江流域现代农业绿色循环低碳发展,提升项目区水源涵养和水土保持能力,控制和减轻水土流失与农业面源污染,贵州8县(区)实施农业综合开发长江绿色生态廊道项目。此外,贵安新区作为全国首批16个海绵城市建设试点之一,以实施"千园之城"建设为着力点,积极构建"布局均衡、结构合理、功能完善、环境优美、贴近生活、服务群众"的城市公园体系,打造长江上游区域绿色生活的城市样本[115]。

(三)川渝地区生态文明建设

四川全省96.6%的水系属于长江水系,流域面积接近长江经济带总面积的四分之一,地表水资源占长江水系径流的三分之一;长江流域重庆段长691千米,三峡库区是全国最大的淡水资源战略储备库,重庆段水容量300亿立方米,关系着全国35%的淡水资源涵养和长江中下游三亿多人的饮水安全。川渝两地作为青山同脉、绿水同源、休戚与共的生态共同体,四川是长江上游重要的水源涵养区和生态建设核心区,重庆是长江上游生态屏障的最后一道关口,两地生态环境的质量和生态文明建设在长江流域生态安全、长江经济带的高质量发展中具有重要战略地位[116]。

长江流域川渝段,流经高海拔生态脆弱区、平原人口稠密区和盆周工业集聚区,各类生态环境风险与矛盾叠加交织,既有区域性流域性超排、漏排、偷排的污染顽疾,还有草原沙化、水土流失、湿地功能退化等特殊困难,更有产业结构和产业布局不合理、治理能力保障支撑不足、绿色发展理念树立不牢等问题,导致生态文明建设点散、面广、量大。因此,修复长江生态环境、筑牢上游生态屏障成了两地共担的责任。2020年,四川省划定13处生态保护红线区块,建立166个各类自然保护区,极力构建以四大生态功能区为重点、八大生态廊道为骨架、典型生态系统为单元的"四区八带多点"生态安全战略格局[117]。

2010年,国务院出台《全国主体功能区规划》,强调成渝地区位于全国"两横三纵"城市化战略格局中沿长江通道横轴和包昆通道纵轴的交汇处,并对重庆经济区和成都经济区进行了生态领域的功能定位,重庆经济区要加强嘉陵江、长江流域水土流失防治和水污染治理,改善中梁山等山脉的生态环境,构建以乌江、嘉陵江、长江为主体,水面、湿地、浅丘、林地块状相间、带状环绕的生态系统;成都经济区需加强涪江、沱江、岷江等水系的水土流失防治和水污染治理,强化龙泉山等山脉的生态保护与建设,构建以龙泉山、邛崃山脉—龙门山为屏障,以岷江、沱江、涪江为纽带的生态格局[118]。2020年,中央财经委员会确定并推动建设"成渝地区双城经济圈",使其成为中国经济增长的"第四极",并提出建设"高品质生活宜居地"的战略定位,进一步凸显了川渝地区在全国生态文明建设大局中的地位和作用。

川渝地区的生态文明建设主要以跨界跨流域的区域合作为特色,同时辅以生态文明法律制度,来共同推动两地的绿色发展和生态宜居地建设。

1. 跨界跨流域的共商共建共治

在综合规划层面,配合自然资源部开展《长江经济带国土空间规划》编制,川渝立足于成渝地区双城经济圈战略全局,共同编制《成渝地区双城经济圈国土空间规划》,统筹谋划筑牢长江上游重要生态屏障[119]。建立水污染、大气污染、危险废物转移等合作机制,落实一张负面清单管两地,启动川渝81条跨界河流摸底排查和生态环境保护规划编制。签订重庆市—四川省跨省界河流联防联控框架协议,开展信息共享、协同管理和联合巡查,建立健全跨界跨流域管护联席会议制度、环境污染联防联控制度、河长联络员制度、流域生态环境事故协商处置制度[120]。此外,重视跨流域跨区域生态保护合作,川、滇、黔建立赤水河流域生态环境保护合作机制;川滇两省围绕协同管理保护和治理好长江(金沙江)上游生态环境,制作了《川滇两省共同进长江上游河长制湖长制工作"1+3"方案(草案)》[121];青、陕、滇、川、渝共建生态环境风险防控工作机制,形成了干支流、左右岸、上下游生态环境联防联控的生态局面。

2. 建立健全流域生态文明法律制度

川渝地区涉及长江干流,也涉及沱江、涪江、岷江、嘉陵江、渠江等流域支流,为全面推进长江上游生态文明建设,川渝两地共同探索生态环境保护、流域污染防治攻坚立法制度,联合开展执法检查,既守住了长江上游生态防线,也守住了风光秀美的巴山蜀水。在立法司法层面,四川施行了第一部流域保护类法规《四川省沱江流域水环境保护条例》[122],通过了《2019年中国赤水河流域生态文明建设协作推进会泸州共识》,成都城市群签署了《岷江流域生态环境资源保护"8+2"司法协作框架协议》,川、陕、甘三地建立了秦岭南麓嘉陵江上游区域环境资源审判协作机制,川南城市群与渝北城市群探索构建了濑溪河流域环境资源保护协调联动机制,签署了《关于在长江跨界流域生态环境资源保护中加强公益诉讼检察工作跨区域协作的意见》,川渝两地以水环境质量为核心就合川三江流域建立了横向生态保护补偿机制,川、滇、黔、渝、藏、青六地就绿色发展的司法保障开展了长江上游生态环境司法保护的联动与合作……此外,四川正统筹建立以大熊猫国家公园为核心,辐射省内嘉陵江、沱江、岷江三大流域范围的"一园三江"跨区域司法协作体系,以流域、自然保护地等生态功能区为单位,探索环境资源跨区域一体化保护模式。

3. 打造生态文明建设典型示范工程

四川积累了一批全面推进生态文明建设的经验和模式,先后发布了《携手保护流域湿地、共建长江生态文明——西昌宣言》,先后建成了国家生态文明建设示范县 14 个,推广了一批"绿水青山就是金山银山"的转化路径,建成了国家"绿水青山就是金山银山"实践创新基地 4 个。重庆则成立重点湿地保护区,通过百米景观林带、生态经济林带、生态防护林带的三带建设,加快实施重点区域重大生态修复工程(比如广阳岛、铜锣山),借助以点带面的示范效应探索生态效益、社会效益和经济效益协调发展的新模式[123]。

二、长江中游生态文明建设概况

长江中游河段西起湖北宜昌,东至江西湖口,流域面积达 68 万平方千米,主要有汉江水系、洞庭湖水系、鄱阳湖水系,主要流经鄂、湘、赣三省,包括了部分三峡库区水土保持生态功能区和武陵山区生物多样性与水土保持生态功能区,还包括湖南省武陵山片区、湘江源头等全国首批生态文明先行示范区[124]。长江中游区域位于全国"两横三纵"城市化战略格局中沿长江通道横轴和京哈京广通道纵轴的交汇处,主要包括湖北武汉城市圈、湖南环长株潭城市群、江西环鄱阳湖城市群[125]。与长江上游生态屏障的功能不同,长江中游由于工业化、城镇化进程的快速推进,导致其生态环境问题较突出,故该区域生态文明建设的重心在于通过加强区域污染防治、生态系统保护与修复、提升资源能源集约利用效率、完善生态文明体制机制来实现长江中游生态文明建设一体化。

(一)武汉"1+8"城市圈生态文明建设

为打造长江经济带生态文明建设样板,湖北将生态环境保护制度、生态保护和修复制度、生态环境保护责任制度、资源高效利用制度等统筹考虑,建立健全了生态文明建设制度体系。明确了该省生态文明建设的重点:保护和修复水生态,妥善处理江河湖泊关系、加强沿江森林保护和生态修复、强化水生生物多样性保护;有效保护和合理利用水资源,重点是加强水源地特别是饮用水源地保护、优化水资源配置、建立健全防洪减灾体系、建设节水型社会;有序利用长江岸线资源、合理划分岸线功能[126],持续推进饮用水水源地"绿盾"行动、入河(湖)排污口"清废行动"等长江大保护行动;保护和改善水环境,严格处置城镇污水垃圾、严格控制农业面源污染、严格防控船舶污染、严格治理工业污染,打好污染防治攻坚战,构建严格的监管体系。

恩施州、十堰市、宜昌市作为长江上游湖北段区域,恩施州在 2014 年便做出《关于推进生态文明、建设美丽恩施的决定》,通过坚持做污染治理的"减法"、绿色发展的"加法",以长江大保护为重点,统筹推进三峡库区、清江等重点流域区域水生态修复、水污染治理、水资源保护"三水共治"行动,于 2020 年同十堰市一起入选第三批国家生态文明建设示范市。宜昌市编制了《金湖"一湖一策"实施方案》《金湖湖泊保护规划》《金湖国家湿地公园总体规划》,高标准指导金湖的湖泊治理和生态建设,终将金湖国家湿地公园建设成湖北省湖泊湿地生态修复保护的成功典范[127]。

长江中游湖北段,包括武汉"1+8"城市圈(以武汉为中心的江汉平原地区)和宜荆恩城市群。武汉城市圈早期的生态定位是加强汉江、长江和梁子湖、磁湖、东湖等重点水域的水资源保护,实施江湖连通生态修复工程,构建以长江、汉江和东湖为主体的水生态系统。

武汉城市群以武汉为发展主轴,以"水"为倒逼机制,实施水岸同治,以"四水共治"为突破口,通过"护一城净水、绘两江画廊、显三镇灵秀",确保"一江清水向东流",将修复长江生态摆在压倒性位置,引领周边城市群集约发展[128]。2016 年,武汉出台了全国首部基本生态控制线保护地方立法《武汉市基本生态控制线管理条例》。2018 年,武汉首创长江跨区断面水质考核奖惩和生态补偿机制[129];通过 PPP 模式着力打造青山示范区海绵城市(南干渠片区);规划建设长江经济带首个生态文明试验区——北湖生态文明试验区;建设延绵百余千米的东湖绿道、改造垃圾山为园博园、变工业废址为戴家湖公园……作为武汉城市群中的一分子,其余各市也积极开展长江经济带污染治理试点,编制生态产品价值实现机制,共建沿江生态文明示范带,共谋生态长江大方略[130]。

截至 2020 年,湖北省已成功创建京山市、保康县、赤壁市、咸丰市等 9 个国家生态文明建设示范市(县),创建了十堰市、保康县尧治河村两个"绿水青山就是金山银山"实践创新基地,还创建了 505 个省级生态乡镇和 4764 个省级生态村,生态文明示范创建工作跻身全国第一方阵。同年,湖北印发《关于财政支持生态文明建设、助推湖北高质量发展的意见》,最严格生态环境保护修复及责任制度和资源高效利用制度的落实,将为湖北省生态文明建设和高质量发展提供助力。

(二)环长株潭城市群生态文明建设

环长株潭城市群正式确立于 2010 年,包括湖南省以长沙、株洲、湘潭为中心的湖南东中部的部分地区,是全国首个资源节约型、环境友好型社会建设综合配套改革试验区,其生态功能的定位是保护好位于长株潭三市结合部的生态"绿心",加强洞庭湖保护和湘江污染治理,构建以洞庭湖、湘江为主体的水生态系统[131]。此后,通过老工业区搬迁改造试点、重金属污染耕地修复与种植结构调整试点、自然保护区生态补偿试点等百余项制度创新与原创性改革,环长株潭城市群两型试验区为全国创造了可复制、可推广的生态文明建设经验,在长江中游城市群乃至全国都树立了良好的典范。

自建设"两型社会"以来,湖南陆续出台了包括生态环境整治、环境污染防治、生态保护修复、生态环境监测监察、生态文明城市建设等各项规章制度,并于2014年出台《湖南省生态文明体制改革实施方案(2014—2020年)》,该方案成为全国首个同类改革实施方案。之后,为贯彻长江经济带座谈会精神,湖南出台实施了关于坚持生态优先绿色发展、实施长江经济带发展战略、推动湖南高质量发展的相关决议和文件,开展了"一湖四水"治理、湘江保护和治理"三年行动计划",颁布了关于湘江保护、大气污染防治等法律法规,查处并整顿了万余项环境违法案件[132]。截至2018年,湖南省森林覆盖率59.68%、湿地保护总面积75.59万公顷、淡水面积1.35万平方千米,国家级森林公园59个、国家级自然保护区23个、省级自然保护区31个;重金属污染防治工程技术研究中心、环境保护重金属污染监测重点实验室等70多个国家级、省级环保科研平台,以及绿色发展、循环经济发展的系列试点平台。具体见表4-1。

表 4-1 湖南省生态文明建设政策梳理

时间	名称
2017 年	关于开展湖南省森林城市创建工作的通知
2017 年	关于健全生态保护补偿机制的实施意见
2017 年	《长株潭两型试验区清洁低碳技术推广实施方案(2017—2020 年)》
2017 年	关于完善集体林权制度的实施意见
2017 年	《湖南省生态环境监测网络建设实施方案》
2017 年	《湖南省湿地保护修复制度工作方案》
2018 年	《湖南省污染防治攻坚战三年行动计划(2018—2020 年)》
2018 年	《关于坚持生态优先绿色发展、深入实施长江经济带发展战略、大力推动湖南高质量发展的决议》
2018 年	关于进一步加强地质灾害防治工作的意见
2018 年	《湖南省生态保护红线》
2018 年	关于建立湖南南山国家公园体制试点区生态补偿机制的实施意见
2019 年	关于加快推进生态廊道建设的意见
2019 年	湖南省长株潭城市群生态绿心地区保护条例
2019 年	《湖南省乡镇污水处理设施建设四年行动实施方案(2019—2022 年)》
2019 年	《湖南省生态环境机构监测监察执法垂直管理制度改革实施方案》
2019 年	《湖南省耕地开垦费征收使用管理办法》
2020 年	《湖南省湘江保护和治理第三个"三年行动计划"(2019—2021 年)》
2020 年	《湖南省自然资源统一确权登记总体工作方案》
2020 年	《湖南省沿江化工企业搬迁改造实施方案》
2020 年	《湖南省推进湘赣边区域合作示范区建设三年行动计划(2020—2022 年)》

在湖区生态治理中,湖南起到了良好的示范作用,打造了国家级平台洞庭湖生态经济区。湖南开展了洞庭湖水环境综合整治专项行动,其经验体现在:第一,完善了湖区生态治理政治制度,建立了综合决策制度、绩效考核制度、生态治理监督制度和生态补偿制度[133]。第二,完善湖区生态治理法律制度,既有对国家层面宏观政策的"呼应",也有微观层面的针对性法律法规,包括《洞庭湖生态环境专项整治三年行动计划(2018—2020年)》《湖南省洞庭湖区水利管理条例》《湖南省洞庭湖蓄洪区安全与建设管理办法》《洞庭湖管理条例》《湖南省湿地保护条例》《洞庭湖生态经济区旅游发展规划》《洞庭湖生态经济区河湖沿岸垃圾治理专项行动实施方案》。第三,完善的湖区生态文明建设制度,引导并鼓励了广大人民对生态环境治理的参与,形成了良好的生态文化氛围[134]。

水情是湖南最大的省情和生态文明建设的重点,"绿色"是高质量发展的底色,随着各项生态制度生态工程的完善与开展,湖南生态文明建设已有良好的基础,打造了湘江源头国家级生态文明先行示范区、创造了湿地保护的"岳阳模式"[135]、海绵城市建设的"常德模式"[136],其建设重心也逐渐从生态保护修复、生态环境治理向产业转型、绿色发展转变。2019年,湖南长沙、常德、岳阳、怀化、张家界、邵阳、永州等市的13个县区入选省级生态文明建设示范县,资兴市被授予"绿水青山就是金山银山"实践创新基地称号。2020年,建设城乡融合发展和产业转型发展的先行区、绿色发展和生态文明建设的创新区、多省交界地区协同发展的样板区、全国革命老区推进乡村振兴的引领区、湘赣边城市大力加强区域合作。

(三)环鄱阳湖城市群生态文明建设

2016年,习近平总书记视察江西时指出:"江西是个好地方,生态秀美,庐山天下悠、三清天下秀、龙虎天下绝,绿色生态是江西最大财富、最大优势、最大品牌,一定要保护好。"[137]早在1983年,江西便开始将"山水林田湖"作为生态大系统,开展"山江湖工程",开创了我国大河流域实施"环境与发展"协调战略的先河[138]。党的十八大以后,生态文明建设被摆到了更加突出的位置,江西省的生态文明建设也迈向了新的历史台阶。2014年11月,江西全境纳入国家生态文明先行示范区,随后出台了《关于建设生态文明先行示范区的实施意见》,2017年中央通过了《国家生态文明试验区(江西)实施方案》。2018年,江西成了全国唯一"国家森林城市"设区市全覆盖的省份,森林覆盖率达63.10%[139]。2020年,出台《江西省生态文明建设促进条例》,江西省成为全国4个出台该条例的省份之一。总的说来,在长江经济带生态文明建设的大格局中,该省确实打造了美丽中国"江西样板"[140]。

完善、全面的生态文明制度体系。针对生态环境保护修复、流域生态补偿[141]、水污染防治、污染物排放、生态环境监测、生态文明建设目标考核体系及流域综合管理等事项出台了相关政策法规,包括《江西省流域生态补偿办法》《江西省水污染防治工作方案》《江西省生态保护红线》《江西省"十三五"控制温室气体排放工作方案》《江西省生态环境监测网络建设实施方案》《湿地保护修复制度实施方案》《生态文明建设考核目标体系》《江西省实施河长制湖长制条例》《江西省自然资源统一确权登记总体工作方案》及《江西省流域综合管理暂行办法》。此外,该省在全国率先提出编制《江西旅游产品空间规划》,统筹全域旅游在省域国土地理空间的落地。在全国创立首个生态文明领域的国家技术标准创新基地,赣江新区作为全国首批五家、中部地区唯一的绿色金融改革创新试验区,最早实施了绿色金融发展制度,出台了《关于加快绿色金融发展的实施意见》[142]。

踏石留印、抓铁有痕的落实韧劲。全省各级主体自上而下对生态文明建设的重视,以及公众对生态文明建设的参与,使得江西生态文明建设在政治制度、法律制度各方面走在全国前列,使得该省探索出一批生态文明建设的全国典型[143],包括:运用"互联网+大数据",建成全省第一朵"生态云"——靖安,成为全国首批"两山"实践创新基地;景德镇"城市双修"获得国务院通报表扬;萍乡海绵城市建设从全国"试点"到全国"示范";赣州开展山水林田湖生态保护修复全国首批试点;城乡生活垃圾第三方治理形成"鹰潭经验";生态循环农业"新余样板"享誉全国;抚河流域水环境综合治理形成"江西经验"……

综合、系统的鄱阳湖流域生态治理。环鄱阳湖城市群包括江西省环鄱阳湖的部分地区,其综合定位是构建全国大湖流域综合开发示范区、长江中下游水生态安全保障区、国际生态经济合作重要平台[144]。而生态功能定位是以鄱阳湖水体和湿地为核心保护区,以沿湖岸线邻水区域为控制开发带,以信江、赣江、饶河、修河、抚河五大河流沿线和交通干线沿线为生态廊道,构建以林地、湿地、水域等为主体的生态格局。江西省持续不断地开展了一系列的专项整治行动,其建设经验在于:第一,基于实地调研,建立了政府主导、部门合作的协同机制,编制了《鄱阳湖保护与利用总体规划》。第二,形成并完善了地方政府生态治理的责任机制,通过对总体目标任务的分解,划定了责任区域和责任部门,并确立了工作要求和考核标准,以确保湖区生态治理的顺利进行。第三,制定并完善了关联法规条例,规范政府生态治理执法监管监督行为,促进鄱阳湖"一湖清水"规划的实现[145]。具体情况见表4-2。

表4-2 鄱阳湖生态文明建设关联条例

时间	名称
2004 年	《江西省鄱阳湖湿地保护条例》
2007 年	《关于实施三江湖工程推进绿色生态江西建设的若干实施意见》
2009 年	《关于加强"五河一湖"及东江源头环境保护的若干意见》
2009 年	《关于加强鄱阳湖及其他重要湖泊水环境保护工作意见》
2010 年	《鄱阳湖生态经济区规划》
2011 年	《江西省(鄱阳湖)水资源保护工程实施纲要(2011—2015 年)》
2012 年	《江西鄱阳湖生态经济区环境保护条例》
2015 年	《鄱阳湖生态经济区水污染物排放标准》
2018 年	《鄱阳湖生态环境综合整治三年行动计划(2018—2020 年)》

三、长江下游生态文明建设概况

长江下游河段西起江西湖口,东至长江入海口,流域面积达 12.3 万平方千米,主要有水阳江水系、青弋江水系、巢湖水系、太湖水系及其他支流,流经徽、浙、苏、沪四省市,包括大别山水土保持生态功能区和安徽巢湖流域、江苏淮河流域重点地区两个国家首批生态文明先行示范区。长江下游区域包括皖江城市群和长三角城市群[146]。一方面,长江下游区域属于丘陵河网地区,水库塘坝星罗棋布、河网纵横交错,因此防止水土流失、处理河库淤积、改善水生态环境是其生态文明建设的重点之一[147]。另一方面,长三角城市群经济总量居全国第一,经济的高速发展也带来诸如环境污染严重、资源约束束紧等问题,强化污染治理、提高资源利用效率、加强科技创新、推进绿色发展成为该区域生态文明建设的又一重点[148]。

(一)皖江城市群生态文明建设

皖江城市群由国务院 2010 年批复,是中西部协调发展的重要纽带,也是泛长三角的重要组成部分,起着承接产业转移的重要作用,包括合肥、芜湖、马鞍山、安庆等安徽省 9 市[149]。2019 年,黄山市加入杭州经济圈,成为长三角城市群的一员。

安徽省生态文明建设的起步奠基阶段在十一届三中全会之后至十六大之前,那时已出台了《巢湖水源保护条例》《安徽省淮河领域水污染防治条例》等地方性环保法规。十六大以后至十八大是安徽省生态文明建设的扎实推进阶段,其代表性经验是 2012 年与浙江携手,按照"谁受益谁补偿、谁保护谁受偿"原则,启动实施的新安江跨流域生态补偿机制试点,建立补偿标准体系,开创了中国跨省流域横向生态补偿先河[150]。随后,相继出台了《安徽生态省建设总体规划纲要》《生态强省建设实施纲要》《安徽省生态文明体制改革实施方案》。

十八大以来是安徽省生态文明建设的深化提升阶段,代表性的经验有:

第一,推广生态补偿机制,建立林长制组织体系。一方面,总结推广新安江流域生态补偿机制建设经验,将新安江—千岛湖生态补偿试验区纳入国家《长江三角洲区域一体化发展规划纲要》[151];从资金补偿扩展到产业补偿、人才补偿多元补偿,扩大全省生态补偿范围;全面推进水环境生态保护补偿机制,启动全省地表水断面生态补偿机制,实施森林生态保护补偿机制,探索建立大气生态补偿制度和重点生态功能区补偿机制[152]。另一方面,安徽在全国率先推行林长制改革,建立五级林长制组织体系,破解了全省林业生态建设中多道难题。同时,出台了《关于全面打造水清岸绿产业优美丽长江(安徽)经济带的实施意见》《长江安徽段生态环境大保护大治理大修复、强化生态优先绿色发展理念落实专项攻坚行动方案》,通过建设皖江绿色生态廊道,推进江淮丘陵区造林绿化,加强洲滩地抑螺林、水源涵养林、城郊绿地、城市森林、环巢湖生态绿带建设,建设长江防护林工程,构建合肥经济圈、皖江城市群等长江经济带的绿色生态屏障[153]。

第二,创新驱动绿色发展,打造徽风皖韵样板。安徽省以"重点流域绿色发展"为抓手,深入推进"三河一湖一园一区"生态文明示范样板创建,出台了该工程的施工方案细则,统筹山水林田湖草系统治理,打好碧水、净土、蓝天三大保卫战,建设美好的江淮家园。在皖北平原地区主要围绕保障粮食安全和改善人居环境,探索建立农林多业融合发展示范区;在皖江和淮河地区围绕打造水清岸绿产业优美丽长江(安徽)经济带,探索建立淮河生态经济带生态廊道建设示范区[154];在皖西大别山区,结合脱贫攻坚政策,探索建立生态经济示范区;在江淮分水岭地区要围绕"把树种上、把水留住"这一基本目标,探索建立生态保护综合治理示范区;在皖南山区,加强新安江和青弋江流域的生态保护修复,构筑皖南生态屏障,探索建立林业特色鲜明的生态文化创新示范区[155]。

第三,生态制度体系完善,政策保障功能强大。安徽省制定或修订了《安徽省生态文明体制改革实施方案》《安徽省环境保护条例》《安徽省大气污染防治条例》《安徽省饮用水水源环境保护条例》《巢湖流域水污染防治条例》[156]《关于全面加强生态环境保护坚决打好污染防治攻坚战的实施意见》《安徽省生态环境保护工作职责(试行)》《安徽省党政领导干部生态环境损害责任追究实施细则(试行)》等制度体系和法规文件,为生态文明建设提供了法律保障。同时,要坚持党委领导,重视政府、企业、公众的多方参与,群策群力,形成了推动生态文明建设的强大合力。

(二)长三角城市群生态文明建设

长三角城市群位于全国"两横三纵"城市化战略格局中沿海通道纵轴和沿长江通道横轴的交汇处,综合定位是长江流域对外开放的门户,我国参与经济全球化的主体区域,辐射带动长江经济带的龙头[146]。2010年其生态定位是加强沿江、太湖、杭州湾等地区污染治理,严格控制长江口、杭州湾陆源污染物排江排海和太湖地区污染物入湖,加强海洋、河口和山体生态修复,构建以钱塘江、长江、京杭大运河、太湖、天目山—四明山、宜溧山区以及沿海生态廊道为主体的生态格局。基于此,江、浙、沪各省市积累了自己的生态文明建设经验。

江苏省生态文明建设成效显著。作为长江经济带的发达地区,江苏省一直以来高度重视生态文明建设,"绿色"已成为该省高质量发展的底色。党的十六大以来,该省积极贯彻科学发展观,调整产业结构、转变经济增长方式,全面推进生态文明建设,实现从点到面,从"治"到"防",从环境保护到人居条件的全面覆盖[157]。十八大至今,深化落实新的发展理念,全面推进全省生态文明建设和"美丽江苏"建设:大力实施生态文明建设工程,着力实施"两减六治三提升"行动,聚焦打赢污染防治攻坚战;坚持深化改革和创新驱动,协同推进新型城镇化、信息化、工业化、农业现代化和绿色化,将新发展理念贯穿到资源集约利用的全过程,坚持低碳发展、绿色发展、循环发展,把资源要素集约节约利用放在优先位置;不断加大自然生态系统和环境保护力度,扩大湿地、湖泊、森林面积,构筑山水林田湖命运共同体,加强自然保护区保护,推进生态保护红线工作;坚持"生态惠民、生态利民、生态为民",始终将人民群众的参与感、获得感、满足感摆在生态文明建设的重要位置,聚焦改善民生,营造绿色低碳人居环境,加快形成人与自然和谐发展的现代化建设新格局。

浙江省以大花园建设助推生态文明。大花园是浙江自然环境的底色、高质量发展的底色、人民幸福生活的底色[158]。2017年,浙江省全面实施大花园建设行动计划,积极推动生态环境质量提升、全域旅游推进、绿色产业发展、基础设施提升、体制机制创新五大工程,推动山水与城市融为一体、自然与文化相得益彰。其成效主要体现在：衢州、丽水两市核心区示范作用凸显，丽水生态产品价值实现机制试点获国家长江办批复同意；生态本底更加亮丽，全省生态环境公众满意度连续八年提升；文化旅游品牌影响力逐渐彰显，现代服务业欣欣向荣；节能环保产业产值贡献较大，生态系统生产总值（GEP）核算体系建成，生态产品价值实现机制、绿色发展财政奖补机制完善，绿色发展基础扎实，生态理念成果转化突出[159]。

上海市生态文明建设成果突出。2016 年以来，为改善环境质量，上海实施了一系列针对水、大气的治理计划以及生态环境综合治理方案，生态文明建设取得阶段性成果：为明确上海市生态文明建设的总体要求和目标，出台《上海市环境保护和生态建设"十三五"规划》《关于加快推进上海市生态文明建设实施方案》；推出《上海市水污染防治行动计划实施方案》《上海市空气重污染专项应急预案》《上海市土壤污染防治行动计划实施方案》等针对性条例；修订了《上海市环境保护条例》，强调保护和改善环境，保障公众健康；出台《上海市产业结构调整负面清单（2016）》《上海市工业挥发性有机物减排企业污染治理项目专项扶持操作办法实施细则》，促进上海产业转型和绿色发展[160]。

2019 年，国务院批复《长三角生态绿色一体化发展示范区总体方案》，长三角生态经济示范区既可以为生态文明建设提供产业支撑，也能拉动投资、培育内需并增加就业机会，更是长三角一体化、实现治理能力现代化、展示对外开放形象的内在要求，自此，长三角城市群的生态文明建设与跨行政区域共建共享和社会发展息息相关、相得益彰，示范区也成为改革试点、制度突破的"实验田"[161]。2020 年，示范区发布了《长三角生态绿色一体化发展示范区先行启动区产业项目准入标准（试行）》《长三角生态绿色一体化发展示范区产业发展指导目录》，制定了《一体化示范区外国高端人才工作许可互认实施方案》，编制了《长三角生态绿色一体化发展示范区国土空间总体规划》，出台了《长三角生态绿色一体化发展示范区重点跨界水体联保专项方案》，形成了国家第一个跨省域的空间规划、跨行政区域的省级项目管理权限、跨界水体联保共治的"三统一"区域合作格局，为长江经济带的高质量发展树立了榜样[162]。

参考文献

[1] 徐春. 对生态文明概念的理论阐释[J]. 北京大学学报（哲学社会科学版），2010，47（01）：61-63.

[2] 申曙光. 生态文明及其理论与现实基础[J]. 北京大学学报（哲学社会科学版），1994（03）：31-37＋127.

[3] 尹成勇. 浅析生态文明建设[J]. 生态经济，2006（09）：139-141.

[4] （战国）孟轲著；杨伯峻，杨逢彬注译. 孟子[M]. 长沙：岳麓书社. 2000：55，224

[5] （唐）房玄龄注；（明）刘绩补注；刘晓艺校点. 管子·轻重戊[M]. 上海：上海古籍出版社. 2015：47，86，134，471

[6] 陈新立. 长江流域环境史研究的回顾与展望[J]. 中国经济与社会史评论，2010

(00):322-341.

[7] 周宏伟.长江流域森林变迁的历史考察[J].中国农史,1999(4):3-14

[8] 刘利,纪凌云译注.左传[M].北京:中华书局.2007.

[9] (北魏)贾思勰撰.齐民要术[M].北京:团结出版社.1996:3

[10] 武仙竹.长江流域环境变化与人类活动的相互影响[J].东南文化,2000(01):26-32.

[11] (西汉)司马迁著.史记[M].西安:三秦出版社.2007:37,158,415,448

[12] (德)恩格斯著;中共中央马克思恩格斯列宁斯大林著作编译局编.家庭、私有制和国家的起源[M].北京:人民出版社.1999.

[13] (春秋)吕不韦著.吕氏春秋[M].北京:中国文史出版社.2003:185.

[14] (西汉)刘向原著.战国策[M].北京:蓝天出版社.2007:384.

[15] 赵海莉.西北出土文献中蕴含的民众生态环境意识研究[D].西北师范大学,2016.

[16] 李凌云,纪双鼎主编.易经·尚书·礼记[M].北京:中国戏剧出版社.2000:364.

[17] 党超.秦汉生态文化探析[D].河南大学,2005.

[18] (东周)老子著;陈忠译评.道德经[M].长春:吉林文史出版社.1999

[19] (战国)庄周著;胡仲平编著.庄子[M].北京:北京燕山出版社.1995:107,165.

[20] 罗义俊撰.国学经典译注丛书 老子译注[M].上海:上海古籍出版社.2012:106

[21] (战国)荀况著.荀子[M].北京:蓝天出版社.1999:86,101

[22] 黄怀信,张懋熔,田旭东撰.逸周书汇校集注 上 修订本[M].上海:上海古籍出版社.2007:390.

[23] 陈业新.《周礼》生态职官考述[J].中原文化研究,2017,5(06):111-121.

[24] (晋)常璩辑撰,唐春生等译.华阳国志[M].重庆:重庆出版社.2008:311.

[25] 白洋.论传统生态伦理思想与当代环境法治的完善[J].兰州学刊,2012(02):180-185

[26] 睡虎地秦墓竹简整理小组编.睡虎地秦墓竹简[M].北京:文物出版社.1990:19

[27] 张莉红.古代长江上游地区的大开发及其历史启示[J].社会科学研究,2001(02):126-131.

[28] (东汉)刘珍等编.东观汉记校注 上[M].北京:中华书局.2008:337.

[29] 王福昌.秦汉时期长江中下游地区的环境保护[J].社会科学,1999(02):61-65.

[30] 惠富平,李琦珂.历史时期长江流域农业生态变迁述论[J].池州学院学报,2011,25(04):1-9.

[31] (东汉)班固著;赵一生点校.汉书[M].杭州:浙江古籍出版社.2000:560.273

[32] 吴礼明主编.汉魏六朝赋精华注译评[M].长春:长春出版社.2008:268.

[33] 陈业新.秦汉时期生态思想探析[J].中国史研究,2001(01):20-27.

[34] (西汉)刘安编;陈惟直译注.淮南子[M].重庆:重庆出版社.2007:43,119,135

［35］曾振宇注说.春秋繁露［M］.开封:河南大学出版社.2009:179,185,198

［36］柴荣主编.论衡［M］.哈尔滨:黑龙江人民出版社.2004:14,113,137

［37］沈继泽主编.金匮要略［M］.北京:中国医药科技出版社.1998:4.

［38］党超.论两汉时期的生态思想［J］.史学月刊,2008(05):114-120.

［39］(汉)贾谊著;于智荣译注.贾谊新书译注［M］.哈尔滨:黑龙江人民出版社.2003:223.

［40］刘伟,康丽娜.从简牍看秦汉生态保护立法［J］.成才之路,2009(33):77-78.

［41］(南朝宋)范晔著.后汉书［M］.西安:太白文艺出版社.2006:806.

［42］孙宏恩.秦汉时期生态环境教育探析［J］.安徽农业科学,2012,40(36):17965-17966.

［43］阚骃纂;张澍辑.十三州志［M］.北京:中华书局.1985.

［44］竺可桢.中国近五千年来气候变迁的初步研究［J］.气象科技资料,1973(S1):2-23.

［45］刘春香.魏晋南北朝时期环境问题及环境保护［J］.许昌师专学报,2002(01):41-46.

［46］李丙寅.略论魏晋南北朝时代的环境保护［J］.史学月刊,1992(01):11-16.

［47］何德章.六朝南方开发的几个问题［J］.学海,2005(02):16-24.

［48］(西晋)陈寿撰.三国志［M］.杭州:浙江古籍出版社.2000:324,,682,861.

［49］樊良树.六朝江南生态环境蠡测——以鹿、虎为视角［J］.科教导刊(中旬刊),2014(02):148-149＋204.

［50］(西晋)张华著;张恩富译.博物志［M］.重庆:重庆出版社.2007:54.

［51］连雯.魏晋南北朝时期南方生态环境下的居民生活［D］.南开大学,2013.

［52］周景勇,严耕.试论汉代帝王诏书中的生态意识［J］.北京林业大学学报(社会科学版),2010,9(03):37-41.

［53］刘春香.魏晋南北朝时期的生态环境观［J］.郑州大学学报(哲学社会科学版),2014,47(02):147-151.

［54］周景勇,严耕.论魏晋南朝时期帝王诏书中的生态意识［J］.江西社会科学,2011,31(02):144-150.

［55］(梁)沈约撰.宋书 第2册 卷14—卷22［M］.北京:中华书局.2018:29.

［56］(北齐)魏收撰.魏书［M］.长春:吉林人民出版社.1995:97.

［57］刘毅编著.晋书［M］.北京:北京燕山出版社.2010:14,476.

［58］(唐)姚思廉撰.陈书［M］.北京:中华书局.2000:31,35,146.

［59］赵杏根.魏晋南北朝时期的生态理论与实践举要［J］.鄱阳湖学刊,2012(03):54-62.

［60］陈延嘉,王存信编著.上古三代秦汉三国六朝文选六百篇［M］.石家庄:河北教育

出版社.2009:506.

[61] 洪丕谟著.三千年中医妙谈[M].西安:陕西人民出版社.2008:78.

[62] 姚奠中主编;程秀龙,陆浑注析.唐宋绝句选注析[M].太原:山西人民出版社.1980:328.

[63] 范成大撰.骖鸾录[M].北京:中华书局.1985.

[64] 方修琦,章文波,魏本勇,胡玲.中国水土流失的历史演变[J].水土保持通报,2008(01):158-165.

[65] 严火其,陈超,夏如兵等.宋代占城稻的引进与气候变化[J].中国农史,2013,32(05):9-17.

[66] 周景勇,严耕.论唐代帝王诏书中的生态意识[J].北京林业大学学报(社会科学版),2013,12(01):6-12.

[67] 吴云,冀宇校注.唐太宗全集校注[M].天津:天津古籍出版社.2015:208.

[68] 宋敏求.唐大诏令集 卷100[M].北京:中华书局,2008:507.

[69] 刘昫.旧唐书[M].北京:中华书局,1975:176,245,273

[70] 周景勇.中国古代帝王诏书中的生态意识研究[D].北京林业大学,2011.

[71] 王钦若等编.册府元龟[M].江苏:凤凰出版社,2006.

[72] 赵杏根.宋代生态思想述略[J].鄱阳湖学刊,2013(01):43-52

[73] 张全明.简论宋代儒士的环境意识及其启示[J].文史博览,2006(08):4-7.

[74] 张全明.论宋代士大夫的生态伦理观及其启示[J].历史文献研究,2013(00):194-203.

[75] 张全明.论宋代道学家的环境意识:人与自然的和谐[J].江汉论坛,2007(01):103-108.

[76] 张全明.简论宋人的生态意识与生物资源保护[J].华中师范大学学报(人文社会科学版),1999(05):80-87+159

[77] 赵杏根.元代生态思想与实践举要[J].哈尔滨工业大学学报(社会科学版),2013,15(03):125-130+141.

[78] 刘华.我国唐代环境保护情况述论[J].河北师范大学学报(社会科学版),1993(02):111-115.

[79] 周绍良主编.全唐文新编 第3部 第1册[M].长春:吉林文史出版社.2000:5776.

[80] 梁太济,包伟民著.宋史食货志补正[M].杭州:杭州大学出版社.1994.

[81] 曾贻芬校笺.通典食货典校笺[M].成都:巴蜀书社.2013:25.

[82] (元)脱脱等撰.宋史[M].北京:中华书局.1977.

[83] 张全明.论宋代的生物资源保护[J].史学月刊,2000(06):48-55.

[84] 李修生主编.全元文 11[M].南京:江苏古籍出版社.1999:316

[85] 梁陈.明清至民国时期湖北省山地地质灾害研究[J].三峡大学学报(人文社会科

学版),2018,40(02):84-89+111.

[86] 张慧.丹江口水库淹没区乡土建筑研究[D].武汉理工大学,2005.

[87] 范春梅.清初"摊丁入亩"政策对环境的影响[J].中国环境管理干部学院学报,1999(03):53-57.

[88] 史式著.清实录[M].北京:中华书局.1987.

[89] 熊吕茂,杨铮铮.论王夫之的人文主义思想[J].常德师范学院学报(社会科学版),2003(04):26-28.

[90] (明)王夫之撰.船山全书 单行本之五 春秋稗疏·春秋家说·春秋世论·续春秋左氏传博议[M].长沙:岳麓书社.2011.

[91] 沈善洪著.中国哲学史概要[M].杭州:浙江人民出版社.1980:303.

[92] (清)顾炎武著.日知录集释[M].上海:上海古籍出版社,2014:229.

[93] 张连伟,李飞,周景勇编著.中国古代林业文献选读[M].北京:北京燕山出版社,2015:353.

[94] 蒲松龄.蒲松龄全集 第3册 杂著[M].上海:学林出版社,1998:.

[95] (清)张廷玉等撰.明史 4[M].长春:吉林人民出版社.2005:1160.

[96] 王子英等注释.中国历代食货志汇编简注 下[M].北京:中国财政经济出版社.1987:153.

[97] 余继登著.典故纪闻[M].北京:中华书局.1981.

[98] 怀效锋点校.大明律[M].北京:法律出版社,1999.

[99] 黎世衡著.历代户口通论[M].上海:世界书局,1922:147.

[100] 田文富.和谐社会视野下的环境伦理价值观及创新[J].贵州师范大学学报(社会科学版),2007(06):6-11.

[101] 刘鸿渊,蒲萧亦,刘菁儿.长江上游城市群高质量发展:现实困境与策略选择[J].重庆社会 科学,2020(09):56-67+2.

[102] 国家发展改革委发展规划司.实施全国主体功能区规划 构建高效、协调、可持续的国土空间开发格局[N].

[103] 肖金成.《全国主体功能区规划》力推三大政策变革[J].时事报告,2011(07):42-43.

[104] 文雯.保护美丽三江源 守护国家生态屏障[N].中国环境报,2020-03-30(007).

[105] 陈玮.青海生态文明建设 筑牢生态安全屏障——首部《青海生态文明建设蓝皮书》总体情况及青海生态建设形势[J].中国土族,2017(01):4-7.

[106] 郑云辰.流域生态补偿多元主体责任分担及其协同效应研究[D].山东农业大学,2019.

[107] 苏海红,李婧梅.三江源国家公园体制试点中社区共建的路径研究[J].青海社会科学,2019(03):109-118.

［108］杨永宏,杨美临,李增加等.云南省生态保护红线划定与管理思考[J].环境保护,2016,44(08):35-38.

［109］张洋,肖德安,余韬等.赤水河流域跨省横向水环境补偿机制研究[J].环保科技,2019,25(04):23-27.

［110］孔燕,余艳红,苏斌.云南九大高原湖泊流域现行管理体制及其完善建议[J].水生态学杂志,2018,39(03):67-75.

［111］郑季良,杜静.云南九大高原湖泊的生态补偿机制选择研究[J].昆明理工大学学报(社会科学版),2020,20(03):65-74.

［112］赵炜.乌江流域人居环境建设研究[D].重庆大学,2005.

［113］韩敏霞.贵州民族地区生态文明法治建设的实践与探索——以毕节市生态文明法治工程为例[J].贵州民族研究,2020,41(03):9-14.

［114］朱建华,张惠远,郝海广等.市场化流域生态补偿机制探索——以贵州省赤水河为例[J].环境保护,2018,46(24):26-31.

［115］邢龙,王志泰,包玉等.少数民族多山城市公园绿地景观格局分析与优化——以凯里市为例[J].山地农业生物学报,2019,38(05):19-29.

［116］重庆社会科学院课题组,李春艳,彭国川.充分发挥长江上游重要生态屏障的生态功能[N].重庆日报,2019-08-20(010).

［117］彭清华.筑牢长江上游生态屏障 谱写美丽中国四川篇章[N].学习时报,2020-10-07(001).

［118］樊杰.主体功能区战略与优化国土空间开发格局[J].中国科学院院刊,2013,28(02):193-206.

［119］吕晓蓓.国土空间规划为"双城记"谋篇布局[J].先锋,2020(07):32-34.

［120］欧阳帆.中国环境跨域治理研究[D].中国政法大学,2011.

［121］吴志广.河湖长制助推长江生态环境大保护的策略研究[J].长江技术经济,2018,2(03):22-28.

［122］四川省沱江流域水环境保护条例[N].四川日报,2019-05-25(004).

［123］周卫.长江生态文明创新实验区规划的思考——以重庆市广阳岛为例[J].重庆行政,2019,20(05):82-83.

［124］黄志红.长江中游城市群生态文明建设评价研究[D].中国地质大学,2016.

［125］李宁.长江中游城市群流域生态补偿机制研究[D].武汉大学,2018.

［126］段学军,邹辉.长江岸线的空间功能、开发问题及管理对策[J].地理科学,2016,36(12):1822-1833.

［127］阮洲,罗英,纪道斌等.平原地区城市湖泊防洪与景观功能协调研究——以枝江市金湖为例[J].水利水电技术,2018,49(06):79-86.

［128］张斐.推进四水共治 打造滨水生态绿城[J].长江论坛,2017(02):11-20.

[129] 曹莉萍,周冯琦,吴蒙.基于城市群的流域生态补偿机制研究——以长江流域为例[J].生态学报,2019,39(01):85-96.

[130] 董珍.生态治理中的多元协同:湖北省长江流域治理个案[J].湖北社会科学,2018(03):82-89.

[131] 欧胜兰.跨域生态地区管治保障机制研究——以长株潭生态绿心地区为例[A].中国城市规划学会.城乡治理与规划改革——2014中国城市规划年会论文集(07城市生态规划)[C].中国城市规划学会:中国城市规划学会,2014:12.

[132] 熊曦,王文.湘江源头区域生态文明建设的路径与对策[J].中南林业科技大学学报(社会科学版),2016,10(05):10-14+66.

[133] 黄渊基.生态文明背景下洞庭湖区生态经济发展战略研究[J].经济地理,2016,36(10):131-136.

[134] 李姣,周翠烟,张灿明等.基于生态足迹的湖南省洞庭湖生态经济区全要素生态效率研究[J].经济地理,2019,39(02):199-206.

[135] 朱江,林小莉.湖泊湿地生态修复规划研究:以岳阳南湖湿地生态修复为例[J].湿地科学与管理,2020,16(03):12-16.

[136] 易丽昆.海绵城市建设之常德模式探讨[J].中南林业科技大学学报(社会科学版),2018,12(01):7-12.

[137] 丁晓群.让江西走向世界 让世界认识江西[N].中国旅游报,2016-04-22(004).

[138] 汤锦春,赖庆梅,谢德辉.江西山江湖工程与鄱阳湖生态经济区建设研究[J].生态经济(学术版),2010(01):50-52+66.

[139] 卓凌,黄桂林,唐小平等.县级国家森林城市规划的特点与重点探讨——以江西省为例[J].林业资源管理,2020(02):46-52+111.

[140] 张豪.生态立省40年打造美丽中国"江西样板"[J].时代主人,2018(09):25-27.

[141] 熊凯,孔凡斌.赣江流域生态补偿标准及其空间优化研究[J].南昌工程学院学报,2019,38(01):80-84.

[142] 周金堂,王志强.绿色崛起导向下江西省生态文明建设的政策路向及协调发展对策[J].企业经济,2019,38(02):51-58.张智富.江西绿色金融发展的差异化道路[J].清华金融评论,2017(10):25-27.

[143] 中办国办印发《国家生态文明试验区(江西)实施方案》[N].人民日报,2017-10-03(005).

[144] 冷清波.主体功能区战略背景下构建我国流域生态补偿机制研究——以鄱阳湖流域为例[J].生态经济,2013(02):151-155+160.

[145] 江西省人民政府.江西省人民政府关于开展鄱阳湖综合整治坚决保护"一湖清水"的意见[N].江西日报,2012-01-20(A02).

[146] 高丽娜,朱舜,颜姜慧.长江下游流域城市群集聚区的形成及空间特征[J].学术

第四章

论坛,2014,37(04):54-59.

[147] 褚克坚,仇凯峰,贾永志等.长江下游丘陵库群河网地区城市水生态文明评价指标体系研究[J].四川环境,2015,34(06):44-51.

[148] 蒋媛媛.长江经济带战略对长三角一体化的影响[J].上海经济,2016(02):50-73.

[149] 张立,赵民.大区域视角下的皖江城市带发展趋势和规划思考[J].上海城市规划,2012(04):12-18.

[150] 曾凡银.新安江流域生态补偿制度的创新演进[J].理论建设,2020,36(04):56-61.

[151] 曾凡银.共建新安江—千岛湖生态补偿试验区研究[J].学术界,2020(10):58-66.

[152] 徐峰.健全生态补偿机制 推动生态文明建设——浙江省流域横向生态补偿的制度实践及对策建议[J].财政科学,2020(02):111-121+126.

[153] 樊明怀.推进美丽长江(安徽)经济带建设的对策[N].安徽日报,2019-01-22(006).

[154] 曹玉华,夏永祥,毛广雄等.淮河生态经济带区域发展差异及协同发展策略[J].经济地理,2019,39(09):213-221.

[155] 张致胜.皖南生态文明建设成果分析及对策[J].安徽林业科技,2015,41(05):7-11.

[156] 曹伊清,吕明响.跨行政区流域污染防治中的地方行政管辖权让渡——以巢湖流域为例[J].中国人口·资源与环境,2013,23(07):164-170.

[157] 李平星,陈雯,高金龙.江苏省生态文明建设水平指标体系构建与评估[J].生态学杂志,2015,34(01):295-302.

[158] 袁家军.全面实施大花园建设行动计划 推动高质量发展 创造高品质生活[J].浙江经济,2018(12):8-11.

[159] 孟刚.以大花园建设为抓手 推进浙江生态文明建设迈上新台阶[J].浙江经济,2020(06):6-7.

[160] 丁显有,肖雯,田泽.长三角城市群工业绿色创新发展效率及其协同效应研究[J].工业技术经济,2019,38(07):67-75.

[161] 中共中央国务院印发长江三角洲区域一体化发展规划纲要[N].人民日报,2019-12-02(001).

[162] 李志青,刘瀚斌.长三角绿色发展区域合作:理论与实践[J].企业经济,2020,39(08):48-55.

第五章　长江经济带生态文明建设成效实证

　　党的十八大以来,生态文明建设已经纳入"五位一体"总体布局和"四个全面"战略布局,成为当今中国可持续发展的道路上重要的一环,是和谐社会发展不可或缺的重要内容。2016年1月5日、2018年4月26日以及2020年11月14日,习近平总书记分别在重庆、武汉以及南京召开推动长江经济带座谈会,强调长江经济带的发展必须从子孙后代的长远利益考虑,把修复长江生态环境摆放在绝对优先位置,全力探索出一条生态优先、绿色发展的新路子[1-3]。本章从生态制度、生态空间、生态安全、生态经济、生态生活和生态文化六大方面,构建三级指标评价体系,采用模糊综合评价法对长江经济带11个省市生态文明建设状况进行评价,进而对长江经济带省域生态文明发展水平进行动态分析,进一步通过Theil指数对其差异性进行分析,最后指出长江经济带生态文明建设面临的挑战以及应对路径。

第一节　流域生态文明建设评价理论体系构建

一、流域生态文明建设评价原则

　　综合评价是一项复杂的系统工程,是人们认识事物、了解事物并掌握事物发展规律的重要手段之一,它不仅是一种管理认知过程,更是一种管理决策过程。在现实评价实践中,由于事物本身的复杂性和评价目的的多样性,评价指标体系是复杂的、多变不确定的。因此,评价指标体系的建立,要综合考虑评价的最终目的,评价的具体问题与对象,评价数据的来源是否准确可靠,评价的时间窗具体设计等因素。因此,评价指标体系设计的科学性直接决定综合评价结果的科学性、可信性与可靠性。

　　为构建一套科学的长江经济带生态文明建设水平综合评价指标体系,使得该评价体系可以综合反映长江经济带各省市资源环境、经济水平以及社会生活之间的协调发展,在综合指标体系的设计与构建过程中应该遵循如下原则。

(一)目的明确

　　综合评价指标是评价目的具体描述。因此,评价指标要能明确地体现和反映综合评价目的,能准确地刻画和描述系统对象的特征,要基本包含实现综合评价目的所需的全部内容。更进一步,评价指标最好能够为评价对象和评价主体实现评价目的,或是规划评价目标提供指导和努力的方向,即评价指标在体现评价目的的基础上最好还具有一定的导向性。例如:在评价长江经济带某省市生态制度建设情况时,"生态文明建设工作占党政工作绩效考核比例"指标可纳入该地区生态制度建设考核指标体系中,那么,该区域党政领导为了取得更好的年度工作绩效,就会积极带领下属以及群众,通过不懈的努力,加大力度建设生态文明,获取更高的党政业绩比例。

(二)信息完备

评价指标是对研究系统中各个要素某些特征的描述和刻画,因此,所有的评价指标应该能较全面地反映被评价对象系统的整体性能和特征,能从多维度、多层面综合地考察对象系统的属性。在实际的评价应用过程中,这里所说的信息完备并不是指设计的评价指标体系能绝对完整地表达出对象系统的所有特征。在一般情况下,只要做到设计的评价指标体系能表达出评价对象的主要特征和主要信息即可。例如:在评价长江经济带某地区生态文明建设水平的时候,可以采用平衡计分卡理论,从生态制度、生态空间、生态安全、生态经济、生态生活和生态文化六个维度来综合全面地设计生态文明建设水平综合评价指标体系,就可以表达评价对象需要的主要信息和特征。

(三)操作性强

操作性强,是指评价指标值的获取是否方便,也说明选取的指标要具可观测性以及观测成本要适当。首先,无论指标是定性还是定量,都要求能够被观测与可衡量,也就是说,评价指标的相应数据可被采集、可被赋值,否则在评价指标体系中设定该指标就起不了评价作用,没有任何意义。其次,评价指标数据应尽可能地公开和客观获取,比如可以源于权威统计资料、问卷调查或者专家评分等等,尽量保证评价指标数据的真实可靠。最后,要综合权衡成本与效益问题,如果评价指标的数据不容易采集,观测成本已经超过评价活动带来的收益,那么在实践过程中可以考虑摒弃该指标,或者采用计算机仿真值和模糊近似值来替代。

(四)相互独立

综合评价体系中指标的相互独立是指,同一层级的指标应尽可能地不重叠,不交叉,不矛盾,不互为因果,保持较好的独立性;多层级的指标应具有自上而下的层次结构,上下级指标既要保持隶属关系,评价指标集与指标集之间、指标集内部各指标间又要避免相互反馈与相互依存。长江经济带省域生态文明建设评估指标体系由三级指标构成,6个准则层指标相互独立,37个决策层指标与之相应的准则层指标保持隶属关系。

(五)特征显著

在最理想情况下,综合评价体系中的指标应该能够描述和包括评价对象的全部特征,并且这些指标间应该相互独立、呈线性无关。然而在现实实践中,由于评价对象的复杂、多变以及动态性,这种理想状态几乎是不可能达到。因此在综合评价指标体系的设计过程中,并不是指标数量越多越好,如果指标数量太多,获取评价数据的成本会增大,并且也极有可能导致数据冗余;当然指标数量太少,就不能代表评价对象的重要特征,不具备评价意义。因此,在综合评价体系中选取指标时,主要根据该指标对总体评价的贡献大小来决定是否应该保留,也就是说,贡献越大,指标特征越显著,为保留的关键性指标;反之,则剔除。

(六)易于修正

随着事物发展变化以及评价目标性质的不断变化,设计的综合评价指标体系不可能长期保持稳定性,这需要针对评价目的和对象的变化,对评价指标体系进行动态调整。指标体系的调整可以分为顺应性调整和反馈性调整,顺应性调整是针对变化后的新目标和新要求,调整甚至重新设计综合评价指标体系;反馈性调整是根据实际评价效果或者评价结果是否符合自然规律,对体系中部分指标进行修正,也可以根据评价情况增加或是删减个别指标。党的十八大以来,在国家提出的长江经济带发展战略方针指引下,长江沿线 11 省市牢固树立绿色发展理念、优化产业结构、强化环境治理、上下联动统筹协调,其生态文明建设水平也在不断发生变化,那么综合评价指标体系也应该根据情况进行动态修正。

长江经济带省域城市生态文明建设水平三层综合评价指标体系的设计是以上述原则为对照依据和参考标准,能够从多层面较为完整地反映综合评价指标体系设计与构建需要满足的基本要求,能够达到最终的评价目的,对生态文明建设的进一步发展提供指导意见。

二、流域生态文明建设评价理论

模糊综合评价法基于模糊集合理论(fuzzy sets),该理论于 1965 年由美国自动控制专家 L. A. Zadeh 教授提出,用以表达事物的不确定性[4,5]。模糊综合评价法主要针对模糊的、难以量化的、完全无结构的各种非确定性问题,根据模糊数学中重要的隶属度理论把一系列定性问题转化为定量问题,方便进行综合评价[6,7]。下面给出模糊综合评价法的一般模型和评价步骤。

(一)确定评价对象域

$$U = \{u_1, u_2, \cdots u_m\} \tag{5.1}$$

也就是有 m 个相互独立的评价指标,表明从这 m 个方面来评价和描述评价对象。

(二)确定评语等级划分

评语集是评价专家根据自己的专业知识对评价对象做出的各种可能的评价结果而组成的数据集合,用 V 表示:

$$V = \{v_1, v_2, \cdots, v_n\} \tag{5.2}$$

这个评语集实际是对被评价对象的评价结果变化区间的一个划分。其中 v_i 表示整个评价集中第 i 个评价结果,n 为评价对象总的评价结果数。应用到实际案例中,具体的等级可以依据评价内容用适当的语言进行描述,比如评价某种产品的竞争力的评语集可以用 V = {强,中,弱},评价某个地区的社会经济发展水平可以用 V = {高,较高,一般,较低,低},又或者评价企业员工的工作能力的评语集可以用 $V=\{好,较好,一般,较差,差\}$ 等。

(三)单因素评价的模糊关系矩阵 R

依据单个因素的某些不确定性质进行评价,从而确定评价对象对评价集合 V 的隶属程度,称为单因素模糊评价。在构造了等级模糊子集后,针对不同的评价对象,依次对每一个评价指标 $u_i(i=1,2,\cdots,m)$ 进行量化,也就是从单因素来看,确定被评价对象对各等级模糊子集的隶属度,从而得到模糊关系矩阵:

$$R=\begin{bmatrix} r_{11} & r_{12} & \cdots & r_{1n} \\ r_{21} & r_{22} & \cdots & r_{2n} \\ \vdots & \vdots & \ddots & \vdots \\ r_{m1} & r_{m2} & \cdots & r_{mn} \end{bmatrix} \tag{5.3}$$

其中 $r_{ij}(i=1,2,\cdots,m;j=1,2,\cdots,n)$ 的意思是,某个被评价对象从某个单因素 u_i 来看对 v_j 这个等级模糊子集的隶属度。在模糊综合评价中,这个评价对象在某个因素 u_i 方面的表现是通过模糊向量 $r_i=(r_{i1},r_{i1},\cdots,r_{im})$ 来刻画的,这里 r_i 称为单因素评价矩阵。从这里可以看出,因素集 U 和评价集 V 之间就是一种模糊关系,正是因为评价信息的不确定,模糊综合评价不像其他评价方法多是由一个指标的实际值来刻画,而是需要收集更多的指标信息。

在计算隶属度时,通常是由相关领域专家或者评价问题相关的专业人员依据评判等级对评价对象进行打分,根据统计打分结果,采用绝对值减数法求得 r_{ij},即:

$$r_{ij}=\begin{cases} 1,i=j \\ 1-c\sum\limits_{k=1} |x_{ik}-x_{jk}|,i \neq j \end{cases} \tag{5.4}$$

其中,c 可以任意取值,使得满足 $0 \leqslant r_{ij} \leqslant 1$。

(四)确定评价因素权重

在模糊综合评价中,各个评价因素的重要性不尽相同,为了反映各因素的不同的重要程度,对 U 中的每个因素应分配一个相应的权重 $\omega_i(i=1,2,\cdots m)$,这里要求 ω_i 满足 $\omega_i \geqslant 0$,$\sum \omega_i=1$,因此,ω_i 表示 U 中第 i 个因素的权重,再由各权重组成的一个模糊集合 W,这就是评价因素的权重集。

指标权重的确定方法通常有两种,即主观赋权法和客观赋权法。主观赋权法通过专家打分的方式确定指标权重,又称专家估计法。客观赋权法则是基于指标间的联系,通过数学方法加以计算得出指标权重,比如变异系数法、熵值法等。

1. 变异系数法[8,9]

变异系数法,也称相对标准偏差能,是一种概率分布或频率分布的标准化测量方法。变异系数能够客观反映指标数据的变化信息,根据各评价指标当前值与目标值的变异程度来对各指标进行赋权,当各指标现有值与目标值差距较大时,说明该指标较难实现目标值,应该赋予较大的权重,反之则应该赋予较小的权重。

假设有 p 个待评价样本,m 个评价指标,形成原始指标数据矩阵:

$$X = \begin{bmatrix} x_{11} & x_{12} & \cdots & x_{1m} \\ x_{21} & x_{22} & \cdots & x_{2m} \\ \vdots & \vdots & \ddots & \vdots \\ x_{p1} & x_{p2} & \cdots & x_{pm} \end{bmatrix} \tag{5.5}$$

其中 x_{ij} 表示第 i 个样本第 j 项评价指标的数值。第 j 项评价指标的均值和标准差分别为

$$\overline{x_j} = \frac{1}{p} \sum_{i=1}^{p} x_{ij}, s_j = \sqrt{\frac{\sum_{i=1}^{p}(x_{ij} - \overline{x_j})^2}{p-1}} \tag{5.6}$$

那么,第 j 项评价指标的变异系数是

$$v_j = \frac{s_j}{\overline{x_j}}, j = 1, 2, \cdots, m \tag{5.7}$$

然后对变异系数归一化,得到各指标的权重

$$\omega_j = \frac{v_j}{\sum_{j=1}^{m} v_j}, j = 1, 2, \cdots, m \tag{5.8}$$

2. 信息熵权法

熵最先由美国数学家 Shannon 应用在信息论,如今在工程技术、社会经济、系统科学等领域得到了非常广泛的应用[10,11]。信息熵权法的核心思想是根据指标变异程度的大小来确定客观权重。具体来说,若某个指标的信息熵越小,表明指标值的变异程度越大,则该指标能够提供的信息量越多,在综合评价中能起到的作用越大,应赋予该指标的权重也就越大;相反,某个指标的信息熵越大,表明指标值的变异程度越小,该指标能够提供的信息量也越少,在综合评价中所起到的作用也相应越小,那么应该赋予的权重也就越小。

这里,同样假设有 p 个待评价样本,m 个评价指标,形成原始指标数据矩阵:

$$X = \begin{bmatrix} x_{11} & x_{12} & \cdots & x_{1m} \\ x_{21} & x_{22} & \cdots & x_{2m} \\ \vdots & \vdots & \ddots & \vdots \\ x_{p1} & x_{p2} & \cdots & x_{pm} \end{bmatrix} \tag{5.9}$$

其中 x_{ij} 表示第 i 个样本第 j 项评价指标的数值,那么求各指标值的权重过程为:

(1)计算第 j 个指标下第 i 个样本的指标值的比重 g_{ij}:

$$g_{ij} = \frac{x_{ij}}{\sum_{i=1}^{p} x_{ij}} \tag{5.10}$$

（2）计算第 j 个指标的熵值 e_j：

$$e_j = -k \sum_{i=1}^{p} g_{ij} \cdot \ln g_{ij}, k = 1/\ln p \qquad (5.11)$$

（3）计算第 j 个指标的熵权 ω_j：

$$\omega_j = (1 - e_j) / \sum_{j=1}^{m} (1 - e_j) \qquad (5.12)$$

（4）确定指标的综合权数 β_j：

假设评估者根据实际评价目的和指标的重要性将指标权重确定为 $\alpha_j, j = 1, 2, \cdots\cdots m$，再根据该指标的熵权 ω_j，可以计算得到指标 j 的综合权数

$$\beta_j = \frac{\alpha_j \omega_j}{\sum_{j=1}^{n} \alpha_j \omega_j} \qquad (5.13)$$

如果所有评价样本在指标 j 上的值完全相同，则该指标的熵达到最大值 1，其熵权就为 0，这时候说明指标 j 不能向评估者提供有用的评价信息，即在指标 j 下，所有的评价对象对决策者说都是没有差异的，那么该指标就没有存在的必要性。因此，熵权并不是决策评估问题中表示评价指标的重要性系数，而是从信息的角度出发，表示该指标在决策问题中提供有用信息多或是少的区分度。

（五）多因素模糊评价模型

利用适当的合成算子（可选择加权平均型）将权重集 W 与模糊关系矩阵 R 合成在一起，得到各个被评价对象的模糊综合评价结果向量 B。模糊关系矩阵 R 中不同的行反映了某个被评价对象从不同的单因素来看对各等级模糊子集的隶属程度。用模糊权重集 W 将不同的行进行综合，就可以得到该被评价对象对各等级模糊子集的隶属程度，即是模糊综合评价结果向量 B。

模糊综合评价的模型为：

$$B = W \cdot R = (\omega_1, \omega_2, \cdots \omega_m) \begin{bmatrix} r_{11} & r_{12} & \cdots & r_{1n} \\ r_{21} & r_{22} & \cdots & r_{2n} \\ \vdots & \vdots & \ddots & \vdots \\ r_{m1} & r_{m2} & \cdots & r_{mn} \end{bmatrix} = (b_1, b_2, \cdots b_n) \qquad (5.14)$$

其中 $b_j(j = 1, 2, \cdots n)$ 是由权重集 W 与模糊关系矩阵 R 的第 j 列运算得到的，表示被评价对象从整体上看对 V_j 等级模糊子集的隶属程度。

（六）分析评价结果

从前面步骤可以看出，模糊综合评价就是被评价对象从评价整体上对各个等级模糊子集的隶属度，因此，它不是一个单点值，而是一个模糊向量。由于模糊综合评价法提供的信息比其他评价方法更丰富，它才得到非常广泛的应用。进一步看，如果要对多个对象进行评价比较，则需计算每个评价对象的综合分值，决策者就可以按照评分择优。

三、流域生态文明建设指标体系

生态文明建设评估体系主要内容包含三个部分：评估指标体系框架；评估指标体系；指标说明。

（一）指标体系框架建构

长江经济带省域生态文明建设评估指标体系由目标层、准则层以及决策层三级指标构成，其中，准则层指标 6 个，决策层指标 37 个。准则层指标为生态制度、生态空间、生态安全、生态经济、生态生活和生态文化。生态制度包含 7 个决策层指标；生态空间包含 5 个决策层指标；生态安全包含 7 个决策层指标；生态经济包含 6 个决策层指标；生态生活包含 6 个决策层指标；生态文化包含 6 个决策层指标。（详见图 5-1 长江经济带生态文明建设评估指标体系框架图）

图 5-1　长江经济带生态文明建设评估指标体系框架图

（二）指标体系建构

目标层	准则层	决策层	指标属性		牵头部门
生态文明建设评价指标体系	生态制度 B1	生态文明建设规划 B11	主观	A1	生态环境局
		河湖长制 B12	主观	A2	水务局
		林长制 B13	主观	A2	林业和草原局
		生态产品市场化机制 B14	主观	C	两山办
		生态文明建设工作占党政实绩考核比例 B15	客观	效益型	目标督查和保密事务中心
		政府绿色采购比例 B16	客观	效益型	财政局
		生态环境信息公开率 B17	客观	效益型	生态环境局

目标层	准则层	决策层	指标属性		牵头部门
生态文明建设评价指标体系	生态空间 B2	永久基本农田保护 B21	主观	A2	自然资源局
		自然生态空间 B22 　生态保护红线 　自然保护地	主观	A1	自然资源局
		河湖岸线保护率 B23	客观	效益型	水务局
		林草覆盖率 B24	客观	效益型	林业和草原局
		城镇人均公园绿地面积 B25	客观	效益型	住房和城乡建设局
	生态安全 B3	水环境质量 B31 　水质达到或优于Ⅲ类水体比例 　劣Ⅴ类水体比例 　黑臭水体消除比例	客观	效益型	生态环境局
		突发生态环境事件应急管理机制 B32	主观	A1	生态环境局
		环境空气质量 B33 　优良天数比例 　$PM_{2.5}$ 浓度下降幅度	客观	效益型	生态环境局
		生态环境状况指数 B34	客观	效益型	生态环境局
		危险废物安全处置率 B35	客观	效益型	生态环境局
		主要污染物排放量 B36	客观	成本型	生态环境局
		生态环保投入占 GDP 比重 B37	客观	效益型	财政局
	生态经济 B4	单位 GDP 建设用地面积降低率 B41	客观	效益型	自然资源局
		单位 GDP 能耗降低率 B42	客观	效益型	发展和改革局
		单位 GDP 用水量降低率 B43	客观	效益型	水务局
		工业废弃物综合利用率 B44	客观	效益型	工业和信息化主管部
		生态旅游收入占服务业总产值比重 B45	客观	效益型	文化体育和旅游局
		生态补偿类财政收入占财政总收入比重 B46	客观	效益型	财政局
	生态生活 B5	集中式饮用水水源地水质优良比例 B51	客观	效益型	生态环境局
		污水处理率 B52 　城镇污水处理率 　农村污水处理率	客观	效益型	住房和城乡建设局 生态环境局
		城镇生活垃圾无害化处理率 B53	客观	效益型	住房和城乡建设局
		城镇新建绿色建筑比例 B54	客观	效益型	住房和城乡建设局
		城镇绿色出行率 B55	客观	效益型	交通运输局

目标层	准则层	决策层	指标属性		牵头部门
生态文明建设评价指标体系	生态生活 B5	绿色产品市场占有率 B56 高效节能产品市场占有率 在售用水器具中节水器具占比 一次性消费品人均使用量	客观	效益型	统计局
	生态文化 B6	非物质文化遗产保护 B61	主观	B	文化体育和旅游局
		生态文化品牌 B62	主观	C	文化体育和旅游局
		生态教育和宣传 B63	主观	C	宣传部
		党政领导干部参加生态文明培训的人数比例 B64	客观	效益型	目标督查和保密事务中心
		公众对生态文明建设的参与度 B65	主观	C	宣传部
		公众对生态文明建设的满意度 B66	主观	C	宣传部

注:在主观指标中,标"A"的为约束性目标,标"B"的为预期性指标,标"C"的为参考性指标。按照重要性排序为 A>B>C,标"A"的指标权数为 3.20%/3.00%,标"B"的指标权数为 2.50%,标"C"的指标权数为 2.00%。其中 A 类指标中的 A1 是指指标重要级别高,或者指标值远超过国家标准,权重为 3.20%,A2 的权重为 3.00%。

(三)指标的生态经济内涵

1. 生态文明建设规划 B11

指标解释:创建地区围绕推进生态文明建设和推动国家生态文明建设示范市县创建工作,组织编制的具有自身特色的建设规划。规划应由同级人民代表大会(或其常务委员会)或本级人民政府审议后颁布实施。

2. 河湖长制 B12

指标解释:由各级党政主要负责人担任行政区域内河长、湖长,落实属地责任,健全长效机制,协调整合各方力量,促进水资源保护、水域岸线管理、水污染防治、水环境治理等工作。具体按照《关于全面推行河长制的意见》及各省相关文件执行。

建立县、乡主要负责人担任"河长"和"湖长"的制度,负责组织开展相应河湖的管理和保护工作。建立河长会议制度、信息共享制度、工作督察制度;强化考核问责,实行差异化绩效评价考核;加强社会监督,建立河湖管理保护信息发布平台。

3. 林长制 B13

指标解释:建立县、乡、村三级林长制体系,形成党委政府牵头、林业部门主抓、其他部门分工负责的工作运行机制。确保一山一坡、一园一林都有专员专管、责任到人,强化考核问责。

4. 生态产品市场化机制 B14

指标解释:行政区域内围绕生态产品及其价值市场化交易、运行建立的政策机制。参考《生态文明体制改革总体方案》,生态产品市场化机制主要包括用能权和碳排放权交易制度、排污权交易制度、水权交易制度、绿色金融体系等。

5. 生态文明建设工作占党政工作绩效考核比例 B15

指标解释:在制定地区政府对下级政府党政干部工作绩效考核标准中,生态文明建设工作所占的比例。包括生态文明制度建设和体制改革、生态环境保护、资源能源节约、绿色发展等方面。县级要对乡镇党政领导干部考核,市级要对县级党政领导干部考核。该指标旨在推动创建地区将生态文明建设工作纳入党政工作绩效考核范围,通过目标考核,务必把生态文明建设工作任务落到实处。

计算公式:

$$生态文明建设工作占党政实绩考核的比例=\frac{生态文明相关考核分值}{绩效考评总分值}\times100\%$$

6. 政府绿色采购比例 B16

指标解释:行政区域内政府采购有利于绿色、循环和低碳发展的产品规模占同类产品政府采购规模的比例。采购要求按照《关于调整优化节能产品、环境标志产品政府采购执行机制的通知》(财库〔2019〕9号)执行。

计算公式:

$$政府绿色采购比例=\frac{政府绿色采购规模}{同类产品政府采购规模}\times100\%$$

7. 生态环境信息公开率 B17

指标解释:政府主动公开生态环境信息和企业强制性生态环境信息公开的比例。生态环境信息公开工作按照《政府信息公开条例》(国务院令第711号)和《环境信息公开办法(试行)》(国家环保总局令第35号)要求开展,其中污染源环境信息公开的具体内容和标准,按照《企事业单位环境信息公开办法》(环境保护部令第31号)、《关于加强污染源环境监管信息公开工作的通知》(环发〔2013〕74号)、《关于印发〈国家重点监控企业自行监测及信息公开办法(试行)〉和〈国家重点监控企业污染源监督性监测及信息公开办法(试行)〉的通知》(环发〔2013〕81号)等要求执行。

8. 永久基本农田保护 B21

指标解释:根据2018年印发的《关于全面实行永久基本农田特殊保护的通知》,以守住基本农田控制线为目标,以建立健全"划、建、管、补、护"长效机制为重点,巩固永久基本农田划定成果,完善保护措施,提高监管水平,保护行政区内的永久基本农田。

9. 自然生态空间 B22

（1）生态保护红线

指标解释：在生态空间范围内具有特殊重要生态功能、必须强制性严格保护的区域，是保障和维护国家生态安全的底线和生命线，通常包括具有重要水源涵养、生物多样性维护、水土保持、防风固沙、海岸生态稳定等生态功能的重要区域，以及水土流失、土地沙化、石漠化、盐渍化等生态环境敏感脆弱区域。要求建立生态保护红线制度，确保生态保护红线面积不减少，性质不改变，主导生态功能不降低。主导生态功能评价暂时参照《生态保护红线划定指南》（环办生态〔2017〕48 号）和《关于开展生态保护红线评估工作的函》（自然资办函〔2019〕125 号）。

（2）自然保护地

指标解释：由政府依法划定或确认，对重要的自然生态系统、自然遗迹、自然景观及其所承载的自然资源、生态功能和文化价值实施长期保护的陆域或海域，包括国家公园、自然保护区以及森林公园、地质公园、海洋公园、湿地公园等各类自然公园。

10. 河湖岸线保护率 B23

指标解释：行政区域内划入岸线保护区、岸线保留区的岸段长度占河湖岸线总长度的比例。河湖岸线指河流两侧、湖泊周边一定范围内水陆相交的带状区域。岸线保护区、岸线保留区、岸线控制利用区及岸线开发利用区划定参照《河湖岸线保护与利用规划编制指南（试行）》（办河湖函〔2019〕394 号）。

计算公式：

$$河湖岸线保护率 = \frac{列入岸线保护区、岸线保留区的长度}{河湖岸线总长度} \times 100\%$$

11. 林草覆盖率 B24

指标解释：行政区域内森林、草地面积之和占土地总面积的百分比。森林面积包括郁闭度 0.2 以上的乔木林地面积和竹林地面积、国家特别规定的灌木林地面积、农田林网以及村旁、路旁、水旁、宅旁林木的覆盖面积。草地面积指生长草本植物为主的土地，执行《土地利用现状分类》（GB/T 21010—2017）。

计算公式：

$$林草覆盖率 = \frac{森林面积 + 草地面积}{土地总面积} \times 100\%$$

12. 城镇人均公园绿地面积 B25

指标解释：指城镇公园绿地面积的人均占有量。公园绿地指政府向广大民众开放，具有游憩、生态、景观、娱乐、应急避险和服务设施等功能的绿化区域。公园绿地面积的统计方式应以 2018 年 6 月 1 日实施的《城市绿地分类标准》（CJJ/T 85—2017）为主要依据。计算公式：

$$城镇人均公园绿地面积=\frac{公园绿地面积（平方米）}{建成区内城区人口数量（人）}\times100\%$$

13. 水环境质量 B31

该评价指标参照《地表水环境质量标准》（GB 3838—2002）和《地下水质量标准》（GB/T 14848—2017）执行。

（1）水质达到或优于Ⅲ类水体比例

指标解释：行政区域内在评估年份地表水以及地下水水质达到或优于Ⅲ类比例。地表水水质达到或优于Ⅲ类比例指行政区域内主要监测断面水质达到或优于Ⅲ类水的比例。地下水水质达到或优于Ⅲ类比例指行政区域内监测点网水质达到或优于Ⅲ类水的比例。

（2）劣Ⅴ类水体比例

指标解释：行政区域在评估年份劣Ⅴ类水体比例，包括地表水以及地下水劣Ⅴ类水体比例。地表水劣Ⅴ类水体比例指行政区域内主要监测断面劣Ⅴ类水体比例。地下水劣Ⅴ类水体比例指行政区域内监测网点劣Ⅴ类水体比例。

（3）黑臭水体清除比例

指标解释：行政区域内黑臭水体消除数量占黑臭水体总量的比例。

计算公式：

$$黑臭水体消除比例=\frac{黑臭水体消除数量}{行政区内黑臭水体总量}\times100\%$$

14. 突发生态环境破坏事件应急管理机制 B32

指标解释：制定重大或特大突发生态环境事件的应急预案。要求三年内无国家或相关部委认定的资源环境重大破坏事件，无重大污染和危险废物非法转移、倾倒事件。这里，重大或特大突发环境事件的判别参照《国家突发环境事件应急预案》（国办函〔2014〕119 号）分级规定。

15. 环境空气质量 B33

（1）优良天数比例

指标解释：行政区域内空气质量达到或优于二级标准的天数占全年有效监测天数的比例。优良天气的认定参照《环境空气质量标准》（GB 3095—2012）和《环境空气质量指数（AQI）技术规定（试行）》（HJ 633—2012）执行。

计算公式：

$$优良天数比例=\frac{空气质量达到或优于二级标准的天数}{全年有效监测天数}\times100\%$$

（2）$PM_{2.5}$ 浓度下降率

指标解释：评估年 $PM_{2.5}$ 浓度与基准年相比降低的比例。PM2.5 浓度大小按照《环境空气质量标准》（GB 3095—2012）和《环境空气质量评价技术规定（试行）》（HJ 663—2013）进行计算。

16. 生态环境状况指数 B34

指标解释：表征行政区域内生态环境质量状况的生物丰度指数、植被覆盖指数、水网密度指数、土地胁迫指数、污染负荷指数和环境限制指数的综合反映。指数参照执行《生态环境状况评价技术规范》（HJ 192—2015）标准，要求其大于等于 55 且不降低。

计算公式：

生态环境状况指数＝0.35×生物丰度指数＋0.25×植被覆盖指数＋0.15×水网密度指数＋0.15×（100－土地胁迫指数）＋0.10×（100－污染负荷指数）＋环境限制指数

17. 危险废物安全处置率 B35

指标解释：行政区域内危险物安全利用量占实际危险废物量的比例。危险废物的鉴定参照《国家危险废物名录》。

计算公式：

$$危险废物利用处置率＝\frac{危险废物利用量（吨）＋处置量（吨）}{危险废物产生量（吨）＋利用往年贮存量（吨）＋处置往年贮存量（吨）}×100\%$$

18. 主要污染物减排 B36

（1）化学需氧量排放削减量

指标解释：该指标旨在考核是否按时完成上级政府下达的化学需氧量排放总量减排任务。按上级政府下发的减排目标任务执行。

（2）氨氮排放削减量

指标解释：该指标旨在考核是否按时完成上级政府下达的氨氮排放总量减排任务。按上级政府下发的减排目标任务执行。

（3）二氧化硫排放削减量

指标解释：该指标旨在考核是否按时完成上级政府下达的二氧化硫排放总量减排任务。按上级政府下发的减排目标任务执行。

（4）氮氧化物排放削减量

指标解释：该指标旨在考核是否按时完成上级政府下达的氮氧化物排放总量减排任务。按上级政府下发的减排目标任务执行。

19. 生态环保投入占 GDP 比重 B37

指标解释：行政区域内每年生态环境保护、治理的投入金额占该行政区生产总值（GDP）的比重。这是反映该行政区对生态环境的重视程度和衡量政府生态环境治理工作开展情况最有效直观的指标。

计算公式:

$$生态环保投入占GDP比重(\%)=\frac{生态环保投资额(万元)}{当年GDP(万元)}\times100\%$$

注:GDP与生态环保投入同步核算,GDP按可比价计算。环境治理投入包括创建地区各项污染源头治理、生态环境基础设施建设、环境应急管理能力建设等方面的投入资金。

20. 单位 GDP 建设用地面积下降率 B41

指标解释:指一定时期内,某行政区域每生产万元国内生产总值(GDP)所使用的建设用地面积。根据《关于落实"十三五"单位国内生产总值建设用地使用面积下降目标的指导意见》,到 2020 年四川省平均单位 GDP 建设用地面积需减低 22.00%,年度下降率不得低于 4.4%。

计算公式:

$$单位 GDP 建设用地面积=\frac{建设用地面积(万亩)}{地区生产总值(GDP)(万元)}$$

21. 单位 GDP 能源消耗降低率 B42

指标解释:行政区内单位地区生产总值(GDP)的能源消耗下降比例,是反映能源消费水平和考核资源利用效率的主要指标。

计算公式:

$$单位地区生产总值能耗=\frac{能源消耗总量(吨标煤)}{地区生产总值(GDP)(万元)}$$

22. 单位 GDP 用水量降低率 B43

指标解释:行政区内单位地区生产总值所消耗的水资源量的下降比例。要求行政区单位 GDP 用水量总量不超过国家或上级政府下达的水资源总量最大值。

计算公式:

$$单位地区生产总值用水量=\frac{用水总量(立方米)}{地区生产总值(GDP)(万元)}$$

23. 工业固废综合利用率 B44

指标解释:工业固体废物综合利用量占工业固体废物总量的百分比。这里的工业固体废物总量包括本次工业生产过程中固体废物产生量以及前期未完全处理的固体废物储存量。

计算公式:

$$工业废弃物综合利用率=\frac{综合利用的工业废弃物量}{工业固体废物产生量+综合利用往年贮存量}\times100\%$$

24. 生态旅游收入占服务业总产值比重 B45

指标解释:在行政区内,零污染、零排放旅游收入对服务业总产值的贡献率,是反映保护环境、保护生态平衡的新型旅游发展状况的主要指标。

计算公式：

$$生态旅游收入占服务业总产值比重（\%）= \frac{当年生态旅游收入（万元）}{当年服务业总产值（万元）} \times 100\%$$

25. 生态补偿类财政收入占财政总收入比重 B46

指标解释：指行政区域内生态补偿类财政收入占财政总收入的比例，是间接反映生态环境治理成效的主要指标。生态补偿财政收入包括上级转移支付及同级各地方政府之间的横向转移支付。

计算公式：

$$生态补偿财政收入占总财政收入比重（\%）= \frac{当年生态补偿类财政收入（万元）}{当年财政总收入（万元）} \times 100\%$$

26. 集中式饮用水水源地水质优良比例 B51

指标解释：行政区域内集中式饮用水水源地，其地表水和地下水水质达到或优于Ⅲ类标准的水源地个数占水源地总个数的百分比。其中地表水以及地下水水质标准分别参照《地表水环境质量标准》（GB 3838—2002）和《地下水质量标准》（GB/T 14848—2017）。

计算公式：

$$集中式饮用水水源地水质优良比例 = \frac{集中式饮用水水源地水质达到或优于Ⅲ类的水源个数}{集中式饮用水水源地总个数}$$
$$\times 100\%$$

27. 污水处理率 B52

（1）城镇污水处理率

指标解释：在县城或城镇建成区内产生的污水，经过污水处理厂或湿地处理系统等其他污水处理设施处理后的排放量占污水排放总量的比例。要求污水处理根据《城镇排水与污水处理条例》（国务院令第 641 号）有关规定执行。

计算公式：

$$城镇污水处理率 = \frac{污水厂达标排放量＋其他污水处理设施达标排放量}{城镇污水排放总量} \times 100\%$$

（2）农村污水处理率

指标解释：建成污水处理设施的行政村数量在行政村总数量的占比。

计算公式：

$$农村污水处理率 = \frac{建成污水处理设施的行政村数量}{行政村总数量} \times 100\%$$

28. 城镇生活垃圾无害化处理率 B53

指标解释：城镇建成区内生活垃圾无害化处理量占垃圾产生量的比值。在统计上，由于生活垃圾产生量不易取得,可用清运量代替。有关标准参照《生活垃圾焚烧污染控制标准》(GB 18485—2014)和《生活垃圾填埋污染控制标准》(GB 16889—2008)执行。

计算公式:

$$城镇生活垃圾无害化处理率 = \frac{生活垃圾无害化处理量(吨)}{城镇生活垃圾产生量(吨)} \times 100\%$$

注:根据《关于印发〈"十三五"全国城镇生活垃圾无害化处理设施建设规划〉的通知》(发改环资〔2016〕2851号)要求,特殊困难地区可适当放宽。

29. 城镇绿色建筑占新建建筑比例 B54

指标解释:城镇建成区内在一段时间内的绿色建筑面积占新建建筑总面积的百分比。这里的绿色建筑是指能够实现节约能源、减少碳排放目的的建筑物,是布局合理、立体绿化的可持续性建筑,能最大限度实现环保、节能以及和谐。

计算公式:

$$城镇新建绿色建筑比例 = \frac{新建绿色建筑面积}{城镇新建建筑总面积} \times 100\%$$

注:是否为绿色建筑物参照《绿色建筑评价标准》(GB/T 50378—2019)执行。

30. 城镇绿色出行率 B55

指标解释:居民在城镇地区范围内,使用城市轨道交通、公共电动汽车、共享电动单车、自行车以及步行等绿色方式出行人数占城镇居民交通出行总人数的比例。要求该出行比例不低于 70.00%,居民绿色出行满意率不低于 80.00%。

计算公式:

$$公共交通出行率 = \frac{绿色方式出行的人次}{交通出行总人次} \times 100\%$$

31. 绿色产品市场占有率 B56

(1)节能家电市场占有率

指标解释:二级能耗以上的洗衣机、电视、冰箱、空调等日常家用电器占市场家电总量的比例。该指标体现居民的绿色消费程度,具体数据参照《高效节能家电产品销售统计调查制度》(发展改革委公告 2019 年第 2 号)计算。

(2)节水器具普及率

指标解释:通过市场抽检,用水器具中节水型器具(比如陶瓷片快开式水龙头、一次冲水量坐便器、感应式水龙头等等)数量占在用总的用水器具数量的比例。该指标值以该地区节水型社会达标工作相关部门进行抽样调查所得数据的平均值为准。

注:是否为节水器具参照国家行业标准《节水型生活用水器具》(CJ/T164—2014)执行。

(3)一次性日常消费品使用率

指标解释:该地区居民使用的一次性物品数量,如白色塑料盒、一次性纸杯等占日常总消费品的比例。一次性消费品既浪费材料而且用过后不能循环使用,却又无法加工处理,可能对生态环境造成破坏,该指标值以统计部门或独立调查机构通过抽样问卷调查所得数据的平均值为准。

32. 非物质文化遗产保护 B61

指标解释:相关部门对非物质文化遗产保护的制度建设、传习教育基地建设、文化宣传、活动展示、人才培养(包括非遗传承人、管理者和参与者)、国家省州县非遗申请、文化价值转化等工作开展情况。

33. 生态文化品牌 B62

指标解释:以提供多样化的生态文化产品和生态文化服务为主,以促进人与自然和谐为最高理念,能够向普通民众传播生态的、环保的、文明的信息与意识,力争实现生态、文化、经济协调发展的国际、国内品牌识别。如世界文化自然遗产、国家级非物质文化遗产、全国文明城市、国家生态文明示范区、国家级湿地公园、各级自然保护区、国家级自然博物馆、国家级生态旅游示范区等。

34. 生态教育和宣传 B63

指标解释:利用各种媒体(电视、广播、杂志、互联网、手机等)向广大民众进行生态文明建设和环境友好型社会建设的教育和宣传,包括垃圾分类、节水节电、绿色出行、低碳生活等,务必形成制度化、多元化、系列化、全方位、持久性宣传教育,增强全民节约意识、环保意识、生态意识,营造爱护生态环境的良好风气。

35. 各级党政领导干部参加生态文明培训的人数比 B64

指标解释:行政区域内副科级以上在职党政领导干部参与的各种培训形式(集中轮训、主体班培训、专题班培训、网络培训、任职考试、日常学习培训等)的人数比例。

计算公式:

$$党政领导干部参加生态文明培训的人数比例 = \frac{副科级以上干部参加生态文明培训的人数}{副科级以上党政领导干部人数}$$

$\times 100\%$

36. 生态文明建设参与度 B65

指标解释:公众与各种生态文明建设事项的紧密联系程度。该指标值通过当地统计部门以访谈、问卷调查等抽样方式获取,旨在反映公众对生态环境建设、节能减排活动以及绿色生活、绿色消费,加大绿色经济、循环经济和低碳技术在整个经济结构中比重等各种各样生态文明建设活动的参与程度。

37. 生态文明建设满意度 B66

指标解释:公众对生态文明建设工作开展、生态文明工作成效等的满意程度。该指标以统计部门或相关独立调查机构通过访谈、问卷调查等方式收集近期公众对生态文明建设情况的反馈信息,以获取数据的平均值作为考核依据。生态文明建设的抽样调查对象是由性质相同的各个调查单位的不同人群组成,要体现代表性;调查问卷的设置应涉及生态制度建设、生态环境、生态基础设施建设、生态型旅游、生态保护、生态效率、生态环保宣传、生态系统自我调节能力等相关领域。

第二节　长江经济带生态文明建设成效空间异质性分析

一、长江经济带生态文明综合建设成效空间异质性

(一)实证过程

1. 数据收集与数据处理。长江经济带生态文明指标体系中的数据分为两大类:客观数据和主观数据。客观数据来源于 2012—2019 年的《中国统计年鉴》《中国能源统计年鉴》《中国环境统计年鉴》以及根据这些年鉴数据计算整理所得;而主观评价数据由评估单位根据现场调研和问卷采访等方式获取。

客观指标属性分为成本型和效益型。成本型指标的数据一般是投入成本,它与评价结果负向,也就是说这种类型指标值越小,评价结果越优先;效益型指标的数据一般指收益,它与评价结果同向,也就是说这种类型指标值越大,评价结果越优先。由于不同指标属性和计量单位都不尽相同,无法进行综合比较,为方便做数据分析,通过去量纲将所有成本型指标和效益型指标进行标准化,使其都成为正向指标,并且在 0~1 范围之内。成本型指标与效益型指标的标准化公式如下。

成本型指标:

$$r_{ij} = \frac{\min_j x_{ij}}{x_{ij}} \tag{5.15}$$

效益型指标:

$$r_{ij} = \frac{x_{ij}}{\max_j x_{ij}} \tag{5.16}$$

其中,r_{ij} 为第 i 个指标对象在第 j 项指标下标准化后的值,该值在 0~1 之间。x_{ij} 为原始数据,$\max_j x_{ij}$ 为第 j 项指标的最大值,$\min_j x_{ij}$ 为第 j 项指标的最小值。

主观性评价指标,如生态文明建设规划、文化丰度等是由评估单位专家进行评分,最后得分根据评估单位专家的平均分值及商议讨论共同决定。单项指标的最终得分为评分与权数的乘积,最后得分为各项指标分数相加的总和。

2. 指标权重确定。在指标体系的构建过程中,主观性评价指标权重的计算方法采用直接赋权法。比如,在主观性评价指标中,标"A"的为约束性目标,标"B"的为预期性指标,标"C"的为参考性指标。按照重要性排序为 A>B>C,标"A"的指标权数为 3.20%/3.00%,

标"B"的指标权数为 2.50%，标"C"的指标权数为 2.00%。其中 A 类指标中有部分优先级为 A1(重要级别高,或者指标值远超过国家标准),权重为 3.20%,有部分优先级为 A2,权重为 3.00%。而客观性评价指标权重的确定方法采用熵值法进行赋权。那么决策层各个指标 2012—2019 年的权重结果如下表 5-1 所示(结果保留四位小数)。

表 5-1   决策层各个指标 2012—2019 年的权重

指数	2012	2013	2014	2015	2016	2017	2018	2019
B11	0.020	0.020	0.025	0.025	0.032	0.032	0.032	0.032
B12	0.020	0.020	0.020	0.020	0.030	0.030	0.030	0.030
B13	0.025	0.030	0.025	0.030	0.030	0.030	0.025	0.030
B14	0.020	0.020	0.020	0.020	0.020	0.020	0.020	0.020
B15	0.030	0.030	0.030	0.030	0.030	0.025	0.030	0.030
B16	0.030	0.030	0.030	0.030	0.030	0.030	0.030	0.030
B17	0.030	0.030	0.030	0.030	0.030	0.030	0.030	0.030
B21	0.030	0.030	0.030	0.030	0.030	0.030	0.030	0.030
B22	0.032	0.032	0.032	0.032	0.032	0.032	0.032	0.032
B23	0.025	0.025	0.020	0.025	0.025	0.025	0.025	0.025
B24	0.025	0.030	0.030	0.025	0.025	0.025	0.030	0.025
B25	0.030	0.030	0.030	0.030	0.020	0.020	0.020	0.020
B31	0.032	0.032	0.032	0.032	0.032	0.032	0.032	0.032
B32	0.032	0.032	0.032	0.032	0.032	0.032	0.032	0.032
B33	0.032	0.030	0.030	0.032	0.032	0.032	0.032	0.032
B34	0.032	0.032	0.032	0.032	0.032	0.032	0.030	0.032
B35	0.032	0.032	0.032	0.032	0.032	0.030	0.032	0.032
B36	0.030	0.030	0.030	0.030	0.030	0.030	0.030	0.030
B37	0.030	0.032	0.032	0.030	0.030	0.030	0.032	0.030
B41	0.032	0.032	0.032	0.032	0.025	0.020	0.025	0.025
B42	0.030	0.030	0.030	0.030	0.030	0.030	0.030	0.030
B43	0.030	0.030	0.030	0.030	0.030	0.030	0.030	0.030
B44	0.020	0.020	0.020	0.020	0.020	0.025	0.020	0.020
B45	0.032	0.030	0.032	0.032	0.025	0.025	0.025	0.025
B46	0.030	0.030	0.030	0.030	0.030	0.030	0.030	0.030

指数	2012	2013	2014	2015	2016	2017	2018	2019
B51	0.032	0.032	0.032	0.032	0.032	0.032	0.032	0.032
B52	0.030	0.032	0.030	0.030	0.030	0.030	0.030	0.030
B53	0.032	0.032	0.032	0.032	0.032	0.032	0.032	0.032
B54	0.020	0.020	0.020	0.020	0.020	0.025	0.020	0.020
B55	0.020	0.020	0.020	0.020	0.020	0.020	0.020	0.020
B56	0.020	0.020	0.020	0.020	0.020	0.020	0.020	0.020
B61	0.030	0.025	0.025	0.025	0.025	0.025	0.025	0.025
B62	0.020	0.020	0.020	0.020	0.020	0.020	0.020	0.020
B63	0.020	0.020	0.020	0.020	0.020	0.020	0.020	0.020
B64	0.025	0.025	0.025	0.025	0.032	0.032	0.025	0.032
B65	0.025	0.020	0.020	0.020	0.020	0.020	0.020	0.020
B66	0.020	0.020	0.020	0.020	0.020	0.020	0.020	0.020

3. 综合得分计算。在建立的生态文明建设评价指标体系下,根据 2012—2019 年经标准化处理后的所有指标数值 r_{ij} 以及决策层各个指标权重结果,可以计算出长江经济带 11 省市不同年份的生态文明建设水平综合评价结果向量 B,即 $B = \sum_{j=1}^{n} r_{ij} \times \omega_j$。所有评价对象的结果向量计算出来以后,就可以进行评价比较,哪一个评价对象的综合分值 B 的值越大,表明该省市的生态文明建设水平越高,建设生态文明的过程本质就是资源更加节约、环境更加友好的发展过程;反之,综合分值 B 越小,表明该省市的生态文明建设水平越低,则需要根据各个指标具体评价结果采取相应措施进一步改善生态文明建设状况。

(二)长江经济带整体建设状况空间异质性

2012—2019 年长江经济带 11 个省市生态文明综合评价结果如图 5-2 所示。总体而言,浙江省、上海市生态文明建设状况最优,江苏省、江西省、湖北省、湖南省、重庆市、四川省生态文明建设处于中间水平,安徽省、贵州省处于较差位置,无论是资源环境、经济发展还是社会生活,均存在一定的上升空间。2012—2015 年,长江经济带 11 省市生态文明建设总体得分偏低,虽然浙江、上海、江苏三地得分相对比较高,但是发展却很不稳定,并且得分最高的浙江与得分最低的贵州差距十分大。在"共抓大保护,不搞大开发"理念的指引下,长江经济带生态环境保护在 2016 年发生转折性变化,11 省市持续推进生态环境治理,促进经济社会发展全面绿色转型。在 2016 年生态文明建设年度评价结果中显示,浙江、上海、重庆、湖北、湖南、江苏、云南等长江经济带 7 个省市位居全国前十,绿色发展走在全国领先地位。在 2016—2019 年,虽然四川、江西、安徽以及贵州的综合得分仍然处于低水平位置,但是与浙江、上海的差距在缩小。

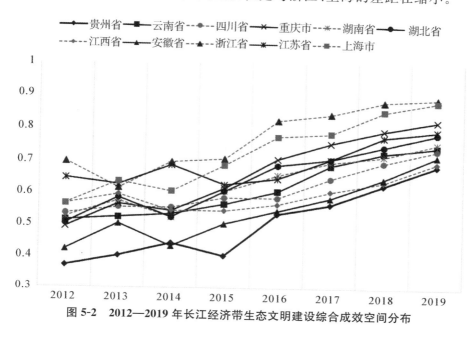

图 5-2　2012—2019 年长江经济带生态文明建设综合成效空间分布

二、长江经济带生态文明领域建设效果空间异质性

(一)生态制度

2014 年 9 月,国务院印发《关于依托黄金水道推动长江经济带发展的指导意见》,提出要"依托黄金水道推动长江经济带发展,打造中国经济新支撑带"。2016 年 1 月,习近平总书记在重庆主持召开推动长江经济带发展第一次座谈会,明确指出长江拥有独特的生态系统,是我国重要的生态宝库,必须坚持生态优先、绿色发展,以"共抓大保护,不搞大开发"的方式,坚持统筹协调、系统治理的思想来科学规划长江流域的可持续发展,为子孙后代谋福祉。2016 年 9 月,《长江经济带发展规划纲要》正式印发,并提出2020 年和 2030 年两个时间节点的绿色发展目标,要将长江经济带建成具有全球影响力的内河经济带、东中西互相合作的科学协调发展带。2018 年 4 月,习近平总书记在武汉主持召开第二次长江经济带发展座谈会,再次强调"必须从中华民族长远利益考虑把修复长江生态环境摆在压倒性位置""努力探索出一条生态优先,绿色发展的新路子"。

随着生态文明制度建设顶层设计逐渐清晰,长江经济带 11 个省市除了结合长江经济带总体发展规划制定了明确的生态环境保护规章制度以及行动计划之外,还结合各省市自身的山、水、空气、土壤、植被等各类自然资源禀赋以及具体的生态环境特点和问题,制定了具有针对性、更加有效的立法和具体实施办法。因此,从生态制度指标评价结果(见图5-3)看,11个省市均逐年呈上升趋势,2012—2015年相对平稳,2016—2019年上升趋势明显,这是因为干部群众的思想意识发生了根本变化,沿江省市和有关部门深入学习贯彻落实习近平总书记重要讲话精神,务必把修复长江生态环境摆在压倒性位置,生态优先、绿色发展的理念深入人心,成为整个社会经济发展的共识。其中江苏省总体评价结果最高,贵州省总体评价结果最低。

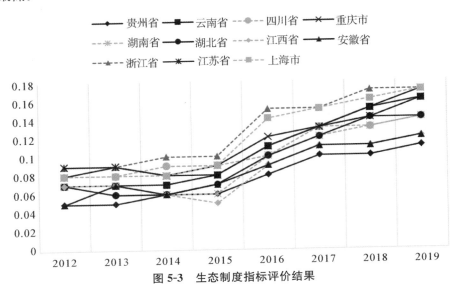

图5-3　生态制度指标评价结果

(二)生态空间

从生态空间指标评价结果(见图5-4)来看,上海市总体评价结果最低,重庆市总体评价结果最高。2018年,长江经济带的森林覆盖率已经达到42.00%,沿江大部分省(市)的森林覆盖率都在稳步提升,其中森林覆盖率最高的江西近几年都稳定63.1%,云南与浙江的森林覆盖率都已经超过60.00%。自2015年以来,水土保持基本国策被社会广泛认知,长江经济带实现水土流失动态监测全覆盖,治理成果显著,除上海外,其余10省(市)共计水土流失治理面积7577.7千公顷。2018年长江干支流自然岸线保有率已达到63.30%。除上海、贵州,其余城市城镇人均公园绿地面积都在全国城镇人均公园绿地面积之上,尤其是重庆,2015年的城镇人均公园绿地面积达到18.04平方米,最近几年的人均公园绿地面积也都在16平方米以上,可见,长江经济带各省市的环保基础设施长效管理机制都在正常运行。

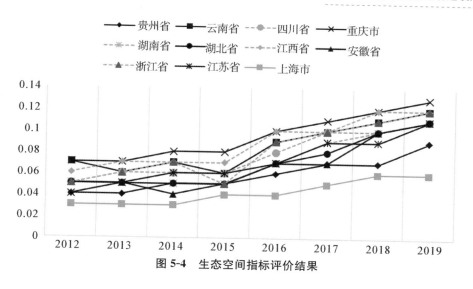

图 5-4　生态空间指标评价结果

（三）生态安全

从生态安全指标呈现结果（见图 5-5）总体来看，江苏省评价结果常年最低；云南省总体评价最高，并且生态安全水平从 2012 到 2019 年呈逐年上升趋势；浙江省、重庆市、上海市、四川省、安徽省 5 个省市的生态安全水平评价结果处于中间位置；江苏省、湖北省、湖南省在 2014 年分值最低，然后 2015—2019 年逐步呈上升趋势。

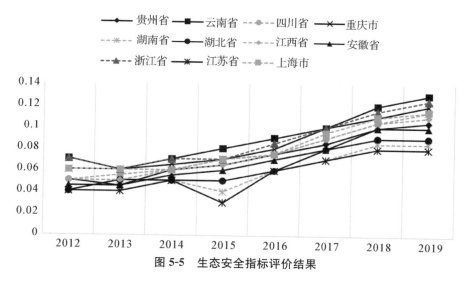

图 5-5　生态安全指标评价结果

从环境空气质量这个单指标来看，长江经济带各省市 2019 年的城市空气质量优良天数比例比 2015 年都有提高，空气优良率也从 2015 年的 81.30% 提高到 2019 年的 85.70% 左右，高于全国空气质量平均优良率 82.00%。另外，11 省（市）空气中的细颗粒物（$PM_{2.5}$）年均浓度均呈现逐年下降的良好态势，2012 年到 2019 年所有省市平均下降幅度超过了 20.00%，其中，贵州、云南、四川、江西、浙江、上海环境空气质量得分偏高，已经达到我国《环境空气质量标准》(GB 3095—2012)规定的优等空气质量标准(小于35微克/立方米)。在2010—2019年,生态安全指标得分最低的江苏省,13个省辖城市环境空气质量均未达到二级标准,PM$_{2.5}$浓度在2013年高达73微克/立方米。

从水环境质量这个单指标来看,2015年以来,整个长江流域生态环境大大改善,水质优良比例逐年提高,2019年水质优良比例已经达到91.70%,水环境质量总体优于全国平均水平,水功能区达标率也在不断提高。沿江各省(市)的水质优良断面比例均呈改善态势,截至2019年,劣Ⅴ类断面占比降至0.60%,其中浙江省自2017年起已消灭劣Ⅴ类水质河流断面,其余省市也有望全部消除。

浙江省的生态环境状况等级为优,生态环境状况指数常年位居全国前列,其余沿江城市的生态环境指数比较平稳,等级都在良好及以上。在2010—2019这十年中,随着环境污染问题的逐渐严重,沿江各省市的生态环保投入占当年GDP总量比重都达到3.00%左右。尤其重庆市在2018年,生态环保投入超过797亿元,占GDP比重达到3.38%,真金白银的投入、真抓实干的举措,让全市生态环境质量得到持续改善。

(四)生态经济

从生态经济指标评价结果(见图5-6)总体来看,上海、浙江、江苏属于高水平组,它们都是东部沿海省份,经济发达、GDP水平高,相应的生态足迹水平也位于全国前列;重庆、四川、江西、安徽、湖南、湖北属于中水平组,除了湖北和安徽,其余省市都能达到全国平均水平;而贵州、云南位于长江经济带11省市生态经济指标评价的低水平组,仍然具有很大的提升空间。下面,仅仅从单位GDP建设用地使用面积下降率、单位GDP能耗降低率、单位GDP用水量降低率以及工业废弃物综合利用率几个指标进行详细分析。

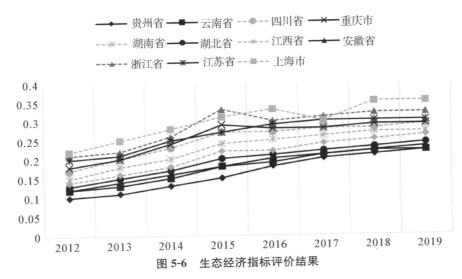

图5-6 生态经济指标评价结果

中国国土资源部、国家发展改革委发布《关于落实"十三五"单位国内生产总值建设用地使用面积下降目标的指导意见》明确表示：到 2020 年末，确保实现全国单位国内生产总值建设用地使用面积下降 20.00%。按照 2015 年的 GDP 数值，沿江省市对土地财政依赖程度较高的江苏、浙江、四川、湖北、安徽、江西等地，均为 22.00% 的较严格下降目标，上海因其特殊地位，下降指标为 20.00%。值得一提的是，安徽省强力推动集约用地，截至 2019 年底，单位 GDP 建设用地使用面积下降率达 28.00%。

产业绿色转型和发展是破解长江经济带资源和环境约束的关键所在，要推动长江经济带绿色发展，必须走绿色低碳、循环可持续发展之路。过去，高污染型产业在长江经济带占比较高，钢铁、有色金属、建材、化工和电力等项目密布长江沿线，导致长江经济带的工业能耗、物耗居高不下，主要污染物排放总量也完全超过环境承受能力。在《关于依托黄金水道推动长江经济带发展的指导意见》推出之后，长江经济带各省市也纷纷从优化制度供给、加强区域合作、创新体制机制多方面寻找良策。根据统计数据显示，2019 年长江经济带 11 省市单位 GDP 能耗比 2015 年平均降低 19.90%（见图 5-7），由相关统计数据可知，长江经济带各省市 2019 年单位 GDP 平均能耗为 0.495 吨标准煤/万元，低于全国平均水平的 0.52 吨标准煤/万元。这些统计数据说明，长江经济带正在逐步调整沿江重化工布局和结构，优化生产、生活和生态空间布局，推动实现全面绿色转型[12,13]。

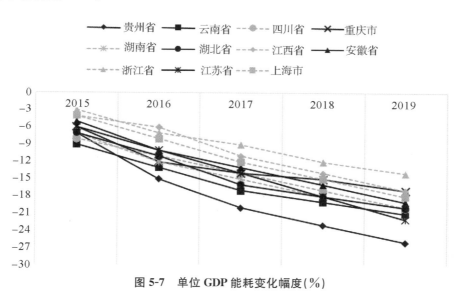

图 5-7　单位 GDP 能耗变化幅度（%）

根据水利部全国节约用水办对全国用水效率进行的统计：2019 年，中国万元国内生产总值用水量为 60.8 立方米，与 2015 年相比下降 23.80%，中国用水效率明显提升。长江经济带 11 省市更是积极贯彻落实中央部署，修复生态改善环境，推动形成绿色发展方式：从万元国内生产总值用水量来看，上海、浙江、重庆的用水效率排在全国前十，均低于 44 立方米。与 2015 年相比，浙江、安徽、四川、重庆的万元 GDP 用水量下降率也位于全国前十，降幅均超过 26％。

2019 年,全国工业固废综合利用量 19.49 亿吨,同比增长 0.73％,工业固体废物的综合利用率为 55.63％。近年来,长江经济带 11 省市的一般工业固体废物综合利用率也取得较大幅度提升,其中,上海市工业固体废弃物综合利用率一直高于 97.00％,利用水平、研发能力国内领先;江苏、浙江两省均能保持在 95.00％ 以上;湖南、湖北、安徽、重庆四地工业固体废物综合利用率稳定在 80.00％,高于全国水平;而江西、四川、云南、贵州四省是几个典型的大宗工业固废分布地域,因此,工业固体废物的综合利用率还有明显的提升空间。

(五)生态生活

从生态生活指标评价结果(见图 5-8)总体来看,长江经济带 11 省市的得分都比较高,大部分省份高于全国平均水平。其中,江苏、上海、浙江、四川、重庆属于高水平组,集中式饮用水水源地水质达标率以及城镇生活垃圾无害化处理率在最近几年都能达到 100.00％,而城市污水处理率也都在 95.00％ 以上;云南省得分最低,集中式饮用水水源地水质达标率、城镇生活垃圾无害化处理率以及城市污水处理率都是长江经济带 11 省市生态生活指标评价的最低水平。下面,仅从几个有突出代表性的指标进行详细分析。

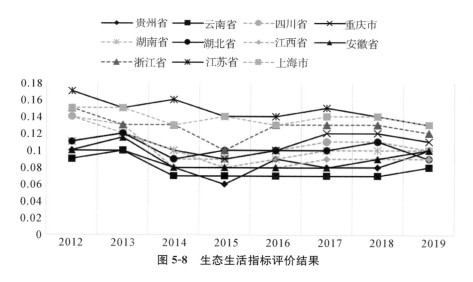

图 5-8　生态生活指标评价结果

2012—2019 年,长江经济带 11 省市的集中式饮用水水源水质达到或优于Ⅲ类比例以及城市污水处理率都在逐年上升。截至 2019 年,四川、重庆、江西、浙江和上海的集中式饮用水水源水质达到或优于Ⅲ类比例已经达到 100.00％;贵州、湖南以及安徽的集中式饮用水水源水质达到或优于Ⅲ类比例高于 95.00％;其余省市也能在 90.00％ 以上。另外,各省市都在不断加大水环境保护和治理工作的力度,通过多轮环保行动计划的实施,城镇污水处理系统不断完善,污水收集系统几乎覆盖各省市各城镇。除云南省,截至 2019 年,长江经济带其余省市的城镇污水处理率都接近 95.00%,污水对自然环境的影响在不断减少。

浙江、江苏、上海三地的城乡生活垃圾无害化处理水平位于长江经济带 11 省市前列。上海是全国首个全面开展生活垃圾分类的试点城市,在过去的城市生活垃圾管理体系基础上,增加了垃圾前端分类督导环节,让干湿垃圾从源头开始分离,对垃圾中转站进行督查,让湿垃圾转运、处理环节、可回收垃圾趋向于集中管理,同时将有害垃圾单独收集、运输和处置。2014 年后上海清运垃圾全部进行了无害化处理,2017 年上海垃圾清运量达到 743 万吨,人均垃圾清运量为 841 克/日,垃圾无害化处理就已经达到100.00%。"十三五"以来,江苏省生活垃圾处理能力大幅提升,截至 2019 年,全省城乡生活垃圾无害化处理率达 99.00%,垃圾焚烧方式处理占比全国第一。浙江设区市、县、农村生活垃圾分类收集覆盖面分别达 88.00%、78.00%、76.00%。通过分类处置,浙江省生活垃圾增长率从 2016 年的 12.2% 下降到 2019 年的 0.70%,无害化处理率达 100.00%。

近年,我国大力推动低碳建筑,2020 年城镇新建建筑中绿色建筑占有比例已经达到50.00%。江苏省绿色建筑发展一直处于全国领先位置,所有城镇新建建筑都得严格实行绿色设计,截至 2020 年,江苏省共有 486 个项目获得国家绿色建筑标识,已经超过全国绿色建筑标识总量的四分之一。根据江苏省住建部发布的《2018 年度江苏建筑业发展报告》,江苏省全年新增绿色建筑面积 14395.9 万平方米,城镇绿色建筑占新建建筑比例达 87.90%。绿色建筑、节能建筑总量继续保持全国第一。

(六)生态文化

从生态文化指标评价结果(见图 5-9)总体来看,浙江省的总体得分最高。浙江省注重凝聚社会各界的力量,合力推进非遗的保护传承,从 2006 年到 2014 年,由国务院批准文化部确定的国家级非物质文化遗产名录一共产生四批,而浙江省连续 4 次入选项目数量保持全国第一,国家级非物质文化遗产总计入选 217 项。浙江省遵循"弘扬生态文化,倡导绿化生活,共建生态文明"的宗旨,大力推进生态文明建设,积极挖掘了一批生态自然资源和生态人文资源,进一步弘扬了具有地方特色的生态文化传统,比如,评选"浙江省生态文化基地",大力培育文化旅游、生命健康等环境友好型产业,率先探索生态产品价值实现机制,加强了浙江生态文化自信、促进浙江生态省建设,提高了公众生态文明意识和生态文明建设。

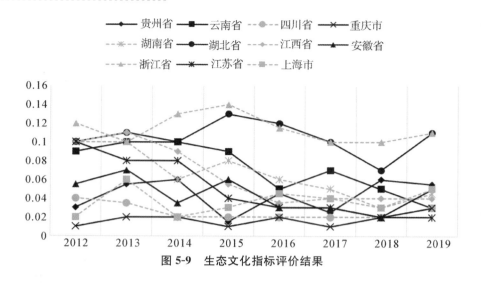

图 5-9　生态文化指标评价结果

三、长江经济带上中下游生态文明建设差异化分析

(一)上中下游分领域建设成效对比分析

长江经济带上游地区包括重庆市、四川省、云南省、贵州省 4 省市;中游地区是指江西、湖北、湖南三省;下游地区则包括上海市、江苏省、浙江省、安徽省 4 个省市。由表 5-2 中长江经济带上游、中游、下游地区生态文明建设水平综合得分可知,2012—2019 年所有年份长江下游区域生态文明建设水平评分都最高,中游地区得分其次,上游地区综合得分最低。从 6 个二级指标综合得分来看:下游地区生态制度建设水平、生态经济水平以及生态生活水平处于绝对优先地位,中游其次,上游最差;上游区域生态空间水平以及生态安全水平整体最优,中游其次,下游地区最差;但是上、中、下游区域的生态文化水平没有明显差距。结合各区域的不同现状,长江经济带下游地区应该在保持生态制度建设、生态经济以及生态生活水平优先的前提下,着重改善生态空间以及生态安全现状;而中、上游地区生态文明建设各指标有进一步提升的空间,但特别在 2016 年以后,与下游地区生态文明建设水平的差距明显缩小。

表 5-2　　　　　　　　长江经济带上游、中游、下游地区生态文明水平得分表

指标	区域	2012 年	2013 年	2014 年	2015 年	2016 年	2017 年	2018 年	2019 年
综合得分	下游地区得分均值	0.68	0.68	0.69	0.68	0.72	0.75	0.76	0.78
	中游地区得分均值	0.59	0.60	0.60	0.60	0.68	0.71	0.74	0.75
	上游地区得分均值	0.53	0.54	0.54	0.54	0.65	0.69	0.72	0.74
生态制度 B1	下游地区得分均值	0.12	0.11	0.12	0.11	0.13	0.13	0.13	0.13
	中游地区得分均值	0.08	0.09	0.09	0.09	0.11	0.12	0.12	0.12
	上游地区得分均值	0.06	0.07	0.07	0.07	0.10	0.11	0.11	0.11

指标	区域	2012 年	2013 年	2014 年	2015 年	2016 年	2017 年	2018 年	2019 年
生态空间 B2	下游地区得分均值	0.05	0.05	0.05	0.05	0.05	0.05	0.05	0.05
	中游地区得分均值	0.06	0.07	0.07	0.07	0.09	0.09	0.10	0.10
	上游地区得分均值	0.08	0.08	0.08	0.08	0.11	0.12	0.12	0.13
生态安全 B3	下游地区得分均值	0.11	0.12	0.12	0.12	0.11	0.12	0.12	0.13
	中游地区得分均值	0.14	0.13	0.13	0.13	0.13	0.14	0.14	0.14
	上游地区得分均值	0.15	0.15	0.15	0.15	0.15	0.15	0.16	0.16
生态经济 B4	下游地区得分均值	0.20	0.21	0.21	0.21	0.24	0.24	0.24	0.25
	中游地区得分均值	0.16	0.17	0.17	0.17	0.19	0.20	0.21	0.21
	上游地区得分均值	0.10	0.10	0.10	0.10	0.15	0.17	0.19	0.19
生态生活 B5	下游地区得分均值	0.12	0.11	0.12	0.11	0.12	0.13	0.13	0.13
	中游地区得分均值	0.08	0.07	0.07	0.07	0.09	0.09	0.10	0.11
	上游地区得分均值	0.06	0.06	0.07	0.06	0.07	0.07	0.07	0.07
生态文化 B6	下游地区得分均值	0.08	0.08	0.07	0.08	0.07	0.08	0.08	0.08
	中游地区得分均值	0.07	0.07	0.07	0.07	0.07	0.07	0.07	0.07
	上游地区得分均值	0.08	0.08	0.07	0.08	0.07	0.07	0.07	0.07

（二）上中下游生态文明综合建设水平差异性分析

由长江经济带上游、中游、下游地区生态文明建设各项指标得分情况可知，2012—2019年期间，长江经济带生态文明建设水平存在明显的区域差异。只有全面分析长江经济带生态文明建设的区域差异情况，才能全面协调长江经济带各区域经济与生态环境协调发展，才能优化经济带生态文明建设总体资源配置。根据研究内容，采用描述地区差异的统计指标泰尔（Theil）指数全面分析长江经济带生态文明建设水平的区域差异性。

1. Theil 指数。Theil 指数是由荷兰经济学家 H. Theil 提出，其值越低，配置公平性越好[14]。Theil 指数最先用作衡量个人之间或者地区间收入差距（或者称不平等度）的指标，后来逐渐被学者应用于地区差异分析研究领域。Theil 系数基于信息量及信息熵的概念衡量区域之间的差异，它具有可分解性，可以直接将区域间的总差异分解为组间差异和组内差异两部分，从而观察组间差异和组内差异各自的变动方向和变动幅度，以及分析各自在总差异中的占比情况。

假设将需分析的总样本分为 k 组，Theil 系数可以定义为

$$T_i = \frac{1}{n_i}\sum_{j=1}^{n_i}\ln\left(\frac{\overline{I_i}}{I_{ij}}\right) \tag{5.17}$$

其中，T_i 表示第 i 组区域的 Theil 系数值；n_i 表示第 i 组含 n_i 个地区；$\overline{I_i}$ 表示第 i 组指标 I 的均值；I_{ij} 表示第 i 组中 j 地区指标 I 的值。

因为 Theil 系数可以分解为组间和组内差异,那么指标 I 可以表示为

$$T = T_W + T_B = \sum_{i=1}^{k} \frac{n_i}{n} T_i + \sum_{i=1}^{k} \frac{n_i}{n} \ln\left(\frac{\overline{I}}{\overline{I}_i}\right) \tag{5.18}$$

其中,T 表示指标 I 区域间的总差异,$T_W = \sum_{i=1}^{k} \frac{n_i}{n} T_i$ 表示指标 I 的组内差异,$T_B = \sum_{i=1}^{k}$ $\frac{n_i}{n} \ln\left(\frac{\overline{I}}{\overline{I}_i}\right)$ 表示指标 I 的组间差异,$\overline{I}$ 是指标总样本的平均值。

2. 上中下游地区内部生态文明建设水平差异的 Theil 系数分析。由表 5-3 中 2012—2019 年长江经济带上中下游生态文明建设水平的 Theil 系数值和图 5-10 显示的长江经济带上中下游生态文明建设水平 Theil 系数变化趋势可知:下游地区生态文明建设水平差异性逐年递减,Theil 系数由 2012 年的最高值 0.03241 逐渐下降到 2019 年的最低值 0.01522,这些数据变化趋势说明,由于生态制度、生态补偿机制、生态环境保护、生态经济发展、绿色社会生活等方面溢出效应的影响,长江经济带下游地区各省市的生态文明建设水平差异性在逐渐缩小;中游地区差异性虽然在三大区域间最小,但是整体出现由增至减的变化趋势,2012 年呈最小值 0.00004,之后有逐年上升趋势,并在 2016 年达到最大值 0.00158,之后又逐年减小,可见虽然中游区域生态文明建设水平整体看来差异极小,但仍然需要进一步加强管理,打好污染防治攻坚战,防止生态文明建设水平的差距逐步拉大;上游地区 Theil 系数呈逐年降低趋势,由 2012 年最高值 0.01757 降至 2019 年的最低值 0.00300,表明区域内各省市都在致力生态保护管理体制改革、污染治理、生态修复,其生态文明建设水平差异正在逐渐缩小,正在逐步形成节约资源和保护环境的空间格局、产业结构以及绿色生产方式和生活方式。

表 5-3　　　2012—2019 年长江经济带上中下游生态文明建设水平的 Theil 系数

区域	2012 年	2013 年	2014 年	2015 年	2016 年	2017 年	2018 年	2019 年	均值
下游 T_1	0.03241	0.02946	0.03047	0.02079	0.02026	0.01805	0.01689	0.01522	0.02294
中游 T_2	0.00004	0.00005	0.00020	0.00017	0.00158	0.00122	0.00043	0.00038	0.00051
下游 T_3	0.01757	0.01457	0.01266	0.01128	0.00687	0.00613	0.00329	0.00300	0.00942

总体来看,长江经济带下游地区生态文明建设水平的 Theil 系数值最大,在 2012 到 2019 年期间,Theil 系数平均值高达 0.02294,说明下游地区生态文明建设水平差异最大,这可能与下游地区各省市绿色资金的投入比、生态资源条件、城市绿化服务水平差异有关;其次是上游地区,Theil 系数均值为 0.00942,说明上游地区各省市可能因为资源环境生态承载不协调造成了生态文明建设水平的差异;中游地区 Theil 系数最小,均值仅为 0.00051,中游地区的生态文明建设水平差异在三大区域间最小,说明长江经济带中游地区各省市的生态文明建设水平最相近,如图 5-10 所示。

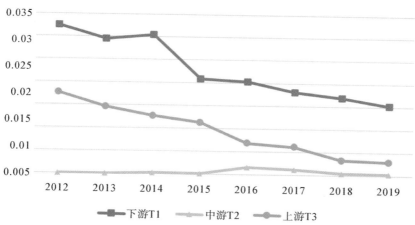

图 5-10　长江经济带上中下游生态文明建设水平的 Theil 系数变化趋势

3. 生态文明建设水平组内差异和组间差异的 Theil 系数分析。因为 Theil 系数具有可分解性,长江经济带生态文明建设的总体区域差异可以分解为上、中、下游三大区域之间的差异和三大区域内部的差异。表 5-4 和图 5-11 分别是 2012—2019 年长江经济带生态文明建设水平总体差异 T 以及上、中、下游区域之间差异(T_W)和三大区域内部差异(T_B)。

表 5-4　　　　长江经济带生态文明建设水平组内与组间差异的 Theil 系数及贡献率

指数年份	2012 年	2013 年	2014 年	2015 年	2016 年	2017 年	2018 年	2019 年
T	0.0249	0.0220	0.0220	0.0156	0.0132	0.0121	0.0116	0.0100
T_W	0.0182	0.0160	0.0157	0.0117	0.0102	0.0092	0.0075	0.0056
T_B	0.0067	0.0059	0.0063	0.0039	0.0030	0.0027	0.0026	0.0025
T_W 贡献率	0.7309	0.7299	0.7164	0.7519	0.7749	0.7723	0.7434	0.7333
T_B 贡献率	0.2691	0.2701	0.2836	0.2481	0.2251	0.2277	0.2566	0.2343

图 5-11　生态文明建设水平组内与组间差异的 Theil 系数变化趋势

由表 5-4 的数据和图 5-11 的变化趋势可知,Theil 系数在 2012 年达到最大值 0.0249,然后长江经济带生态文明建设水平的 Theil 系数一直呈下降趋势,到 2019 年出现最小值为 0.0100。这组变化趋势表明长江经济带城市生态协同发展能力以及跨区域的资源环境生态事务管理能力在逐步增强,区域间的生态文明建设水平差异正在逐渐缩小。

Theil 系数可分解为组内差异与组间差异,长江经济带各区域组内差异以及组间差异的值由表 5-4 和图 5-11 可以看出:除了在 2013 年到 2014 年的组间差异 T_B 稍有上升外,其他年份长江经济带各地区的组内差异、组间差异的 Theil 系数值均逐年下降,这样的变化结果与长江经济带地区的 Theil 系数变化趋势一致,这表明无论是整体差异,还是组内差异、组间差异,其生态文明建设水平的差异性都在逐渐减弱。从组间和组内差异的贡献率来看,在 2012—2019 年期间,长江经济带生态文明建设水平组内差异贡献率明显高于组间差异贡献率,前者值是后者的 2 倍以上。但是,长江经济带生态文明建设水平组内差异贡献率与组间差异贡献率之间的差距呈现先增后降的趋势,两者之间的差距在 2016 年达到最大,组内差异贡献率为最大值 77.49%,组间差异贡献率却是最小值 22.51%。总体来看,长江经济带地区生态文明建设已经呈现绿色产业、高新技术、资源统筹的集聚态势。

四、长江经济带生态文明建设水平空间演化分析

为了有效分析长江经济带省域城市空间要素属性值与相关空间区域是否具有显著关联性,采用统计指标为 Moran'S 指数的空间自相关分析,对空间长江经济带内部各省份生态文明发展水平空间差异进行测算。

(一)长江流域生态文明建设水平空间动态演化趋势

利用 ARCGIS10.2 软件,计算 2012—2019 年长江经济带生态文明水平全局指数 Moran'S 值、Z 得分以及显著性检验指数 P 值,计算结果如表 5-5 所示。其中,生态文明发展 Moran'S 指数在 0.451~0.536 之间,且全部值都通过了 P 值显著性检验。测算结果可以清晰看到长江经济带生态文明发展水平的整体演变趋势,并且说明了长江经济带区域内各省市生态文明发展水平存在显著的正相关性。跟 Theil 指数测算省域城市生态文明差异性的结果一致:长江经济带区域内各省市生态文明发展水平存在明显的集聚效应,集聚状态随着时间的变化会出现波动,并且生态文明发展水平相似的省域城市在空间上的集聚状态是在不断改变。

表 5-5   长江经济带省域城市生态文明水平 Moran'SI 指数

年份	Moran'S I	方差	Z 得分	P 值
2012	0.451	0.0178	3.452	0.0012
2013	0.478	0.0181	3.566	0.0003
2014	0.492	0.0183	3.954	0.0013

年份	Moran's I	方差	Z 得分	P 值
2015	0.536	0.0180	4.120	0.0016
2016	0.461	0.0179	4.324	0.0008
2017	0.502	0.0188	3.999	0.0009
2018	0.499	0.0185	4.336	0.0010
2019	0.457	0.0180	4.569	0.0017

(二)长江流域与政域生态文明建设成效的空间关联分析

全局空间自相关方法用于分析长江经济带整个区域间的空间聚类状况,采用全局 Moran's I 指数来测量区域总体的空间相关及差异程度。测算公式如下:

$$I = \frac{p \sum_{i=1}^{p} \sum_{j=1}^{p} W_{ij}(C_i - \bar{C})(C_j - \bar{C})}{\sum_{i=1}^{p} \sum_{j=1}^{p} W_{ij} \sum_{i=1}^{p}(C_i - \bar{C})^2} \tag{5.19}$$

这里,C_i 和 C_j 分别表示长江经济带上任意两省域城市地理单元上的属性值,$\bar{C}$ 是指整个区域属性值的平均值,p 为长江经济带省域城市个数,W_{ij} 是任意两省域城市地理单元之间空间关系的权重矩阵。

局部空间关联方法用于识别区域空间的离散与集聚效应,可分析某个城市地理单元与相邻地理单元之间的相关性,它是 Moran's 指数的局部形式。测算公式为:

$$I = \frac{C_i - \bar{C}}{S} \sum_{j=1}^{p} W_{ij}(C_j - \bar{C}) \tag{5.20}$$

这里,$S = \sum_{j=1}^{p} C_j^2/(p-1) - \bar{C}^2$。$I$ 的值为正,说明该区域与周围区域呈现出相似值的空间集聚(比如空间聚集同时为高或低),如果 I 的值为负,说明区域与周围区域呈现非相似值的空间集聚(比如空间聚集一高一低)。

(三)长江经济带局域生态文明建设水平空间关联分析

为了进一步分析长江经济带省域城市之间生态文明发展水平空间是否具有关联性,利用 ARCGIS10.2 软件分别作出 2012 年、2016 年、2019 年以及综合得分 4 个具有代表性时间的省域生态文明发展水平局域空间的 Moran's 散点图,如图 5-12 所示。落在Ⅰ象限中的点表示该省市与相邻省市的生态文明发展均处于相对比较高的水平;落在Ⅱ象限中的点表示该省市与相邻省市的生态文明发展水平相比相对较低;落在Ⅲ象限中的点也表示该省市与相邻省市的生态文明发展水平相比相对比较低;落在Ⅳ象限中的点表示该省市与相邻省市的生态文明发展水平相比相对较高。

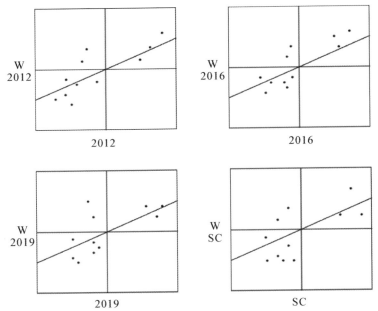

图 5-12　11 个省域城市主要年份生态文明发展水平局域空间的 Moran'S 散点图

结合 Moran'S 散点图,把长江经济带 11 个省域城市分成了 4 类集聚区。从 2012 到 2019 年,长江经济带 11 个省域城市生态文明发展水平的空间格局没有发生明显的变化,其中,高高集聚区,也就是Ⅰ象限中的点代表的是上海、浙江、江苏 3 个省市,先进技术支撑下的资源能源节约集约利用、高标准严要求的生态环境管理、大力度资金支持和较高的人口素质等因素都在不断推进高高集聚区的生态文明发展状况的良性发展,并在自身发展的同时表现出良好的扩散趋势,扩散效应的显现正在不断带动周边地区生态文明发展水平的提升,小片区内的差距正在不断缩小;低高集聚区,也就是Ⅱ象限中的点代表的是安徽、江西两个省份,这两个城市与长三角经济发达地区相邻,虽然因为扩散效应生态文明的发展会得到一些提升,但是在长三角经济高速发展的过程中,不可避免地要承受资源与环境的代价,在这个过程中,如果生态环境未得到足够的补偿,就会影响该区域的生态文明发展水平;最后,低低集聚区,也就是Ⅲ象限中的点代表的长江经济带上其余 6 个省份,这些城市的地理位置不具备天然优势,在外部优质资源的获取过程中也比较乏力,尤其是贵州、云南两个省份,自身基本以传统的资源型产业为主,技术水平相对落后以及产业结构低下直接导致资源利用效率低下,区域的生态环境随之就遭受破坏,极大影响区域生态文明的发展水平。

第三节 长江经济带生态文明建设问题及优化策略

一、长江经济带生态文明建设现存问题

由分析可知,长江经济带的生态文明建设已经建立了相对完善的制度保障,从 2016 年至今,短短几年取得了许多成效,一些比较急迫的生态环境问题,如空气污染、水污染、退化污染等得到了有效控制,各项生态环境规划任务也在按质按量不断向前推进。但是,许多关键性问题仍面临许多困难。

(一)统筹协同机制待完善

尽管长江经济带各地区都制定了针对性的生态文明建设政策体系,但是一些地区又出现各自为政、单打独斗,生态环境整体治理效果不明显,全流域统筹协调、整体联动的工作体制仍然有待建立健全。第一,长江经济带各个区域经济社会发展水平具有差异性,导致各地对于生态文明建设的投入程度也各不相同,导致生态文明建设发展不均衡。第二,一些生态环境保护规章制度制定并不完善,部分跨区域管理主体和管理体制不明确,各部门合作协调较难。因此,要完善长江经济带生态文明建设统筹协调机制,必须以系统工程思想,按照生态系统的整体性、系统性及内在规律,处理好当代、后代对优质资源的竞争以及经济高速发展与生态环境保护的冲突关系,提升生态系统质量和稳定性,才能真正实现长江经济带区域统筹协调发展。

(二)自然灾害隐患风险高

长江经济带具有复杂多样的地形地貌形势以及特殊多变的河流水文特征,一直是自然灾害频繁发生的重点区域[15]。自然灾害的突发性、群发性与造成的巨大危害性已经成为长江经济带生态文明建设的心腹之患。例如,长江上游高山峡谷型地貌广布,地质条件复杂,是我国发生地震、泥石流、山体滑坡灾害最严重的地区;中下游地势低,洪水蓄泄不畅,常常因暴雨引发峰高、量大、历时长的洪水灾害[16]。根据数据显示,近几十年来,长江流域重大地质和山地灾害几乎连年发生,相应导致的直接经济损失在不断提高。2020 年夏季长江洪涝再次让人们重视自然灾害对长江经济带生态文明建设实现可持续发展的危害,应该针对突发极端事件,完善基础工程设施,积极修复生态系统,提升风险管理能力。

(三)生态系统退化速度快

自然灾害的高频发生导致长江经济带的生态脆弱性不断增强,另外,近 20 年忽视经济发展与资源环境承载力协调性的快速城镇化进程,加快了长江经济带部分地区生态退化速度。与局部环境污染治理问题不同,要修复长江生态系统需要当前以及以后相当长一段时间。比如,长江流域生物多样性指数持续下降,珍稀特有物种资源衰退,虽然目前提出了禁捕、关停乱污染企业、系统治理生态环境等有效措施,但是要有效缓解长江生物资源衰退问

题在短期内很难实现。要解决其中一些比较顽固、棘手的问题,仍然需要前沿、高效、创新的工程技术手段配合完善的管理体制来进行针对性治理。

(四)经济与环境矛盾突出

长江经济带是中国经济发展的重要驱动力,这里集聚的人口和创造的地区生产总值均占全国 40.00% 以上,进出口总额约占全国 40.00%。尽管当前已经把长江经济带生态环境保护突出问题整改作为首要工作,但是不可能在短期就消除曾经高强度开发和高密度产业布局给生态环境治理带来的干扰,同时,许多产业的绿色转型也无法在短期内一蹴而就。例如,在长江经济带内分布有 40 多万家化工企业、五大钢铁基地、七大炼油厂以及一些大型石油化工基地,全流域工业污染的治理压力仍然非常巨大[17]。由前面长江经济带生态文明建设评价指标分析可以看出,单位 GDP 能耗量、单位 GDP 用水量和工业用水总量虽然在逐渐降低,但是从整体来看,在全国所占比例依然偏高。此外,长江经济带区域内整体建设用地增长,农田、森林以及绿地面积减少的趋势没有得到根本性的改变,人地矛盾仍然非常明显。从可持续发展角度看来,长江经济带生态文明水平发展要解决的根本问题依旧是如何降低经济建设活动对自然生态环境的干扰。

(五)污染代际转移问题大

围绕国家提出的长江经济带要以"生态优先、绿色发展"作为重要指导精神,近年来长江流域的生态环境有了显著提升,污染程度有所减轻。但是,随着各项治理工作的持续深入,一些问题日趋复杂,比如:自然资源使用总量的合理性,是否实现代际公平;各项治理措施的成本不断提高,是否会影响整个社会福利,如何协调经济发展与环境治理;随着长江流域吸收污染能力降低,加之目前排污技术的限制,不是所有的污染源都能被清除,一些未被处理的水质污染往往会逐渐集聚,转移到未来,那么生态环境的治理难度也逐渐增大,流域可持续发展任务更为艰巨。所以这些问题也向传统的流域综合治理模式提出了挑战。

二、长江经济带生态文明建设的优化策略

在庞大的人口数量、产业规模以及新冠肺炎疫情等各种不确定性因素影响下,要以长江经济带生态环境的持续改善去带动我国经济高质量发展,从而满足人民群众对美好生活的需求将面临很严峻的挑战。需要坚持践行国内外生态文明建设成功的路径和措施,通过制度规范和技术创新完善长江流域生态文明建设,构建现代流域环境治理新体系[18,19]。

(一)加强全流域协同合作

长江流域按照跨行政区划分,涉及众多省份和上下游关系,这些特殊性决定了长江经济带生态文明发展必须要突出协同合作的优势。根据长江流域上中下游整体保护要求,应建立不同区域、邻近省份的多主体、多层级、跨区域的协商机制,针对流域自然资源的优化配置、流域生态环境治理、流域环境规划制定、污染物排放总量控制、风险预警机制、环境治理

评估等一系列问题进行沟通协调。为化解长江经济带不同区域间协调难题,可以大胆创新合作机制。例如:可探索成立由中央领导牵头的专门的长江流域管理部门,统一协调流域日常管理事务,推动长江经济带各个区域制定规划的有效统一,增强各地区不同规划之间的协调性,化解行政管理与流域管理的矛盾、经济发展与环境保护的矛盾、流域主管部门与各用水部门之间的矛盾,以及这些矛盾带来的工作效率低下等问题。

(二)发展与保护相辅相成

长江流域生态环境保护是生态文明建设的主旋律,但也不能以保护环境为理由阻碍经济健康、良性发展。由于流域吸收污染的能力以及相关污水处理技术的能力有限,一些水污染会在流域中集聚下来,长期这样会减少可用资源,可能造成两代人不能平等地获取优质水源。这些污染累积存量的真实大小受流域环境吸收能力、污染物排放率和节能减排技术的影响,流域当年的污染存量在一定程度上取决于上一年的污染存量,并因水资源消耗量增加而增加,因减排能力增加而减少。要把握好开发和保护之间的动态变化关系,必须要分析清楚污染排放和减排技术对宏观经济的影响,同时考虑资源消耗和污染的二元效用函数,来实现社会整体福利函数最大化。

(三)依靠健全的法制体系

健全的法制体系是长江经济带生态文明建设和健康发展的重要保障。长江经济带水系辐射 11 个省(市),难规划难协调,在制度性问题层面,制约生态文明建设因素主要表现为管理理念落后、综合立法滞后。《中华人民共和国长江保护法(草案)》已经在 2019 年 12 月首次在全国人大常委会上提交审议,于 2020 年 12 月 26 日第十三届全国人民代表大会常务委员会第二十四次会议上通过,从 2021 年 3 月 1 日起开始实施,填补了长江生态保护基础性法律空白。因此,构建以健全长江经济带区域协调机制为核心的立法体系,加强中央顶层设计和引导地方高效配合的有机衔接,才能规范长江经济带各类行为主体的统一协同,形成全流域的绿色发展大格局。

(四)鼓励高新技术的应用

长江经济带各地区经济、社会发展情况存在明显差异,流域资源也难以找到一条最优的利用路径,实现帕累托最优,同时流域的环境问题也很尖锐急迫,污染的代际转移问题尚未解决,流域利益相关者之间的冲突问题也日益凸显。因此,要从根本上解决流域生态环境问题,实现流域可持续发展必须依靠高新技术,创新治理模式。比如引入区块链、云计算、大数据等技术,充分挖掘与生态环境相关的结构化、半结构化及非结构化的数据信息,提高治理效率;运用多学科知识交叉融合,严谨剖析与大胆探索,促进分科知识融通发展为知识体系,为流域新型治理模式提供科学理论支撑。

(五)调动全社会力量参与

长江经济带生态文明建设是一项复杂的系统工程。各区域各部门要凝聚民心、集中民智、汇集民力,充分调动社会力量参与到生态文明建设的各项工作中,不断提高全民生态文明意识。生态文明建设同每个人息息相关,人人都应该做践行者、推动者。长江经济带生态文明必须加强生态文明宣传教育,强化公民生态环境保护意识,推动绿色低碳的出行、生活以及消费模式,促使人们的环保意识由被动到主动,以环保行动促进生态文明建设认识能力的提升,形成全社会共同建设生态文明的强大合力。

参考文献

[1] 卢纯."共抓长江大保护"若干重大关键问题的思考[J].河海大学学报(自然科学版),2019,47(04):283-295.

[2] 李后强,翟琨.让母亲河永葆生机活力——深入学习贯彻习近平同志关于长江经济带的重要论述[N].人民日报,2016-07-24.

[3] 习近平.在深入推动长江经济带发展座谈会上的讲话[J].社会主义论坛,2019(10):5-9.

[4] Zadeh L A. Toward a Theory of Fuzzy Information Granulation and Its Centrality in Human Reasoning and Fuzzy Logic. Fuzzy Sets and Systems 90(2),111-127[J]. Fuzzy Sets and Systems,1997,90(2):111-127.

[5] Zadeh L A. Similarity Relations and Fuzzy Orderings. Information Sciences 3,177-200[J]. Information Sciences,1991,3(2):177-200.

[6] 高长波,陈新庚,韦朝海等.熵权模糊综合评价法在城市生态安全评价中的应用[J].应用生态学报,2006(10):1923-1927.

[7] 尹龙军.基于数据驱动加权的模糊评价量化方法[J].模糊系统与数学,2020,v.34(01):83-89.

[8] 傅惠民,高镇同.最大标准差和最大变异系数方法[J].北京航空航天大学学报,1991(04):51-55.

[9] 赵微,林健,王树芳等.变异系数法评价人类活动对地下水环境的影响[J].环境科学,2013,34(04):1277-1283.

[10] Shannon C E. The mathematical theory of communication[J]. Bell Labs Technical Journal,1950,3(9):31-32.

[11] 郭显光.改进的熵值法及其在经济效益评价中的应用[J].系统工程理论与实践,1998,18(012):98-102.

[12] 黄娟.协调发展理念下长江经济带绿色发展思考——借鉴莱茵河流域绿色协调发展经验[J].企业经济,2018,37(02):5-10.

[13] 常纪文.长江经济带如何协调生态环境保护与经济发展的关系[J].长江流域资源与环境,2018,27(06):1409-1412.

［14］刘稳,李士雪. 2000—2012 年山东省卫生资源配置的公平性研究:基于泰尔指数［J］. 中国卫生资源,2015,18(2):144-146.

［15］杨桂山,徐昔保,李平星.长江经济带绿色生态廊道建设研究［J］.地理科学进展,2015,34(11):1356-1367.

［16］杨桂山.长江保护与发展报告 2013［M］.武汉:长江出版社,2015.

［17］吴传清,黄磊.长江经济带绿色发展的难点与推进路径研究［J］.南开学报(哲学社会科学版),2017(03):50-61.

［18］张惠远,张强,刘淑芳.新时代生态文明建设要点与战略架构解析［J］.环境保护,2017,45(22):28-31.

［19］张莹,潘家华."十四五"时期长江经济带生态文明建设目标、任务及路径选择［J］.企业经济,2020,39(08):5-14.

第
五
章

第六章 "长三角"生态绿色一体化发展的先行实践

第一节 一体化发展概况

一、长三角一体化的历史进程

长三角的区域协同发展起步早,推进稳步有序。从 1992 年长三角 15 个城市经济协作办主任第一次联席会议,到 2018 年《长三角地区一体化发展三年行动计划(2018—2020 年)》编制完成,长三角的一体化大致经历了五个历史节点(见表 6-1)。目前,长三角已经形成以完善市场为主导的资源要素配置机制,以实现区域与城市间互联互通、共治共享为目标的区域一体化发展战略的主体思路和行动计划。同时形成了比较成熟的协同治理框架,即包括决策层、协调层和执行层在内的三层运作协调机制,以及在各自层级下进行的四级会议制度[1](见图 6-1)。

表 6-1   长三角一体化的历史进程

阶段	时间节点	具体事件	意义
源起	1992 年	长三角 15 个城市经济协作办主任联席会议制度	长三角一体化初具雏形
	1997 年	长三角 15 个城市经济协作办主任联席会议制度升格为长三角城市经济协调会	
第一阶段	2001 年	苏浙沪三省市发起成立了由常务副省(市)长参加的"沪苏浙经济合作与发展座谈会"制度	长三角区域合作进入一个着眼于建立长期性、战略性、整体性区域合作框架的新阶段
第二阶段	2004 年	启动了沪苏浙三省市主要领导座谈会制度	长三角区域合作已纳入最高决策层的视野,长三角一体化发展进入全新阶段
	2008 年 9 月	《国务院关于进一步推进长江三角洲地区改革开放和经济社会发展的指导意见》	
	2010 年 5 月	《长江三角洲地区区域规划》	

续表

阶段	时间节点	具体事件	意义
第三阶段	2008 年 12 月	安徽省在两省一市和国家发改委等部委的大力支持下,党政主要领导应邀出席当年 12 月份在浙江宁波召开的长三角主要领导座谈会	安徽正式加入长三角
	2009 年	两省一市吸纳安徽作为正式成员出席长三角地区主要领导座谈会、地区合作与发展联席会议	
	2011 年	安徽省首次作为轮值方成功举办长三角地区主要领导座谈会、长三角地区合作与发展联席会议	
现阶段	2016 年 5 月	国务院常务会议审议并通过《长三角城市群发展规划》	长三角进入更高质量一体化的新阶段,并上升为国家战略
	2018 年 1 月	长三角区域合作办公室成立	
	2018 年 6 月	《长三角地区一体化发展三年行动计划(2018—2020年)》编制完成	
	2019 年 6 月	《长江三角洲区域一体化发展规划纲要》正式审议通过并印发	

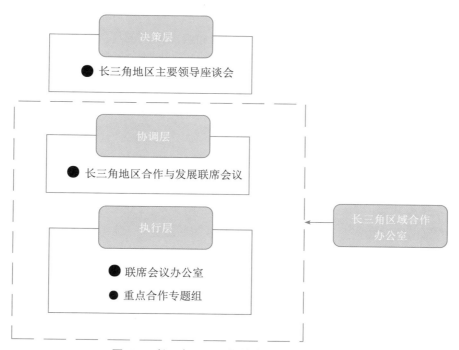

图 6-1　长三角三层四级的协同发展治理结构

在经济全球化进入新阶段且国内发展模式转向高质量发展的背景下,长三角一体化发展被提升到国家战略层面。当前,在宏观整体层面上,从《长三角区域发展规划》《长三角城市群发展规划》到《长三角更高质量一体化发展三年行动计划》,一直到 2019 年 12 月颁布的

《长三角一体化发展规划纲要》，长三角一体化规划体系框架已经逐渐成熟，并设立了由三省一市成员集体办公的长三角区域合作办公室作为推动长三角一体化发展的具体协调和实际操作部门。但是，从理念到操作，从战略到战术，一体化发展面对的主要问题依旧存在，如何进一步破除更深层次的体制机制障碍，包括如何破解由行政层级体制形成的区域发展壁垒，推动国家和区域治理模式的转型，实现区域协同创新，其中需要解决的问题还有许多。长三角生态绿色一体化发展示范区（简称一体化发展示范区）是我国第一次跨省建立的以经济社会全面高质量发展为目标的一体化发展示范区。这既是长三角一体化发展的必然趋势与内在要求，也是我国区域经济协调发展的一大创举。那么，长三角一体化发展示范区到底有什么样的历史使命，又如何从全球视野与国家战略的高度，去实现其所要承担的历史使命？特别是如何通过协调示范区内的产业发展来构建现代化经济体系，进而形成新的增长点，引领长三角实现跨越式发展，就是一个亟待研究的重要问题。

二、长三角区域一体化建设机制及制约因素

发达的经济水平、区域间的互补和产业梯度、地理临近及基础设施的通达性、区域文化的相融性、中心城市较强的创新能力、中央和地方各级政府对合作共识意识的增强以及制度的不断完善都为长三角区域一体化发展奠定了良好的基础。但对于一个城市群来说，一体化发展必然要以产业转型升级以及城镇空间结构和组织模式的持续优化为支撑。因此，城市功能定位和合理分工基础上的高度现代化的网络，如基础设施网络、市场体系和产业组织网络是促进长三角一体化发展的重要条件。同时，合理地发挥政府作用也是推进一体化发展的必要手段。就推进长三角一体化发展来说，目前还面临不少制约因素[2]。

（一）作用机制

具体来说，区域协同一体化发展的作用机制可以从以下几个方面建立理论分析框架，只有这几个方面相互促进、协同作用，才能真正实现区域一体化发展。

1. 市场体系建设。企业是区域经济活动的主体，只有充分发挥市场机制的作用，才能实现要素的自由流动和资源在空间上的优化配置，并通过竞争，最终形成合理的区域产业分工合作体系，实现区域的产业联动和协同发展。

2. 政府作用。在充分发挥市场机制作用的前提下，为减少交易费用，合理发挥政府作用是促进城市产业联动、协同发展的重要条件。特别是在现行的层级管理体制下，要发挥政府政策和规划等在区域协同发展中的积极引导作用。

3. 基础设施网络。高度发达的基础设施网络是促进区域产业联动和协同发展的重要支撑。区域中心城市与周边各城市之间要彼此合作并形成各具特色的产业分工和联动关系，以及合理的城镇空间结构，必须要以不同等级、不同层次、不同性质的节点和轴线组成的高度发达的基础设施网络为依托。

4. 产业集群的作用。产业集群可以说是实现区域产业联动和协同发展的最有效方式。

产业集群可以通过产业链上下游的相互联系冲破行政区分割,达到资源整合、要素自由流动和资源在空间上合理配置的目的,从而实现区域产业联动和转型升级与城镇空间模式的协同。

5. 城市群层级结构。每个城市群都有着不同的等级规模和层级结构,这也是城市群规划和市场经济共同作用的结果。明确每个城市在城市群中的合理定位,对于推进城市间分工合作关系的形成、实现城市协同转型升级具有正向的促进作用。反之,就会陷入对经济中心、物流中心等的争夺,导致城镇发展处于无序混乱状态,并对市场体系、产业组织网络和基础设施网络的一体化、高级化和现代化进程造成障碍,给产业结构的整体升级带来不利影响。

6. 中心城市的作用。城市群通常由一个或几个核心城市,以及各次级中心城市构成。一般来说,城市群中各级中心城市存在明晰的功能定位和层次结构,否则就会加重各城市间的盲目竞争,引起各种纷争和矛盾。核心城市是城市群的集聚中心、辐射中心以及示范中心,承担着国际经济、金融、贸易及社会、科技、文化和信息服务等多种功能。核心城市作为区域经济的控制和决策中心,应该具有强大的吸引能力、辐射能力和综合服务能力,能够通过产业联动带动周边地区产业转型升级和经济发展,并对整个区域的经济社会发展起到引导作用。

(二)面临的主要问题和制约因素

从促进区域协同一体化发展的角度来看,目前长三角的发展还存在着以下几个方面的制约因素[3]。

1. 区域市场一体化程度较低。虽然与京津冀相比,长三角地区市场化水平较高,但由于行政壁垒和地方保护主义造成市场分割,生产要素在区内流动不畅,区域要素市场一体化程度仍然较低。如以劳动力市场为例,区域间存在户籍壁垒和公共服务不均等,仍然是劳动力自由流动的重要障碍。虽然长三角地区在制度和政策上采取了一系列经济合作措施,也取得了明显成效;但政府职能转变以及相关的制度建设还较为落后,行政区域分割带来的问题仍然比较明显,已经成为阻碍区域一体化发展的主要因素,长三角区域一体化发展还需要一个相当长的过程。

2. 区域协同一体化发展的体制机制仍不健全。目前,促进长三角地区一体化发展的共识已经达成,现实基础也比较坚实,区域协同一体化发展机制也已经建立;但长三角地区一体化发展进程仍然缓慢,最大的制约因素是制度供给不足。政府合作还仅仅停留在为区域合作创造外部条件,如增强基础设施的通达性、促进生产要素自由流动、加快构建区域统一市场等方面,并且在这些方面还有许多的提升空间。而通过统一的区域规划和政策来引导和推动区域合理分工、提升整体产业能级等方面的合作却很少。总体来说,政府还没有成为长三角一体化发展的重要推动力。特别是缺乏一个类似京津冀区域协同发展的国家层面的协调机制,区域发展缺乏统筹规划,区域立法协调机制基本空白。

3. 基础设施网络还不完善。长三角地区的基础设施建设虽然总体上在全国处于领先水平,但缺乏跨区域的统筹规划和建设,与世界级城市群的定位相比,差距仍然很大,面临的问题也比较多。以交通为例,缺乏有效的协调机制,导致基础设施重复建设,出现城市群内港口、机场等的无序竞争问题,长三角城际通道尚未形成,各种"断头路""一千米壁垒"等交通断崖现象不少,各种运输方式之间衔接还不到位,交通枢纽之间缺乏分工协作。如何加强统筹协调,建设现代化、一体化的基础设施网络,真正实现区域内基础设施的共建共享,是促进长三角地区一体化发展的迫切任务。

4. 产业结构趋同,不利于跨区域产业集群的形成和发展。长三角地区产业规模较大,等级层次较高,体系也相对完善,但产业一体化的程度不高,产业同构现象较为严重,特别是制造业竞争激烈。苏浙沪地区主导产业高度重合,近年来,江苏与上海之间同构性越来越强,浙江由于传统产业优势比较明显,与江苏、上海之间的相似性越来越低。在市场分制和地方政府利益最大化的驱动下,长三角不少城市的发展战略定位高度趋同,制造业调整方向也比较接近,长三角地区主要城市重点发展的高技术产业也存在重叠。从产业布局来看,不少城市强调大力提升本地配套率,延伸本地产业链,各城市都存在不同程度的"大而全""小而全"的布局倾向。产业同构将不利于跨区域产业集群的形成与发展,不利于区域一体化发展。

5. 区域中心城市的辐射带动作用还较小。与京津冀一样,目前长三角的区域中心城市还处于要素集聚阶段,对周边地区的虹吸效应明显,特别是体现在对高级人才和资本的吸聚上。区域中心城市的产业和创新势能还较低,对周围地区的辐射带动作用较小,资金和技术输出能力还较弱。目前,长三角地区整体产业能级还不高,处于全球产业链的中低端环节,国际竞争力还有待于提高。因此,要进一步提升中心城市的功能,特别是充分发挥上海等核心城市作为区域创新中心的作用,加强区域创新联动和协同发展,带动整个长三角地区产业能级的提升,增强长三角地区产业的国际竞争力。

三、一体化发展效果评价

(一)长三角一体化发展的总体情况分析

1. 与国际成熟城市群相比,存在阶段性差距。长三角产业结构与发达城市群相比,具有阶段性差距。国际发达的城市群,一般具有成熟的产业结构,在价值链中往往处于高价值区段。在表 6-2 中,2010 年英国中南部城市群产业结构呈现"三二一"的产业比重,产业结构虽然具有一定的差异,但是服务业均超过 50.00%,整体上城市群内产业结构的区域差异较小。核心城市伦敦的服务业比重更是达到 70.00%。而 2018 年,虽然长三角三省一市整体呈现出"三二一"的产业结构,但区域内部存在较大差距,如上海服务业比重达到 69.90%;江苏服务业比重为 51.00%;浙江服务业比重为 54.70%;安徽服务业的比重为 45.10%,尚未超过 50.00%。虽然江苏与浙江服务业比重已经超过制造业,但所超不多。服务业比重最高的上海也尚未达到 70.00%,还不及伦敦 2010 年的水平(见表 6-3)。另外,安徽的农业占比更是高达 8.80%。长三角城市群整体产业结构与发达国家的城市群尚具有阶段性差距。

表 6-2 　　　　　　　　　英国中南部城市群产业结构情况 (2010)

地区	地区
伦敦都市区	0.03 : 29.41 : 70.55
西内陆都市区	0.12 : 45.26 : 54.62
曼彻斯特都市区	0.16 : 42.94 : 56.89
利物浦	0.08 : 34.21 : 65.71

表 6-3 　　　　　　　　2010—2018 年长三角三省一市三次产业结构变化

地区	2010 年	2013 年	2016 年	2018 年
上海	0.7 : 42.3 : 57.0	0.6 : 36.6 : 62.8	0.4 : 29.8 : 69.8	0.3 : 29.8 : 69.9
江苏	6.1 : 52.5 : 41.4	5.8 : 48.7 : 45.5	5.4 : 44.5 : 50.1	4.5 : 44.5 : 51
浙江	4.9 : 51.1 : 44	4.7 : 47.8 : 47.5	4.2 : 44.8 : 51	3.5 : 41.8 : 54.7
安徽	14 : 52.1 : 33.9	11.8 : 54 : 34.2	10.5 : 48.4 : 41	8.8 : 46.1 : 45.1

2. 长三角三省一市产业结构级差明显。长三角三省一市之间的产业结构区域差距明显。各省市的产业结构所处阶段分别为:后工业化发达地区(上海)、工业化后期(江苏、浙江)、工业化中期(安徽)。2018 年长三角的产业结构状况可以分为三个层次:第一个层次是上海,特征是第一产业比重已经低于 1.00%,第三产业比重接近 70.00%,这基本上就是一个发达国家的产业结构状态;第二个层次是苏浙两省,第一产业比重低于 5.00%,第三产业比重在 50.00% 左右,而第二产业比重在 45.00% 上下,这是一个比较特殊的产业结构,无论是现在的金砖国家,还是韩国或曾经在人均产出 1 万美元阶段的发达国家,都没有这么高的制造业比重;第三个层次是安徽,基本上还处于工业化中期的产业结构状态,而国际发达城市群内部产业结构差异较小。

3. 三省一市制造业结构相似度较高。长三角三省一市之间的制造业结构相似度较高,产业发展的协调性欠缺。对三省一市的制造业结构相似度的研究,主要选择 27 个制造业部门进行分析。图 6-2 展示了 2001—2013 年长三角三省一市 27 个制造业部门产业结构相似系数,数值越接近于 1,说明两地的产业同构程度越高。在所有结果中,江苏和浙江、江苏和上海之间的产业相似程度最高,但江苏和浙江之间的产业相似程度一直在下降,从 2001 年的 0.924 下降到 2013 年的 0.886。与之相反,上海和江苏之间产业相似程度却不断上升,从 2001 年的 0.836 一度上升到 2008 年的 0.914,后又逐年回落至 2013 年的 0.866,但仍是所有次区域中产业相似度最高的地区。安徽与其他两省一市之间的产业结构的差异化程度相对较高,其产业结构的相似性经历了一个先降后升的过程,这一方面说明安徽对其他两省一市的追赶现象,另一方面也说明随着长三角一体化进程的不断深化,长三角其他地区对安徽的产业辐射也越来越显著。

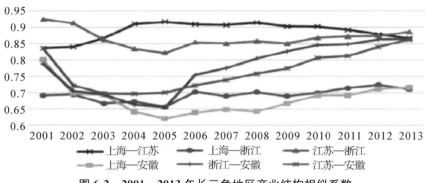

图 6-2　2001—2013 年长三角地区产业结构相似系数

（二）示范区产业发展态势分析

1. 二区一县经济发展呈现差异示范区，三个区县的经济发展有较大差异，其中吴江区的国内生产总值比嘉善和青浦两区县的总和还要多（见图 6-3）。从增长率上看，2009—2018年嘉善县的增长速度是三个地区最高的，而青浦和吴江两个区发展速度在 2012 年以后有一个明显的回落，吴江区在 2016 年到达谷底，之后便开始较快速率的攀升，青浦的发展则一直较为平缓。

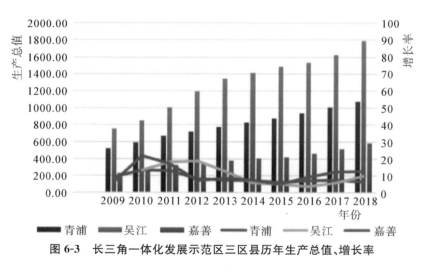

图 6-3　长三角一体化发展示范区三区县历年生产总值、增长率

2. 三地产业结构之间差距较大。青浦区的第三产业增长速度领先其他产业，2018 年增加值实现 597.5 亿元，比上年增长 11.90％，占全区的地区生产总值比重上升为 55.60％，在产业发展上体现出与上海其他地区更加雷同的趋势，三产优势更加突出。吴江区在第三产业的发展上有较大改进，三产增速达到 8.50％，超过了二产增速，但是占比上仍然是二产占较大优势。嘉善县作为浙江接轨上海的第一站，区位优势明显，然而其总量、结构和增速都处于较低水平，在与其他两个地区协同发展的过程中，存在一定的差距，与长三角整体的三

次产业比重相近(见图 6-4)。从增速和占比都能看出,青浦、吴江和嘉善三地在产业发展上都偏向于服务业,这既是经济发展的必然结果,也应注意二、三产业的协同发展,因为没有二产支撑的服务业发展是不可持续的。

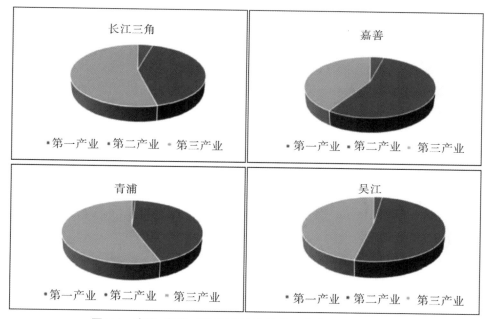

图 6-4 青浦、嘉善、吴江与长三角整体三次产业结构的对比

3. 三地制造业发展水平不一。三地制造业发展各有侧重。目前示范区三地的制造业发展状况仍主要以传统产业为主,且具有比较鲜明的地方性特色,地区间协同发展的基础有待进一步夯实。青浦区规模以上工业总产值 1537.88 亿元,汽车制造业等前十大支柱性行业完成规模产值 1173.4 亿元,占全区规模工业产值的 76.30%。其中,战略性新兴产业(制造业部分)的比重接近 30.00%,且分布在 5 个以上的产业中,产业的规模效应相对不足(见图 6-5)。吴江区四大主导产业合计实现产值 2904.42 亿元,增长 5.00%,占规模以上工业总产值的 82.00%(见图 6-6)。其中,丝绸纺织与电子资讯两个产业加起来占全部规模以上工业总产值的 50.00%以上,产业集中度较高,但是战略性新兴产业业态较为匮乏。嘉善目前产业基础较为薄弱,无论是传统支柱性产业,还是战略性新兴产业都有待进一步夯实基础、发掘潜力。但嘉善的优势在于发展速度快,具有相对的后发优势。2018 年,嘉善县是三个区中唯一一个规模以上工业总产值增率超过两位数的地区,且研发活动持续活跃。全县规模以上工业企业实现 R&D 经费支出 16.08 亿元,占 GDP 比重为 2.76%,规模以上工业企业 R&D 活动覆盖率达到 37.50%,全县新认定高新技术企业 69 家,新增省级科技型中小企业 79 家,新增发明专利授权 276 件。

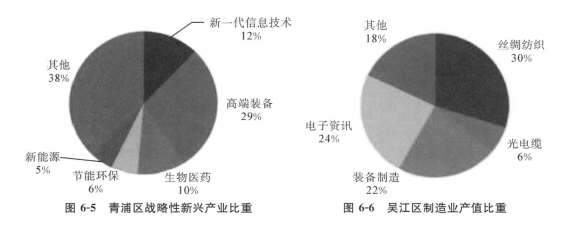

图 6-5 青浦区战略性新兴产业比重　　图 6-6 吴江区制造业产值比重

第二节　国内外区域经济一体化发展案例

一、国外区域经济一体化经验总结

(一)波士华地区区域经济一体化

美国东北部大西洋沿岸城市群,以纽约为核心城市,又称波士顿—纽约—华盛顿城市群,简称波士华(BosWash),是世界上首个被认可的目前实力最强的大城市群。它北起缅因州,南至弗吉尼亚州,跨越 10 州,由波士顿、纽约、费城、巴尔的摩、华盛顿 5 大都市和 40 多个中小城市组成,这个城市群的层级结构以金字塔形存在。该城市群几乎囊括美国东北部所有的大城市及部分南部城市,绵延 600 多千米,总面积约 13.8 万平方千米,人口约 4500万,城市化水平达 90.00%。该区面积虽只占美国国土面积不到 1.50%,却集中了 15.00%左右的美国人口,是美国人口密度最高的地区,其中仅纽约大都市区 2001 年总人口就达2087.2 万人,占全国人口的 7.30%,城市群制造业产值占全美的 30.00%以上,被视为美国经济发展的中心[4]。

(二)波士华地区经济发展简史

独立战争结束后,即从 1790 年开始,美国经济进入了所谓的开拓重商主义时代,经济主要以农业为主体。城市主要发挥着物资集散地的功能和作用,从欧洲运来的各种工业品由各城市疏散到全国各地,同时各种农产品、木材和毛皮等由这些城市转运到欧洲。临近大西洋的港湾城市除发挥着贸易和集散功能外,也有些城市具有造船和修理等功能。最初各城市规模基本相似,但城市之间的竞争逐渐出现,经济发展的差异亦逐步形成。

在此期间,波士顿由于得天独厚的区位条件,在殖民地时期,曾经是美国最大的城市,它具有发达的航海业,在 1805 年美国的船运量为 100 万吨时,波士顿就占了 1/4。航海业的发展不仅带动了船舶制造、修理业发展,也促进了商业的发展。纽约市的发展主要与远洋贸易、农产品、黑奴贸易等资本原始积累有关。费城虽然不是临海城市,但由于它位于特拉河的河口,远洋巨轮可以直达费城港,便于通过航运与外界交流的特点使得费城的发展得天独厚。

1825 年伊利运河开通后,纽约的地位发生了巨大的变化,在西北部港湾城市的竞争中居于领先地位,它的地位远远超过了费城、波士顿,成为全美最大的大都会。这期间由于开凿了连接大西洋南北城市的运河,城市间的经济、人流等联系迅速增加,纽约作为波士华经济带的经济中心城市的雏形已经初现。美国进入产业资本主义时代之后,工业在国家经济中所处的地位不断提高,由此带来的城市职能也发生了相应变化。从 1840 年开始是美国产业资本主义发展的初期,在这一时期,城市的职能逐步由交易中心向工业城市转变,其初期的发展与交通技术的革新和交通运输业的发展密切相关。这期间纽约、费城、华盛顿等城市的发展比较迅速,特别是在美国南北战争的军需物资需求刺激下,大量欧洲移民的迁入,为城市发展提供了广阔的市场空间和丰富廉价的劳动力,纽约成为全美最大商业、工业和贸易中心。到 1870 年在美国的东海岸已经形成了带状城市聚集带,这个城市带也就是波士华交通经济带的雏形,交通运输网络的建设和完善,把各个城市有机地连接在了一起,出现了规模和等级不同、职能分工各异的城市体系结构。

纽约的区位条件与位于它南北的费城和波士顿相比,正好处于居中的位置,非常有利于与欧洲经济发达国家相联系,因此它在技术、信息和经济上一直领先于其他城市。

1830 年,费城已经成为美国重要的工业和港口城市,经济表现出多样化的趋势,它在港口、纺织业和钢铁等方面的综合产值已经超过世界上最发达的国家——英国——同等规模的城市。

波士顿由于地理位置远离西部和南部新开发地区,加之美国国内经济不断地西移,纽约国外贸易的发展,波士顿具有百年商业发展的优势逐渐被纽约所取代。从 1800 年开始,经济发展重点由商业开始转向工业,在波士顿附近的沃尔瑟姆建立了纺织工业,纺织企业的成功刺激了相关行业的发展。

从 1885 年开始,美国经济进入了国家资本主义时代。在这期间,美国进入了经济发展的快车道,科学技术和生产技术日新月异,工业化、城市化突飞猛进。

从 20 世纪 30 年代中期之后,美国走出了经济危机的阴影,在世界经济体系中逐步占据主导地位,特别是在第二次世界大战中,与军事工业相关的产业和技术得到了空前的发展,航空技术、原子能开发、通信系统、信息处理系统等高科技跃居世界前列。科学技术的发展促进了生产技术和交通技术的发展,为大规模的工业化生产和集中化生产提供了前提保证。

从 20 世纪 30 年代开始,美国大规模兴建高速公路,到 70 年代中期,美国的高速公路总里程已经达到了5万英里(1英里约等于1.6千米)。对波士华交通经济带起到重要促进作用的是95号州际高速公路,由北部的波士顿到南部的华盛顿600英里的路程只需要8—9小时,便利的交通使得30多个大中小城市紧密地联系在一起。另外,航空业的发展也为波士华交通经济带成为完善的经济地域单元起到了重要的作用。

1985年美国服务业就业人数占总就业人数比例超过了70.00%,服务业的高度发展改变了美国的产业结构和地域结构。位于东北部的波士华交通经济带可以说是最先进入后工业化时代,对于以传统产业为主的西部工业带,经济的服务化对其刺激也是最大的。一些以传统产业为主的城市逐渐衰退,但是纽约、华盛顿在经济服务化时代仍然保持着强劲的发展势头。另外,新泽西州和马萨诸塞州的一些中小城市在高新技术产业发展上具有很强的竞争力。

服务业对波士华交通经济带产业结构转型和经济发展起到了重要的作用。如新英格兰和中部大西洋地区,1980年服务业就业人数分别占各地区劳动力总数比例的66.00%和69.00%。1993年,纽约州、新泽西和康涅狄格三州的服务业就业人数占总就业人数的比例为71.00%。纽约的工业从20世纪70年代开始出现衰退,港口业务也向新泽西北部移动,生产企业基本是向南部和西海岸转移,但纽约作为世界金融、保险、信息等服务中心的历史悠久,在经济服务化时代,金融、保险等服务产业无疑会保持或进一步发展。

(三)波士华地区各城市分工

以纽约为中心的美国东北部大西洋沿岸波士华区域是美国经济的核心地带,制造业产值占全国的30.00%,是国内最大的生产基地。该区域内有纽约、费城、华盛顿等著名城市,如果孤立地看待每个城市,其功能大多单一,但是各城市都有自己的个性特征,都有占优势的产业部门,在大都市带内发挥着各自的特定的功能,使整个都市带构成了一个既有分工又有密切联系的有机整体,其整体效应巨大。该区域具备与国际市场联系的各种通道,所聚集的产业、金融、贸易、科技、信息等力量在全球经济活动中具有重大的影响,甚至发挥着枢纽的作用。

从产业分工的角度看,纽约是这个区域的经济核心,是美国的第一大城市,其城市职能是综合型的。纽约还是国际政治中心,发挥着全国甚至全球型的影响。联合国6个主要机构中有5个设在这里,12个常设辅助机构中,也有5个在纽约。纽约的经济功能则突出地表现在金融、贸易和管理等方面。纽约是全美的"银行之都",在世界金融、证券和外汇市场上有着重要影响。同时,纽约又是美国和国际大公司总部的集中地,全美500家最大的公司约有30%的总部设在纽约,与之相关的广告、法律、税收、房地产、数据处理等各种专业管理机构和服务部门也云集于此,形成了一个控制国内、影响世界的服务和管理的中心。

费城是该城市群中的第二大城市。它是一个多样化的城市,重化工业发达,为美国东海岸主要的炼油中心和钢铁、造船基地,也是美国军火工业重镇。全市就业人口中有 2/5 从事制造业,费城港也是美国主要港口之一,主要承担近海航运。因此,费城主要是重化工业和运输业比较发达。

波士顿是以文化教育和高科技产业为主。全球闻名的哈佛大学、麻省理工学院等 16 所大学以及国家航空与宇航电子中心等重要科研机构云集于此,以波士顿为中心的公路环形科技园区已形成。波士顿的高技术工业群,是仅次于硅谷的全美微电子技术中心。

而华盛顿是世界各国中少有的仅以政府行政职能为主的城市。城市中没有发展工业,这也是政府所禁止的,但为行政和文化机构服务的印刷出版业、食品工业、高级化妆品业则获得了长足发展,同时由于市区多为纪念性建筑及公园绿地,旅游业相当发达。

巴尔的摩在有色金属和炼铁工业中的地位十分重要。同时巴尔的摩也是美国东海岸重要的海港和工商业中心。依靠进口原料,巴尔的摩发展了钢铁、造船和有色金属冶炼等工业,对外贸易在经济中占有重要地位。

除上述介绍的各城市分工以外,城市群内的港口之间也有合理的分工:纽约港是美国东部最大的商港,重点发展集装箱运输;费城港主要从事近海货运;巴尔的摩港则是以转运矿石、煤和谷物等地方产品为主的商港,同时兼有渔港的功能。这些港口构成了一个分工合理、运营灵活的美国东海岸港口群,纽约则是这一群体中的枢纽港。

(四)对波士华区域经济一体化简评

波士华地区城市间产业分工的发展主要是尊重市场规律的结果。港口城市凭借便利的交通,顺应海外贸易的发展对海运需求旺盛的需要得以快速发展。而在不同发展阶段,各个城市之间的比较优势发生此消彼长的变化,城市的职能、分工也发生了相应的变化——原本在制造业方面具有比较优势的城市(如纽约),因其成本的提升,逐渐丧失制造业的比较优势,转而进入价值链更高端的领域,取得了服务业的比较优势并不断巩固,形成服务周边甚至全美、全球的金融等服务产业。这种发自民间、尊重市场规律发展的方式得益于美国完善的市场竞争机制和自由精神,也得益于美国经济的发展和沿海地区优越的地理、交通条件。波士华城市群中的各个城市都有自己特定的功能与分工,而且在发展的过程中,相互间密切地联系在一起,实现了生产要素的合理配置,形成了一个既分工明确,又相互补充的现代化经济运作的地域综合体。

波士华地区各城市都有自己的独立个性,都有各自不同的优势明显的产业部门,在大都市带内各自发挥着特定的功能,这种既分工又整合的经验非常值得长江上游地区各省市在发展中借鉴。找准自己的比较优势,及时放弃失去优势的产业,合理分工,功能各异,密切合作,加强各种生产要素在区域间的流动,才能够形成区域内巨大的整体效应,提升整个区域的竞争能力。

二、国内区域经济一体化经验总结

(一)大珠三角地区区域经济一体化

由广东、香港、澳门组成的"大珠三角"是"泛珠三角"区域合作的核心层,在推进"泛珠三角"区域合作中,粤港澳合作至关重要。在 CEPA 的框架下,粤港澳合作完全有条件继续先行一步,围绕三地已经确定的在今后 10—20 年内,努力把大珠三角建设成为世界上最繁荣、最具活力的经济中心之一,广东要发展成为最重要的制造业基地之一,香港要发展成为世界上最重要的以现代物流业和金融业为主的服务业中心之一,澳门要以发展世界上最具吸引力的博彩、旅游中心之一和区域性的商贸服务平台为目标[5]。

(二)大珠三角经济一体化进程

因地缘、血缘和人缘的关系,广东与香港、澳门的经济合作在过去的 30 多年里,走过了一条由有限要素互补性合作,逐步过渡到全面要素互补性合作,并正处在走向经济一体化的发展过程。

20 世纪 70 年代末内地改革开放时,时逢香港长期以"低成本"为基本形象的制成品在国际市场上受到东南亚廉价制品的竞争与挑战。为提高产品竞争力,香港、澳门的工厂逐步北迁到广东的珠江三角洲地区,在继续利用港澳的市场推广、资金、管理及技术等优势的同时,充分利用了珠江三角洲廉价的土地及劳动力优势,大大降低了制成品的生产成本,提高了产品在国际市场上的竞争力。与此同时,珠江三角洲地区也因港澳资金(主要是香港资金)及其他要素的迁入而激活了要素存量,快速地推动经济发展。

20 世纪 80 年代,珠三角地区实现经济起飞,得益于港澳地区资金、技术和管理经验的大量引入。由此启动的粤港合作,首先是以经济垂直分工为主导的"前店后厂"式梯度合作。虽然合作最初局限在资金、劳动力、土地等基本生产要素相结合的范畴,却使珠三角迅速获得白手起家所必需的巨额资金、海外市场和企业管理技术,摆脱传统农业经济而大步跨入以工业为主导的外向型经济。香港从此成为珠三角地区引进外资最主要的来源地,来自香港的投资资金迄今一直占外商在珠三角投资的第一位。从这个意义来说,香港、澳门起着带动珠三角地区经济发展的龙头作用。

2003 年 6 月底,中央政府与香港特区政府签订了《内地与香港关于建立更紧密经贸关系的安排》(Closer Economic Partnership Arrangement,CEPA)。CEPA 规定:内地将于 2004 年 1 月 1 日起对香港出口到内地金额最多的 273 种商品实行零关税,并将不迟于 2006 年 1 月 1 日前对其他所有港产品实行零关税,同时许诺不对香港原产地货物实行关税配额或其他与 WTO 规则不符的非关税措施。CEPA 涉及的货物贸易、服务贸易自由化和便利化的内容,最直接地促进香港与内地经济的融合,进一步提高两地经贸合作的层次和水平,使两地的经济共同受益。CEPA的正式实施使粤港澳之间在更大范围、更高层次上进行经济大整合。三地间的资金流、信息流、物流和人流随之放大,这标志着港澳与内地尤其是与广东省的经贸合作进入了一个崭新的历史时期。而中国与东盟建立"10＋1"自由贸易区更为泛珠三角区域合作带来重大机遇。

(三)大珠三角地区各城市分工情况

香港作为一个金融、贸易、旅游、专业服务中心的优势地区,澳门作为一个旅游、博彩、中介服务中心的优势地区,仍然是广东乃至中国其他城市都无法取代的。而且香港、澳门都是历史悠久的自由港,对进出口货物免征关税,也不实行外汇管制,人员、资金、货物可自由进出。它们与国际市场保持密切联系,和世界上许多国家都有密切的经济文化交往。而且香港、澳门的人均GDP仍然几倍于广东省。

香港在服务业领域具有突出的优势。香港经过长期的市场经济体制运作,在服务贸易方面积累了许多好的经验,形成了一整套行之有效的国际惯例和法规,值得广东业界学习和借鉴。在大珠三角经济一体化进程中,要重视发挥香港国际金融、物流和信息中心的作用。目前香港最大的产业优势是物流业,其不仅具有区域物流枢纽的地位,而且还拥有世界一流国际机场和货柜码头,以及优良的交通、通信网络和其他配套设施。

澳门土地稀缺,大珠三角合作,意味着澳门发展空间的大扩张。其中珠(海)澳跨境工业区虽然仅0.4平方千米,但作为国务院批准的全国首个跨境工业区,却有极重要的示范作用。工业区还未建成就有几十家企业要求入驻。而面积相当于澳门3倍、仍是开发"处女地"的横琴岛,更受到广泛关注。在澳门特别行政区政府"以旅游博彩业为龙头,多元化发展其他产业"的政策下,澳门对资源提出了更高的要求,而广东企业可以在这一政策背景下拥有近水楼台的优势。香港将连接广州的高速公路延伸到澳门,通过港珠澳大桥加强与粤西地区的联系。葡语系国家和地区拥有2亿人口,澳门是内地与之联系的平台,对广东更意味着可贵的发展空间。

广东省作为中国改革开放的发祥地,是中国外资投入最密集的地区。2010年,广东省生产总值达45473亿元,约占全国的1/8强;进出口总值达7847亿美元,占全国1/4强。截至2000年年底,全省累计批准外商投资企业超过15万家,实际吸收外商直接投资2545亿美元,其中有200多家世界500强企业在广东投资设立企业78家,投资总额达5.6亿美元,外商投资企业设立了400多家研发中心。广东省制造业具有规模优势,目前已形成电子信息、电气机械、石油化工、汽车、医药、纺织服装、食品饮料、建筑材料、森工造纸九大支柱产业,成为中国乃至世界最大的消费制造业基地之一。广东金融资源丰富,有外向型经济优势,外贸依存度高。广东省建成了全国最密集的港口群、高速公路网和机场,是全国海陆空交通最发达的省份。港资企业中,境内有7万多家港资企业,这必将成为广东和香港制造业与服务业互相结合的平台。

广州作为华南老工业基地,在汽车、机械、电子信息、石油化工方面具有比较优势,同时在商业、服务、文教、交通、科技方面也具有较强的竞争力,正在演变为珠三角的商贸流通中心、科技研发中心和现代服务中心。深圳作为改革开放的前沿阵地,重点发展高新技术产业、商业、金融和服务等职能,正向商贸、物流、金融和信息一体化的现代化区域性综合城市迈进。珠海市立足于自身基础,致力于建设以信息技术为龙头的高新技术产业基地,有较强吸引力的产学研基地和高附加值的产品出口创汇基地。佛山的家用电器制造业、建筑陶瓷制造业占据世界市场相当大的份额。江门市的纺织化纤业是目前全国最大的生产基地,摩托车零部件制造、批发零售和装配也具有相当强的市场竞争力。惠州市依托麦科特、德赛等大型企业及中海壳牌石化项目,打造世界级企业;肇庆正发展为商贸旅游业发达的区域性中心城市;东莞以制造业和计算机资讯产业为主导,电子信息零部件制造业发展突出;中山市则将特色制造和高新技术产业相结合,既发展服装、家具、灯饰等劳动密集型产业,也发展以电子信息为主的知识密集型产业。

对于粤港澳未来10—20年的发展定位,目前三地已经有了明确的目标。广东要发展成为世界上重要的制造业基地之一,香港将成为世界上重要的以现代物流业和金融业为主的服务业中心之一,澳门的定位则是世界上具有吸引力的博彩、旅游中心之一和区域性的商贸服务平台。

随着珠三角地区一体化进程的推进,城市产业调整更新与城市的进一步发展,珠三角地区的城市会逐步成为金融、信息、科教、商业、物流等服务业的中心地,而一些传统的制造业则会向韶关、清远、肇庆等周边腹地转移。未来的珠三角将形成"内部开店,外围设厂"的格局。

(四)大珠三角地区一体化简评

以香港、澳门、广州、深圳为核心的珠江三角洲地区是典型的经济发展高梯度区和商品经济辐射源地带,其经济梯度超过长江三角洲地区。有梯度就有空间推移和生产力的空间推移。有条件的高梯度地区创造或引进掌握先进的经济、技术,然后逐步依次向处于二级梯度、三级梯度的地区推移,实现经济分布的相对均衡。该地区拥有最为巨额的侨资、侨汇,与海外特别是东南亚各国家和地区保持着强势的区域经济联系,促进了区域经济的发展和经济一体化的实现。同时,该地区处于改革开放最前沿,其商业氛围浓厚,人们的市场观念牢固,这些也都是促进该区域经济一体化发展的强大动力。

第三节 一体化发展典型经验总结

一、生态绿色发展协同机制建设

(一)推动完善重点领域生态环境合作机制

长三角区域生态环境合作由来已久,生态环境协作机制日趋完善。2008 年底,苏浙沪主要领导座谈会进一步明确了区域合作新的机制框架和重点合作事项,环境保护也成了区域合作的重要专题之一。2009 年,首次长三角区域环境合作联席会议召开。此后,与区域合作相衔接,由各省市环保部门轮值牵头,负责区域大气联防联控、流域水污染综合治理、跨界污染应急处置、区域危废环境管理等方面合作[6]。2013 年 9 月,在国务院出台实施的《大气污染防治行动计划》中,明确要求在京津冀、长三角、珠三角建立区域大气污染防治协作机制,加强污染联防联控。同年 12 月,原环境保护部向国务院上报《关于成立长三角区域大气污染防治协作小组的请示》并获批通过。2014 年 1 月 7 日,长三角区域大气污染防治协作小组第一次工作会议在上海召开,会议审议通过《长三角区域大气污染防治协作小组工作章程》,组建由上海市、江苏省、浙江省、安徽省,以及原环境保护部、国家发展改革委、工业和信息化部、财政部、住房和城乡建设部、交通运输部、中国气象局、国家能源局 8 部委组成(2016年又增补科技部为成员单位)的协作小组。2015 年 4 月,国务院印发《水污染防治行动计划》,要求"建立全国水污染防治工作协作机制""京津冀、长三角、珠三角等区域要于 2015 年底前建立水污染防治联防联动协作机制"。同年 11 月,原环境保护部向国务院上报《关于成立水污染防治相关协作机制的请示》并获批通过。2016 年 12 月,长三角区域大气污染防治协作小组第四次会议暨长三角区域水污染防治协作小组第一次工作会议在杭州召开。会议审议通过《长三角区域水污染防治协作小组工作章程》,组建由三省一市,原环境保护部、国家发展改革委、科技部、工业和信息化部、财政部、原国土资源部、住房和城乡建设部、交通运输部、水利部、原农业部、国家卫生计生委、国家海洋局 12 个部委组成的长三角区域水污染防治协作小组,在运行机制上与大气污染防治协作机制相衔接,机构合署、议事合一。

(二)探索形成新安江流域生态补偿经验

新安江流域水环境补偿试点是全国首个跨省流域生态补偿实践案例。2011 年,财政部和原环境保护部联合印发了《新安江流域水环境补偿试点实施方案》,水质考核指标为跨界断面的高锰酸盐指数、氨氮、总氮、总磷 4 项,以最近 3 年平均水质作为评判基准,并设置 0.85 为水质稳定系数,制定了《新安江流域水环境补偿试点工作联合监测实施方案》,监测频次为每月一次,由中国环境监测总站核定,中央和浙、皖两省分别出资,资金专项用于新安江流域产业结构调整和产业布局优化、流域综合治理、水环境保护和水污染治理、生态保护等方面,流域水质得到了显著改善。2015年,财政部、原环境保护部下发《关于明确新安江流域上下游横向补偿试点接续支持政策并下达2015年试点补助资金的通知》。与首轮试点相比,提高资金补助标准,新增加的1亿元主要用于黄山市垃圾和污水特别是农村垃圾和污水的处理,提高水质考核标准和水质稳定系数。补偿方式方面体现"差水"惩罚,"好水"好价,目前,安徽、浙江已启动第三轮新安江生态协同治理。新安江流域生态补偿的基本特点为:流域上下游跨省份协作、资金横向转移支付、以水质约法、不计算水量因素,有奖有罚。为试点建立的补偿资金,从一定程度上缓解了生态区绿色发展的压力,目前,已形成了可复制推广的新安江生态补偿经验。

(三)探索创新生态环境一体化保护制

三省一市努力做足长三角一体化合作的"联"字文章,积极探索区域生态环境共保联治制度。

在信用方面,签署《长三角地区环境保护领域实施信用联合奖惩合作备忘录》,统一严重失信行为标准,明确40项区域联合奖惩措施,并在信用长三角网站公开相关信息。在执法方面,联合开展区域大气和水源地执法互督互学,交流提升执法能力。在污染治理方面,全面落实长三角船舶排放控制区二阶段控制措施。2019年1月1日起,长三角船舶排放控制区全面实施换低硫油措施,开展太湖蓝藻水华和沪苏浙省界地区水葫芦联合防控。印发实施《太浦河水资源保护省际协作机制—水质预警联动方案》,加强信息共享、监测预警联合控污和水资源调度。在机制下沉方面,三省一市联合签署了《加强长三角临界地区省级以下生态环境协作机制建设工作备忘录》,积极推动省界区县(市)层面全面建立生态环境保护协作。率先建立长三角生态绿色一体化发展示范区,涉及上海青浦、江苏吴江、浙江嘉善,是实施长三角一体化发展战略的先手棋和突破口。沪苏浙共同协商建立了太浦河水质安全保障相关协议、建立了淀山湖联合湖长制度,推进跨界水体协同治理等工作。2020年9月30日,沪苏浙生态环境、水利水务部门以及水利部太湖局、生态环境部太湖东海局、执委会等九方联合印发的《长三角生态绿色一体化发展示范区重点跨界水体联保专项方案》,将一体化示范区和协调区范围内47个主要跨界水体全部纳入实施范围,其中太浦河、淀山湖、元荡、汾湖等"一河三湖"是加强跨界水体联保共治的重点。10月19日,沪苏浙生态环境部门联合印发实施《长三角生态绿色一体化发展示范区生态环境管理"三统一"制度建设行动方案》,具体内容主要包括生态环境标准统一、环境监测统一和环境监管执法统一的工作目标、主要任务和制度保障,明确了3方面共56项具体工作清单。

二、绿色产业协同发展

(一)绿色产业的内涵与特征

1. 绿色产业的内涵

"绿色产业"概念源于1989年加拿大环境部长提出的"绿色计划"一词,它强调"绿色"要与社会经济的发展相结合,这一思想得到工业发达国家的普遍认同,它们不断将绿色产业作为社会经济可持续发展的重要战略,寄希望借助发展绿色产业,探索出一条社会经济与资源、环境和谐发展的道路,实现经济发展和环境保护的双赢[7]。

不同的学者从不同的学术角度对"绿色产业"进行了不同的描述和定义,迄今为止,学术界尚未形成一个统一的被大家普遍认可的绿色产业概念。就国外而言,常见的具有代表性的研究是:联合国开发计划署于 2003 年将绿色产业定义为"防止和减少污染的产品、设备、服务和技术,如太阳能、地热能、风能、公共交通工具和其他交通工具和其他可节省能源以及减少资源投入、提高效率和产品的设备、产品、服务与技术"。2006 年国际社会将绿色产业定义为:从狭义的角度来看,是指与环境保护相关的产业,即是在污染控制与减排、污染清理及废弃物处理等提供设备与服务的企业;从广义的角度来看,是指各种对环境友好的产业,既包括能够在测量、防止、限制及克服环境破坏方面生产与提供有关产品和服务的企业,也包括能使污染和原材料最小量化的洁净技术与产品。就国内而言,20 世纪 90 年代初期,提出绿色产业的概念,常见的具有代表性的研究有:

(1)可持续发展的角度。林毓鹏(2000)[8]认为:"绿色产业是基于可持续发展要求,以绿色技术的采用为其内在需求,以消除或最大限度减少外部成本,追求环境效益和经济效益最大化为其目的的企业及其相关组织的集合。"这是从价值论角度提出的定义。刘焰等(2002)[9]认为:"绿色产业是指应用绿色技术,生产绿色产品,提供绿色服务,防治环境污染,保护生态资源,改善生态环境,有利于社会经济持续发展和人类生存环境不断改善的产业。"余春祥(2003)[10]认为:"绿色产业是指在绿色经济发展中,应用绿色技术生产绿色产品,提供绿色服务,有利于生态资源的保护和生态环境的改善,有利于增进人类健康,有利于人类社会经济可持续发展的产业。从一般意义上讲,一切传统产业中,凡实施绿色技术改造、采用绿色科技创新、其生产经营过程和产品有益于环境和人类健康的产业,都可以进入绿色产业之列,其外延包括绿色交通、绿色能源、绿色材料、绿色旅游、绿色医药及环保工业等等。从特定意义上讲,所谓绿色产业是指一切依托于生物体的自然再生产过程,而且其产出物是不破坏环境、不危害人类健康的产业。具体而言,它是由'生物体(动物、植物、微生物等)、环境(光、热、气、水、营养元素等)、人类的社会劳动'三大要素组成并相互作用的整体。"鲁明中等(2005)[11]"从绿色经济的内在规律性去理解,可以认为,经济活动过程的结果,不仅要有好的经济效益,还要有利于生态环境保护和人的健康。凡是在生产过程中,力求资源利用上的节约,以生态环境保护为重要前提,有利于社会经济可持续发展和生存环境改善,以经济和生态协同进化为目标的产业,均可称为绿色产业。绿色产业是指在生产过程中,实施资源合理开发,选用对环境友好的先进技术和生产工艺,生产对环境友好的产品,在产品消费过程中,不对生态环境和人民的健康造成损害的产业"。李宝林(2005)[12]认为:"绿色产业的本质是可持续发展经济,是可持续发展经济的实现形态及形象概括。简单地讲,就是充分运用现代科学技术,以实施生物资源开发创新工程为重点,大力开发具有比较优势的绿色资源,巩固提高有利于维护良好生态的少污染或无污染产业,在所有行业中加强环境保护,发展清洁生产,不断改善和优化生态环境,促使人与自然和谐发展,人口、资源和环境相互协调、相互促进,实现经济社会的可持续发展的经济模式。狭义的绿色产业又特指粮食作物、畜牧、水产、果品、食品深加工、饮料、食品包装、无公害农业生产资料和人类其他生活用品等。"张桂黎等(2007)[13]认为:"绿色产业不同于一般意义上的环保产业,它是以防止污染、改善生态环境、保护自然资源、促进社会经济可持续发展为目的所进行的技术开发、产品生产、商业流通、资源利用、信息服务、工程承包和自然保护等生产活动的总称,故绿色产业是一种朝阳产业,具有广阔的社会效益、可观的经济效益和明显的生态效益。"史瑞建等(2007)[14]认为:"绿色产业是以可持续发展为宗旨,坚持环境、经济和社会协调发展,尊重自然规律,科学合理地保护、开发、利用自然资源和环境容量,生产少污染甚至无污染的,有益于人类健康的清洁产品,加强环境保护,促进人与自然和谐发展,达到生态和经济两个系统的良性循环和经济效益、生态效益、社会效益相统一的经济模式。"

(2)产业范畴划分的角度。曾建民(2003)[15]认为:"绿色产业是以绿色资源开发和生态环境保护为基础,以实现经济社会可持续发展,满足人们对绿色产品消费日益增长的需求为目标,从事绿色产品生产、经营及提供绿色服务活动并能获取较高经济与社会效益的综合性产业群体。它应包括环境保护产业、绿色食品产业、绿色技术产业、绿色旅游产业、绿色农业产业、绿色服务产业和绿色贸易产业等多个产业部门。"刘国涛等(2003)[16]认为:"绿色产业涉及第一产业、第二产业、第三产业各生产领域和行业,在国民经济中的比重越来越大,发展迅猛,被誉为朝阳产业。"赵云君(2006)[17]认为:"绿色产业的主旨是力求实现'零资源废弃',以促进经济健康发展和社会文明进步。从人类可持续发展的角度来看,绿色产业不再单纯是传统意义上的环保与生态建设,而是一项具有前瞻性、开拓性的系统工程,其核心思想符合可持续发展的基本思想,避免单纯追求 GDP 增长的传统模式,使环境与经济的关系由相互制约变为相互促进,从而实现经济、社会、环境的和谐发展。"何永进(2007)[18]认为:"绿色经济或产业的本质是可持续发展经济,是可持续发展经济的实现形态及形象概括。简单地讲,就是充分运用现代科学技术,以实施生物资源开发创新工程为重点,大力开发具有比较优势的绿色资源,巩固提高有利于维护良好生态的少污染或无污染产业,在所有行业中加强环境保护,发展清洁生产,不断改善和优化生态环境,促使人与自然和谐发展,人口、资源和环境相互协调、相互促进,实现经济社会的可持续发展的经济模式。同时,狭义的绿色产业特指粮食作物、畜牧、水产、果品、食品深加工、饮料、食品包装、无公害农业生产资料和人类其他生活用品等。应当着重指出的是,绿色产业工程是一项融科研、环保、农业、林业、水利、食品加工、食品包装及有关行业为一体的宏大系统工程,属于高科技产业,发展前景十分广阔。"

2. 绿色产业的特征

绿色产业是绿色(生态)社会的产业基础,是 21 世纪从工业文明走向生态文明的主导产业,是有别于其他产业的一种新兴产业,所以它既有其他产业的共同特点,又具有自身的特征。就绿色产业的特征而言,不同的学者进行了不同的阐述,综合各学者的观点,认为刘思华(2000)[19]对绿色产业特征的概述较为全面。

(1)绿色产业是现代经济社会发展的基础产业。绿色产业是以绿色资源开发和生态环境保护为基础,以实现经济社会可持续发展,满足人们对绿色产品消费日益增长的需求为目标的新兴产业,它是通过改造传统产业、发展没有污染和少污染的产业来实现环境与经济的相互促进,从而改变单纯追求 GDP 增长的传统模式,实现经济、社会、环境的和谐发展。绿色产业涉及产业十分广泛,包括从事绿色产品生产、经营及提供绿色服务活动的所有综合性产业群体,如林业、农业、工业、商业、旅游业、建筑业、信息产业等,即国民经济的第一、第二、第三产业,可以说涵盖国民经济各个产业部门,已经成为社会发展的基础产业。

(2)绿色产业是种渗透性极强和跨度极大的产业。绿色产业直接与人类的生存、生活环境相联系,致力于生态环境的改善,实现人与自然环境相和谐发展的产业,其领域包括整个国民经济部门,它不是独立于传统产业之外的产业,而是与传统产业相互渗透,涉及的企事业单位也非常广泛,涵盖从产品设计到售后和服务的全过程,包括农、林、牧、副、渔等相关产业。需要各地区、各部门协力配合才能实现绿色产业的发展,实现人类的可持续发展。

(3)绿色产业是综合的交叉创新型产业。绿色产业的运行是运用生态学、经济学、管理学等原理及相关规律,结合系统工程和现代科学技术等方法,使社会经济、生态环境和人文精神相互交织、协调发展。所以,绿色产业不仅具有生态系统的特征与功能,而且还具有经济系统的特征与功能,更具有社会系统的某些特征与功能,是综合的交叉创新型产业。在生态环境良性循环的基础上,长江经济带可以有效实现生态、经济和精神相互协调的可持续发展。

(4)绿色产业是综合性的产业。绿色产业同时兼具了经济系统、生态系统和社会系统的特征与功能,决定了绿色产业所涉及的学科多、产业门类多和部门多。绿色产业包括生态学、生物学、环境保护学、经济学、人口学、法学、生态经济学、政治学十几个学科,涉及林业、农业、工业、商业、旅游业、建筑业、信息产业等诸多产业,包容了国民经济的第一、第二、第三产业,广泛分布于国民经济的各个部门(曾建民,2003)。

(5)绿色产业是高新技术性产业。绿色产业是采用高新技术,应用先进知识化管理的新兴现代化产业,其中大部分产业部门的技术性很强,既要求劳动者具备一定的科学文化素质和劳动技能从事绿色生产,又要求随着科学技术的进步不断改进生产工具,还要求在绿色产品的整个生产环节上都必须采用先进的技术和方法,实现绿色生产、绿色管理,保证向社会提供绿色、健康、安全的产品。绿色产业是通过把高新技术应用到企业管理、产品质量、信息传递、产品开发或市场服务等方面来体现高新技术性,包括对绿色产业技术科技攻关、对技术设备更新、对传统产业技术的改造等。

(二)国外绿色产业政策分析

1.美国绿色产业发展背景和现状

(1)绿色产业发展背景和现状

美国的产业政策不是政府调控经济的工具,是补救市场缺陷的措施,独立于政府财政政策、税收政策、货币政策之外的干预经济手段,它是借助法律意识,以立法形式间接调控经济。其重点是创造条件,提供资助,鼓励企业技术进步和技术革命。美国幅员辽阔,具有丰富的自然资源,并充分利用第二次工业革命的有利机遇,广泛应用电力和石油,经济突飞猛进,超过了英国和法国,成为世界上首屈一指的经济强国。然而,由于工业快速发展和科学技术进步,特别是美国政府实行自由放任的经济政策,对生态资源开发利用程度大幅度提升,在某种程度上推进了社会进步和提高了人们的生活水平。但经济快速发展的同时,也带来严重的资源浪费和破坏,能源消费急剧增加,面临能源供应危机、水土流失和生态环境恶化等问题。美国大多数城市环境污染十分严重,而且能源的过度消费使得气候出现异常,气候的改变不是短期行为,是"经过相当一段时间的观察,在自然气候变化之外由人类活动直接或间接地改变全球大气组成所导致的气候改变"[20],气候变化将会给人类带来难以估量的损失。美国是以传统工业为主的发达国家,传统工业采用高碳经济发展模式来发展经济,这是导致温室气体排放量过大的主要原因,温室效应和生态环境恶化已引起世界各国的高度重视。越来越多的国家都开始转变经济发展方式,保护生态环境,促进人类社会和经济的可持续发展。美国也加大了对环境污染的治理力度,运用法律和经济手段,制定了绿色产业政策,推进低碳经济发展。

美国莱斯特·布明在《B模式:拯救地球延续文明》一书中提出全世界治理行动,用以可再生能源为基础的生态经济发展新模式替代以化石燃料为基础的传统发展模式,拯救地球,延续文明。美国先后通过了《低碳经济法》《美国复苏与再投资法》《美国绿色能源与安全保障法》《美国清洁能源和安全法》等系列法律法规来推动绿色经济发展,特别是奥巴马政府上台后,推行"绿色新政"计划,以开发新能源为发展绿色经济主要动力,推进绿色能源科技革命,制定绿色产业政策,把信息通信技术与新能源技术相结合,应对气候变化,发展绿色经济。

美国短期无法摆脱对石化资源的依赖,但长期可借助绿色产业政策来实现本国经济的战略转型,逐渐达成产业与传统能源脱钩的发展意愿。美国绿色产业政策核心是开发新能源,改变能源消费结构,发展可再生能源,应对气候变化,推进低碳经济发展。美国提出新能源战略,在《美国复苏与再投资法》(American Recovery and Reinvestment Act,ARRA)中明确指出,投资总额达到7870亿美元,其中580亿美元涉及气候、能源与环境领域。到2025

年,联邦政府将再投资900亿美元提高能源使用效率并推动可再生能源发展,[21]以此来支持可再生能源和能效技术的开发和利用,培育新能源产业。美国绿色产业政策改变以化石燃料为主的能源消费结构,大力发展风能、太阳能、生物质能、地热能等可再生能源,政府在研发投入、税收优惠和补贴等方面扶持可再生能源产业发展,使可再生能源产业成为引领美国经济发展的动力。

(2)绿色产业发展目标

美国政府制定绿色产业发展的政策法规,加强法律法规的约束,改变传统高碳产业,发展新能源产业,实现"美国复兴和再投资计划"的目标,到2025年将新能源发电占总能源发电的比例提高至25.00%。增加可再生能源和新能源领域的投资,促进能源产业的发展,按照《美国清洁能源与安全法》要求,投资1900亿美元用于新能源技术和能源效率技术的研究与开发,推进能源产业技术创新,加大清洁能源研发投入和碳回收技术研发,摆脱对进口石油的过分依赖,发展新能源产业,使清洁能源产业群成为美国经济繁荣的支撑点。

(3)绿色产业政策内容

"再工业化"与绿色能源战略。"再工业化"(Re-industrialization)概念由美国学者A.埃兹厄尼针对20世纪70年代德国的鲁尔地区、法国的洛林地区、美国的东北部地区和日本的九州地区等重工业基地的改造和振兴首次提出。伴随着经济发展和时代的变迁,"再工业化"概念不断被完善。"再工业化"是指在一些国家和地区的工业化水平发展到一定程度之后,由于自身因素和国际环境的共同变化,它们的工业陷入了长时间的衰退,这些国家和地区根据内外部环境的变化重新定位该国的工业,调整产业结构,通过对新的市场环境的分析研究,不断提高企业整体实力,充实企业的生产基础。[22]"再工业化"战略是由美国总统奥巴马率先实施,其目标是应对金融危机,扭转制造业萎缩,提高传统产业的竞争力,推进美国产业结构和经济结构合理化,发展新能源与绿色能源产业,抢占全球产业和经济制高点,巩固美国的霸权地位。

美国推行了系列政策和措施来振兴制造业。先后颁布了《美国复苏与再投资法》(2009)、《重振美国制造业框架》(2009)、(2010美国国情咨文)(2010)、《国家出口倡议》(2010)、《促进联邦制造业法》(2010)、《高端制造伙伴关系》(2011)、《保证美国增长的稳定和繁荣》(2011)、《在美国制造计划》(2011)、《先进制造业国家战略计划》(2012)、《制造创新国家网络计划》(2012)等几个文件,试图复兴制造业,保持传统制造业一定竞争力,使制造业成为美国经济发展的重要基石。加大对绿色产业的支持力度,尤其是以能源、智能机器人、先进材料、3D打印、纳米生物技术、精密仪器等为代表的高端制造业和新兴行业,转变经济发展方式,促进实体经济高速增长,推动美国经济的复兴与发展。

发展新能源,关注新兴产业,加大基础性产业领域投资。美国政府制定清洁能源标准,通过美国能源部科学局加大对相关研究的支持,实施高级能源研究计划,新建三个能源创新中心等举措,加快对清洁能源的研发和部署。促进新能源和可再生能源发展,减少能源消耗,提高能源利用效率,摆脱对进口能源的依赖。鼓励发展低碳技术,开辟新兴产业,出台各种优惠的政策措施,增加对新兴产业以及与此相关的基础设施产业的投资,发展新兴产业,恢复美国经济,确保美国保持全球领先地位。

增加科技投入,鼓励科技研发与创新,是美国政府实施"再工业化"战略的重大举措。创新是经济发展的支撑,竞争是创新的动力,教育是实现创新的途径。美国在 2007 年通过《美国竞争法》把创新能力和竞争力写到法律之中,并于 2009 年 8 月颁布《美国创新战略:推动可持续增长和高质量就业》,鼓励自主创新,加强政府、高校、企业合作,建立企业与政府部门创新中心,为企业发展营造良好的市场竞争环境,实现技术的创新和应用,提高美国在国际上的竞争力。扶持新能源和可再生能源产业、信息产业、光伏产业等行业的研发,带动战略性新兴行业取得突破。同时,政府增加教育投资,提高劳动者的技能和竞争力,培养高技术人才,吸引世界级的高端人才,提高美国劳动力的生产效率和素质,使美国经济成为全球经济的领跑者。

财税政策措施。美国采取多种财政税收和支出政策发展绿色经济,财政税收政策包括消费税、开采税、化学品税、环境税等税种,财政支出政策是扶持绿色经济发展的措施,包括增加财政投入、发展风险投资等财政补贴政策。财政税收政策是政府制定实施一系列的税收政策,着重于鼓励提高能源利用效率、研究开发清洁能源、推动绿色产业发展。如制定税收政策鼓励节能,对于购买节能型汽车的消费者给予抵税优惠,对于购买高油耗汽车的消费者征收特别税等。"政府规定可再生能源相关设备费用的 20.00%～30.00%可以用来抵税,可再生能源相关企业和个人还可享受 10.00%～40.00%不等的减税额度。"[23]这些税收政策还应用到人们生产和生活的各个方面,以此鼓励节能减排,利用可再生能源。鼓励政府实施绿色采购,支持绿色产业发展,美国先后颁布了《小企业法》《联邦政府采购条例》《武装部队采购条例》《购买美国产品法》等一系列法律法规,规范政府采购,保护本国产业,促进新产品的发展。财政支出政策主要包括:①不断增加政府投入,用于新技术研发推广和企业创新投入,发展战略性新兴产业,使高端装备制造产业成为经济的支柱产业,新能源产业成为经济的先导产业。②发展风险投资,依靠风险资本的支持完成产业化,创造出巨大的经济效益,如 20 世纪 50 年代的半导体硅材料、70 年代的计算机、80 年代的生物工程技术、90 年代的信息产业等这些产业的发展壮大都离不开风险资本的支持。美国政府为了鼓励私人风险投资,颁布了十几部法律,如《经济恢复税法》等激励企业投资和研发活动。

加大基础设施建设。美国以新能源产业为核心,强化实体经济。不断增加对交通、通讯、智能电网等基础设施建设投入,开发新的节能技术和存储能源,改善美国基础设施状况。在《美国复苏与再投资法》中提出,拨款 360 亿美元用于基础设施项目,拨款 45 亿美元用于电网的建设,拨款 72 亿美元用于扩大宽带等,加强美国公路、铁路等基础设施的建设,推动绿色产业的发展和壮大。

2. 日本绿色产业发展政策分析

(1)绿色产业发展背景和现状。

日本产业政策是世界上最系统、最成功的产业政策。理论界的学者或一些企业家认为日本产业政策是在市场失灵时而被动采用的措施,政府官员则认为日本产业政策是政府主动干预经济,实现产业结构的优化升级。[24]无论哪一种理论都说明日本产业政策目标是优化产业结构、有效利用资源,保护环境的同时提高国际竞争力。1985 年 6 月,在日本东京召开的第 15 届太平洋贸易开发大会的中心议题是"环太平洋区域经济成长及产业政策问题",标志着"产业政策"概念正式走向世界。日本四面环海,国土面积只有 377800 km²,非常狭小,约为俄罗斯国土面积的 1/45,中国、美国国土面积的 1/25,自然资源匮乏,大部分能源资源严重依赖进口。20 世纪 70 年代两次石油危机,使日本经济增长速度滞缓,结束了日本经济高速增长的时代。为了摆脱对国外能源进口的依赖,日本不断调整产业结构,提高技术密集型产业比重,降低对能源的浪费性消耗,促使企业努力开发新能源,改变能源需求结构,提高日本工业的国际竞争力。然而,日本依赖重化工业发展带来的经济高速增长也带来比较严重的环境问题。大型重化企业排出的各种废气、废渣、废液超过自然净化的能力,严重污染自然环境,危及人类的生产和生活,迫使日本制定绿色产业政策,实现节能环保和资源循环再利用,积极开展环境保护工作。日本绿色产业政策重点是科技创新,加大对高新技术的研发与应用,加强节能和新能源等新兴产业发展[25],推广节能减排计划,发展绿色经济。日本先后颁布并实施《节约能源法》《日本促进再生资源利用法》《合理用能及再生资源利用法》《废弃物处理法》《化学物质排出管理促进法》《2010 年能源供应和需求的长期展望》《面向2050 年的日本低碳社会情景》《新国家能源战略》等一系列法律法规,停止或限制高能耗产业,发展新能源产业,提高新能源在一次能源消费结构中的比例,抵御能源危机,降低对传统能源的依赖。日本实施各项节能减排措施,加快技术进步,提高资源回收利用和循环再利用,促进本国经济绿色转型,由"耗能大国"变为"新能源大国"。

(2)绿色产业发展目标。

日本将低碳经济作为引领今后经济发展的引擎,将绿色产业确定为未来产业发展的重要支柱。发展绿色产业、实施绿色产业政策是全球解决当前能源危机和环境危机的主要抓手。日本作为能源主要依赖于进口的国家,必须推行绿色产业政策。日本绿色产业政策是在"以科学领先、技术救国"的方针下,调整产业结构,推进低碳社会和循环型社会的建设,实现经济和社会的可持续发展。日本提出低碳社会发展战略,出台《新国家能源战略》《21 世纪环境立国战略》《绿色经济与社会变革》《构建低碳社会行动计划》等法规,强调加快技术改进和创新,开发利用新能源,实现能源结构的多元化,完成"福田蓝图"计划,到 2020 年日本太阳能发电量提高到 2008 年的 10 倍,到 2030 年要提高到 2008 年的 40 倍,2050 年日本的温室气体排放量比 2008 年减少 60.00%～80.00%。[26]

（3）绿色产业政策内容

实施 IT 立国战略。"贸易立国""产业立国""技术立国"是日本经济发展经历的三个阶段，进入 21 世纪，日本绿色产业政策的主要方向是技术立国，主要内容是发展信息技术产业的政策，为此，日本提出了"IT 立国"的经济发展战略。"IT 立国"战略是以信息技术产业为 21 世纪日本经济发展中首屈一指的主导产业[27]，坚持"政府支持，民间主导"的原则，提高信息产业技术，恢复传统工业的活力，促进电子商务的发展，实现日本经济绿色可持续的高速增长。日本政府在 2000 年 11 月制定了《信息技术基本法》，把"IT 立国战略法律化"。"IT 立国"战略包括：①政府制定信息技术相关法案，促进新能源和信息产业技术研究开发，加强 IT 技术与新能源等技术的结合，形成现代网络传输系统，实现日本产业结构的真正转型；②强化龙头企业的带动力，提高 IT 技术龙头企业的竞争力，使龙头企业走向世界市场，成为参与国际竞争的顶梁柱。注重龙头企业对中小企业的引导，借助政府政策扶持，拓宽中小企业发展的空间，协调企业之间的分工与合作，使信息产业成为日本经济增长的新亮点。

制定技术创新发展规划。技术进步是经济增长的发动机，日本引进国外先进技术，弥补与欧美发达国家差距，制定实施产业技术政策鼓励本国企业进行技术创新，用几十年时间使日本的科技水平达到世界领先水平。在低碳经济社会建设中，日本政府十分重视绿色产业发展，通过实施绿色产业技术政策，加大环境能源技术革新，投入巨资开发新能源，发展节能减排技术，确保"新能源大国"地位。如"2007 年，日本的经济产业省决定在未来 5 年中投入 2090 亿日元用于发展清洁汽车技术，其目的不仅要大大降低燃料消耗，还要降低温室气体的排放量"。2008 年 1 月，日本福田首相宣布，未来 5 年将投入 300 亿美元推进"环境能源革新技术开发计划"。加快普及节能计划，推进住宅节能化、家电节能化、普及环保汽车等，实现二氧化碳排放量的可视化。制定技术创新规划，主要是革新和改进现有的技术，使日本技术水平处于全球领先地位。2008 年，日本确立了 21 项重点发展的创新技术，如半导体元器件技术、信息生活空间创新技术、超燃烧系统技术、超时空能源利用技术、交通技术等，制定创新技术发展路线图，推动绿色产业技术水平的发展，扩大环境领域的经济规模，应对全球金融危机和环境危机对经济形势的负面影响，把绿色产业发展作为日本新的经济增长点。

财税政策措施。日本财税政策包括财政补贴、税收优惠和政府采购三个方面。政府出台财政补贴制度，支持企业节能和促进节能的技术研发，对"国家节能技术开发项目""企事业单位节能技术开发项目"给予财政补贴，对于企业引进节能设备和实施节能技术改造、企业和家庭引进高效热水器、住宅和建筑物引进高效能源给予政府补助[28]。日本政府在 2007 年开始征收环境税，按照节能产品目录对使用目录的节能设备给予税收减免政策，如对努力降低排放量的高排放用户、使用指定节能设备的企业给予税收减免，对节能汽车、家电产品、住宅、建筑等引进节能设备实施特别折旧制度，以此鼓励家庭和企业节能减排、重视环境保护、发展循环经济。制定政府绿色采购的目标，确定采购商品的清单，建立绿色采购的信息咨询、交流制度,引导企业生产和销售绿色环保产品,提高企业和国民的环保意识。

(三)绿色产业政策案例经验总结——以低碳经济政策为例

以二氧化碳为主的温室气体引起全球性气候变暖,已经成为当前人类面临的全球性问题,为了缓解资源环境压力,实现人类社会绿色可持续发展,世界各国调整发展战略,阻止全球变暖,"低碳经济"概念应运而生。"低碳经济"一词,最早由英国政府 2003 年在能源白皮书《我们能源的未来:创建低碳经济》中以政府公文的形式提出。低碳经济是以低能耗、低排放、低污染为特征的低碳产业、低碳技术、低碳消费等经济形态的总称,是高碳能源时代向低碳能源时代演进的一种经济发展模式[29]。其实质是一场能源革命,是一场全新的发展理念和发展模式,即依靠技术、制度等创新,减少碳排放,实现能源、环境和经济系统协调可持续的经济发展模式。

1. 发展低碳经济的必要性

（1）应对全球气候变暖

应对全球气候变暖是低碳经济概念提出的最直接的原因。2014 年 11 月 2 日,联合国政府间气候变化专门委员会(IPCC)在丹麦哥本哈根第五次评估报告的《综合报告》中指出,自工业革命以来,人类一直采用以化石燃料为主要能源动力的高碳发展模式来发展经济,使得二氧化碳、甲烷等温室气体排放量不断增加,大气温室气体浓度增大,温室效应增强。全球持续排放温室气体导致气候系统异常的影响将继续保持并加剧,预计到 21 世纪末期全球气温还会上升,对社会各阶层和自然世界产生影响的可能性随之增加,直接威胁人类的生存和可持续发展。由此可见,温室气体排放以及其他人为驱动因子已成为自 20 世纪中期以来气候变暖的主要原因。减少温室气体排放,控制全球气候恶化,保卫我们人类共同的家园,发展低碳经济已势在必行。

（2）缓解资源紧缺

煤炭、石油等不可再生能源的粗放使用导致的不可持续是发展低碳经济的内在要求。中国的能源储备虽然比较丰富,但分配不均衡,具有"多煤少油贫气"的特点,其中,煤炭占主导地位。中国煤炭资源丰富,根据国土资源部重大项目《全国煤炭资源潜力评价》结果显示,全国煤炭资源总量 5.9 万亿 t。其中,探获煤炭资源储量 2.02 万亿 t,预测资源量 3.88 万亿 t,位居世界前列,但中国人口众多,煤炭资源的人均拥有量约为 234.4t,低于世界人均煤炭资源的拥有量 312.7t,仅是美国煤炭资源人均拥有量的 1/4。中国石油天然气探明储量一直保持高位增长,但从全球来看,伊朗、俄罗斯、卡塔尔三个国家的天然气储量就占去全球储量的半壁江山,中国的天然气储量只位列全球第 12 名。国土资源部公布 2013 年天然气新增探明地质储量为 6164.33 亿 m³,天然气新增探明技术可采储量为 3818.56 亿 m³。2013 年石油产量 2.1 亿 t,同比增长 1.40%;天然气产量 1175.73 亿 m³,同比增长 9.10%;煤层气产量 29.26 亿 m³,同比增长 13.70%,"但已探明的石油、天然气等资源人均拥有量相对不足,仅为世界平均水平的50.00%。长期以来,中国经济增长模式一直是以追求GDP数量增长为主、质量提升为辅的粗放式增长,在经济高速增长的态势下,资源短缺与环境污染问题日益凸显,由于资源是稀缺的,特别是化石资源,具有不可再生性,随着消耗的日益增加,其储量日趋减少。资源瓶颈已成为制约中国经济发展面临的突出问题。以2012年为例,中国GDP总量排名已经稳居世界第二,中国一次能源消费量为362亿吨标煤,消耗全世界20.00%的能源,单位GDP能耗是世界平均水平的2.5倍,是美国的33倍、日本的7倍,同时也高于巴西、墨西哥等发展中国家。依靠增加能源高投入的发展模式呈现出难以持续发展的弊端。同时,化石资源的高消耗,势必会造成严重的环境污染。由此可见,依靠"高投入、高消耗、高排放、高污染、低效率"的发展模式无法满足持续增长的消费需求,也无法实现中国经济的可持续增长。中国必须转变经济发展方式,优化产业结构,发展低碳经济,降低能源消耗,缓解环境污染。

(3)减排压力巨大

外部的压力促使中国必须发展低碳经济。改革开放以来,我国经济发展取得了举世瞩目的成就的同时,依然采用高能耗、高污染、低产出为特征的传统经济增长模式。一方面,以美、日等为代表的发达国家已经走出重化工业阶段,即改变了依靠高排放、高能耗来发展本国经济,积极推进以低碳为特征的新一轮经济革命,加大调整产业、能源、贸易等政策,发展低碳经济,抢占国际市场。因此,中国必须调整经济增长模式,寻找新的经济增长点,调整经济结构,转变经济发展方式,促进产业结构升级,推进以低能耗、低排放为特征的低碳经济发展,使之成为我国未来经济社会可持续发展的引擎。另一方面,中国是世界第二大温室气体排放国,面对日益严重的环境问题,作为一个负责任的大国,中国必须承担国际义务,坚持"共同但有区别责任"的原则[30],减少二氧化碳排放,推进国际减排合作。

2. 中国应对低碳战略的对策建议

(1)制定低碳经济发展政策和战略

"没有规矩,不成方圆。"发展低碳经济,探索低碳经济模式,构建和谐的低碳社会,需要长远的规划和良好完善的制度,否则就无法推进低碳经济发展,实现人类的可持续发展。制定低碳经济发展政策和战略是中国顺应低碳经济发展,形成低碳经济发展的长效机制,推进低碳经济建设的手段[31]。具体包括:①完善低碳经济战略规划,确立低碳经济目标、指导思想、基本原则、重点领域及政策措施,完备低碳战略体系。真正把实现低碳经济纳入中国经济和社会发展中,制定低碳经济发展的统计和考核指标体系,对国民经济发展指标进行强制性约束。②完善财政政策。中国政府通过制定相关的财政政策,增加政府支出,加大低碳投入力度,扶持低碳产业。重点资金主要投入到低碳工程、低碳产品和低碳技术的推广应用中,通过政策扶植将低碳技术研发纳入国家科技规划中,建立适宜的低碳税收制度:通过税收的激励与惩罚,调动各利益主体的主动性,对破坏环境、实现高碳生产的企业和个人征收环境污染税等,增加企业和个人生产成本,促进能源、交通、信息、电力、建筑和金融服务等产业的低碳化转型;对于使用清洁能源或节能产品的企业和个人给予税收减免与补贴,以此来营造节能减排的良好氛围。③完善法律制度,为低碳经济发展提供制度保证。中国政府加快低碳经济立法,依法推进低碳经济。先后制定《节约能源法》《清洁生产促进法》《可再生能源法》《循环经济促进法》等法律法规,修订《环境保护法》《环境影响评价法》《大气污染防治法》《矿产资源法》《煤炭法》《电力法》等法律法规,建立健全中国法律体系,弥补法律空白,加强节能减排法规的实施力度,保障低碳经济的有效推行。

(2)树立低碳观念

低碳观念的形成是实现低碳转型、发展低碳经济不可或缺的基础,是低碳行为的先导。文化是人类社会文明的成果,是一个民族和一个国家的根系、行为准则和发展的动力,低碳观念需要低碳文化为支撑。低碳文化是低碳经济发展的动力,是衡量低碳经济社会发展程度和低碳经济综合实力的重要标志。发展低碳经济需要正确认识低碳经济,建立正确的低碳文化,树立低碳观念,真正把低碳观念融入寻常百姓的生活里,形成一种文明、健康、绿色的低碳生活。

低碳文化为低碳经济提供价值和行为规范,是低碳经济的支撑。在人类的社会发展过程中,随着人口、资源、环境问题的尖锐化,为了使自然环境的变化朝着有利于人类文明进化的方向发展,人类必须不断调整自己的行为方式,通过发展低碳文化修复环境退化问题,使低碳文化与环境协同发展。低碳文化的形成和低碳观念的普及,可以培养人们低碳意识,引导人们改变高碳消费生活方式,建立低碳消费生活方式,充分发掘节能减排的巨大潜力,形成发展低碳经济的广大社会基础。低碳经济的发展离不开低碳政策的支持,也离不开广大人民群众的支持,加快制定并贯彻执行低碳文化政策。通过低碳政策的实施,树立全民低碳观念,促进低碳经济健康发展,而低碳经济健康发展又是宣传低碳文化、树立低碳观念的前提,低碳观念的确立可以贯彻及实施合理的低碳政策。所以,低碳文化是引领低碳经济发展的有效途径,而低碳经济的发展是促进低碳文化建设发展的重要基础和动力源泉。加快低碳文化政策体系的构建,是宣传低碳文化、树立低碳观念、提高低碳意识、促进低碳经济发展的前提。将政府、传媒、企业以及公众有机地结合起来,利用网络、电视、广播和报纸等媒体宣传低碳理念和低碳知识,普及低碳知识,提高人们对"高碳"的认识,培养"低碳"意识;人们形成低碳意识,宣传低碳文化,倡导"节约资源,保护环境"。政府机关要起到表率作用,积极参加低碳活动,减少高碳消费,避免浪费资源,提高工作效率,使每一位工作人员把低碳意识当做行为准则,并把它贯彻到自己的工作和生活中。学校也要积极配合,建设低碳经济教育平台,广泛开展低碳教育活动,宣传节约资源和保护环境,培养青少年的节约、环保和低碳意识。

为了建立低碳经济法律保障体系,出台《关于低碳经济发展的指导意见》,引导政府、企业、居民的行动方向和行为方式,使低碳观念深入人心。[32]低碳观念是建设和发展低碳经济的前提条件和动力来源,是提高低碳经济建设的保障。只有具有低碳观念,才能使低碳经济建设落到实处。近年来,环境恶化没有得到有效遏制的原因在于人们低碳意识的缺失,发展低碳经济要从培养低碳观念入手。

(3)调整优化产业结构

产业结构直接决定能源消费强度和消费弹性的大小,从而影响国民经济对能源的使用效率。产业结构不合理是造成我国碳排放量不断增加的主要原因之一[33]。"中国处于工业化和城市化的快速发展阶段,在三次产业结构中,第二产业中的工业比重较大,尤其是重工业。工业一直是中国经济发展的主要支撑和动力来源,但是由于工业特别是重工业的过度发展,带来"高消耗、高污染、高排放"等问题,单位 GDP 能耗高、环境压力大,使中国面临经济发展和低碳经济两难选择之中。发展低碳经济可以提高能源的利用效率,降低对自然资源的依赖程度,实现能源、经济和社会的可持续发展。调整产业结构是改变当前困局的主要途径,也是发展低碳经济的根本出路。通过科技创新促进产业结构升级,淘汰高投入、高能耗、高污染、低效益的产业,建立高能效低排放的战略性新兴产业,缩小与发达国家的差距。改造升级传统产业,传统第二产业如石化、化工、冶金、交通、建筑等都属于高消耗、高排放的高碳产业,存在严重资源量浪费、环境污染和产能严重过剩等问题。这些产业在一定时期用于满足人们的物质文化需求,目前无法让它们立即停产,但为了解决日益恶化的环境问题,必须通过技术进步改革传统工业,把低碳工业融合到传统工业体系中,对有提升空间和发展潜力的企业进行产业改造与升级以实现由高碳向低碳的转变,建立现代化先进的工业体系。

优化产业结构是通过新技术的开发、引进、应用和扩散,提高各产业间协调能力和产业间关联程度,推动产业结构演进和发展,实现资源配置的帕累托最优。改变以第二产业为主的产业结构,建立以服务、金融、电子信息等第三产业为主体的产业格局,降低中国碳排放强度。重点做强高新技术产业,强化产业政策引导和环保、能耗、水耗、安全、质量、技术等准入门槛约束,加快产能过剩行业调整[34]。同时加大对电子信息等第三产业研发投入,延伸相关产业链,发展第三产业。调整能源结构,优化一次能源消费结构,改变以煤炭为主的能源消费结构,减少由于煤炭开发和利用引起的环境污染,大力发展太阳能、生物质能、水能、风能、地热能等可循环利用的新能源,提高新能源在能源消费中的比重,形成多元化的能源消费格局,这是中国转变经济发展方式、提高国际竞争力的必经之路。为此中国需要加大新能源产业的投资,加强新能源的技术研发,降低化石能源的消费比重,建立清洁能源发展机制。中国由于受到资源禀赋和技术条件的制约,短期内很难直接有效地转变能源消费结构,所以在全球气候变暖与能源消耗直接联系下,只能提高能源利用效率、降低单位 GDP 能耗,才能解决能源供需矛盾。

（4）推进政策创新

低碳经济是后工业社会的一种新经济发展模式，其政策体系不仅要适应这种新经济模式，而且政策实施要相互衔接，互相促进。如果其中的某项政策没有与其他政策相配合，则这项政策就很难发挥效用。各项政策在实施过程中，受到诸多现实因素的掣肘，需要从技术角度上不断创新来破解难题。

以煤炭为主的能源消费结构严重制约我国国民经济的发展、破坏生态环境，需要创新能源政策，改变能源消费结构，提高能源利用效率，节约能源，保障能源供应，实现能源的低碳化。主要政策是加快清洁能源的开发和利用，降低石化能源比重，优化能源结构，把可再生能源产业发展成为我国重要的战略支撑产业，为低碳经济的形成与发展提供能源保障，使创新能源政策的制定与低碳经济的发展同步。创新低碳产业政策是把普及低碳减排理念和应用低碳技术贯彻到产业政策中，推动高碳产业低碳化转型，加快能效高、排放少的低碳型产业发展，大力发展服务业，促进农业生态化。产业政策创新的目标是淘汰落后产能，鼓励新能源产业和节能产业发展，推进产业结构调整，转变经济发展方式，使产业政策服务于国民经济与社会的可持续发展。

创新与低碳经济有关的其他政策，如创新低碳市场政策是建立低碳经济市场竞争机制，加大财政、税收、信贷和转移支付等对低碳经济发展扶持力度的有力工具，以此实现市场的低碳化转型，维护低碳市场秩序，建立低碳消费市场。创新低碳消费政策是引导公民低碳消费，鼓励节约消费，反对浪费。创新低碳技术政策是开发低碳技术，通过低碳技术改造传统高碳产业，实现国民经济低碳化。

（5）推广技术更新

低碳技术是发展低碳经济的根基。《中国应对气候变化国家方案》认为，技术进步与创新是降低能源消耗强度、提高能源利用效率的有效途径，是实现低碳经济转型的重要手段，是提高国际竞争能力的基础。中国应加快科技创新和技术引进，发展新能源技术和节能新技术，抢占未来低碳技术制高点，实现经济与社会的可持续发展。

中国低碳科技水平落后，面临低碳人才短缺、资金有限、技术创新匮乏等问题，成为中国低碳经济发展难以逾越的鸿沟。为此，中国应加大科技投入、坚持自主创新，加快节能减排技术的研发与推广，培养高技术人才，加强技术人才储备，建立低碳技术开发支撑体系，把握低碳经济的发展的主动权甚至竞争优势。同时，积极引进发达国家技术发展更新中国减排技术，共同解决全球的环境气候问题，发达国家经济发展水平处于领先地位，减排技术比较成熟，依靠市场机制和国际条约，发达国家应向发展中国家进行技术转让，支持发展中国家减排技术的更新。

第四节　一体化发展的障碍及改进措施

一、长三角绿色生态环境一体化发展中存在的问题

为了加强区域生态环境保护,近年来长三角搭建了环境保护重点领域的合作平台,在区域环境管理政策的制定和实施、水环境综合治理、大气污染控制、环境监测和联合执法等方面进行了共同探索与合作,取得了一定的成效,但是区域生态环境的总体状况并没有得到根本性改变,主要原因在于以下几个方面。

(一)缺乏坚实有力的生态环境合作机制与顶层设计

长三角虽然初步形成了多层次的区域环境合作框架,并建立了环境保护联席会议制度,不过,现有协议的制度化程度很低,也不具有强制性,形式大于实际意义,在执行过程中难以真正落实,也难以在区域环境协作治理中发挥稳定作用。行政壁垒依然强大,以一种松散型的行政磋商机制来治理生态环境,缺乏强有力的组织保证和财政保障,跨界生态环境保护的总体规划、任务分解和重大政策难以落实。当各行政区的经济社会发展与跨界的环境保护、生态建设产生矛盾时,牺牲的往往是区域生态环境整体利益。同时,缺乏强有力的统筹协调机制和相关法律保障,配套的监督机制和奖惩措施缺失,不利于协调事项的推进落实,从区域统筹视角缺乏环保顶层设计。目前,长三角尚无区域性环境法规,各省市地方环保法规还存在因同类事项规定不一致而产生负面效果的现象,给环境保护协同带来巨大的障碍或给环保主体带来不公。缺乏区域整体环境法规政策建设,导致生态环境合作机制变动性较强。站在长三角环保一体化建设的高度,可以由国家相关部门牵头协调,制定跨行政区环境治理配套的法规体系,基于区域整体布局对区域相关环保法规进行修订,区域性法规建设将有利于实现共同的环保目标。

(二)生态环境保护处于条块分割的状态

虽然,长三角三省一市都有各自的生态环境保护规划和主体功能区规划,但整个长三角还没有形成以生态和资源为基础的协调统筹的主体功能区规划,并且没有在分析各区域环境容量和承载力的基础上,合理规划整个长三角环境资源的调配使用,缺乏整体区域的资源环境约束,没有在区域范围内进行整体功能定位,在产业和功能的空间布局上存在条块分割现象,从而导致区域环保规划在环境治理目标和治理措施等多方面也存在明显割裂现象。此外,三省一市在产业的准入及淘汰标准、生态环境的补偿和保护范围方面均有差别。有些地区将化工、石化、造纸等污染严重的行业布局在地区边界,存在上游排污、下游取水的情况。当发生跨行政区的水污染事故和纠纷时,由于行政分隔和利益冲突,难以形成及时有效的协同防控。

制定区域环境保护协作计划需要大量环境监测数据作为支撑,需要对区域污染源进行解析,并编制区域污染清单,但由于各地环境数据观测涉及多个管理部门,不仅监测标准尚未统一,且部门分割导致数据资源难以共享,导致建模分析和预警预报困难,这些都为区域环保协同推进带来难度。

(三)缺乏有约束力的联合执法机制

长三角各地区处于不同的发展阶段,所面临的环境压力和环保诉求也有所差异,环境质量提升目标、污染物削减目标等也存在明显的差异,各地区环境权责也存在一定差异。在环境与城市治理上,新《环境保护法》第二十条只规定了"国家建立跨行政区域的重点区域、流域环境污染和生态破坏联合防治协调机制",至于地方政府如何具体地开展跨域治理,地方政府之间如何建立协调机制,如何分配权利、分享利益、分担责任等关键性问题法律却没有明确规定,一旦各地区未遵守有关环境治理的法律法规或者执行力度不够,导致跨域环境污染和破坏时,大多会出现无法可依、有法难依的被动局面,环境治理得不到有效维护。目前来看,跨界的生态环境质量监测、评价体系大多不完善,统一执法的目标、法规和标准还没有建立,联合执法的权威性还没有建立。由此可见,建立具有决策系统、执行系统、监测系统和咨询系统的综合性区域生态环境合作机制是长三角协同治理环境问题的当务之急。具体包括(1)界定跨域环境治理主体,明确各地区在环境治理中的主导地位。(2)协调和维护各主体的利益,以国家立法的形式建立制度化的不同利益主体间沟通和协调机制,对跨域污染造成的后果进行赔偿以及责任追究等问题,并通过联合执法促进各地区走出"公地灾难"和"囚徒困境",实现合作共赢,化解利益冲突,增进共容利益。(3)明确企业的环境治理责任和公众参与环境治理的保障,明确企业在生态环境治理中的主体地位和应承担的法律责任。

(四)要素间缺乏有效统筹

当前长三角区域的环境要素市场处于相互分制状态,水、气、生态等环境要素管理上也缺乏有效协同,由于大气、水等环境要素的流动性,"区域之间"往往通过固有的地域而发生环境关系,当发生环境关系时,某一地域的生态环境问题,可以输出并转嫁给相关地域,"(当地政府)倾向于将政策调控范围模糊,将难以界定的区域环境问题的治理成本转嫁给他方",导致生态环境问题的跨域性。环境要素缺乏统一管理、协调,越界污染屡见不鲜,甚至出现将污染物非法转移至另一辖区的恶劣行为。此外,在水资源保护规划与水污染防治规划、水功能区域与水环境区域、水资源与水环境管理的监测体系与标准、数据共享等方面还存在着冲突。

长三角是我国能源消耗量和污染物排放量较大的区域之一,虽然在一些城市开展了碳排放和排污权交易试点,但长三角尚未建立跨区域的碳交易、排污权交易市场和节能减排交易市场。没有跨省之间的交易,也没有省内跨市的直接交易,影响环境要素市场的功能发挥。未来在生态补偿、区域合作和部门联动等方面,长三角区域还需要进一步加强探索。一是探索如何统一制定长三角环境总量及各地区环境总量指标,进而确定整个长三角的碳排放和污染物排放总量,碳排放权和排污权初始分配应与区域产业转型升级紧密结合,在坚持公平原则的基础上,应兼顾地区产业发展导向,通过加强资源配置管理,引导产业转型升级,促进区域经济一体化发展。二是探索如何加强交易后的监控和监督,对违规现象进行惩治,保障交易市场的公平有序,从而避免地区间污染转嫁的风险。通过发挥区域排污权交易价格机制的调节作用,能够避免特定地区污染物排放过于集中。

二、长三角绿色生态环境一体化发展战略导向及建议

长三角在生态环境协同发展战略选择上,特别是大气污染联防联控协作机制建设上,要注重借鉴京津冀的一些做法,参照其顶层设计的机制,推动生态协同发展,相关区域形成有约束力的合作协议。对于经济建设、生态环境保护项目,京津冀三省市之间相互参与,形成共同利益,以协同多赢的利益为纽带形成利益分享机制,共同分享企业技术管理水平提高所带来的减排减耗收益。对于生态环境屏障的河北省,京津两市采取帮扶的方式,对河北省部分产业园区进行循环经济改造升级,通过发展循环经济,降低对环境的压力。北京市、天津市以对口合作的方式,以投资和技术投入参与河北省相关林区的植树造林、生态涵养等清洁发展机制项目,帮助河北省相关地区建设风力发电、家庭用沼气改造等。京津冀采用的这些新机制、新方式对长三角在未来的生态环境建设上有重要的启示。

(一)坚持立法先行,加快长江流域立法

结合长江经济带生态环境建设,统筹长江流域与长三角的经济社会发展和生态文明建设,建议尽快启动流域立法,重点是处理好两个关系。一是理顺中央与地方、流域各省市之间的关系,建立权威统一、落实有力的综合协调监管体系。二是统筹好资源利用、环境保护和经济社会发展的关系。落实好"统一规划、统一标准、统一监测、统一防治",从产业、城镇建设、航运管理等方面加强源头防治,根据上、中、下游区域实际和发展阶段性特点分类实施。统筹规划长三角和长江流域生态环境建设的合理布局,制定关于环境合作的长期规划与发展战略,加强区域环境立法的合作与协调。这样,既有利于区域环境立法,也使区域生态环境保护有目标、有保障、有落实、有考核。

(二)建立统一的标准和规划,推进产业转型

以国家生态环境指标体系为指导,建立长三角地区统一的废弃物和污水排放标准,实施污染物总量控制,逐步统一流域内产业准入和退出的标准,防止"结构调整"变成"污染搬家"。统一环保标准是区域环境协同治理的先导,根据标准统一难度,可以先统一区域环境质量标准,再以环境质量标准过渡至污染物排放标准的统一,推动污染物排放标准低的地区提高标准,率先对限制类产业或污染较大的产业实施区域统一排放标准,以避免污染较大的行业企业利用标准漏洞在区域内部转移。长三角地区有 14 个城市排在前 4 位的支柱产业

均是电子信息、汽车、新材料、生物医药工程,趋同率达到 70.00%,从资源有效利用、专业化分工的角度而言,不利于资源的优化配置,将会造成资源的极大浪费,持续下去,将会形成区域经济发展的"资源瓶颈"。实施区域一体化的产业规划布局,将能从整体的高度合理配置资源,推动区域经济持续健康地发展,推进区域产业的协同转型升级,从而更有利于经济的持续发展。共同制定主体功能区规划,尽可能地深化和细化生态环境管制区等级与范围,并制定和落实生态环境保护的重大管控政策;按照区域生态安全格局和环境容量的要求,整合经济社会发展资源,明确区域内哪些地方能够开发、哪些地方不能开发,以及相应的开发方式和要求;合理划分、安排整个长三角区域的水资源、土地资源、海岸资源使用;确定生态环境整治工作的范围与重点;统筹规划区域性环保基础设施建设,如区域生活饮用水系统、污染防治工程、生活垃圾无害化处置设施、工业固体废弃物收集处置系统、生态功能保护与恢复项目等。同时,根据统一的生态环境规划指标,划分区域水源保护区,制定水域保护条例,加大太湖、杭州湾、长江等重点流域的水污染防治和综合整治力度,加强近岸海域生态环境保护和海岸带生态系统的修复,实施海域生态环境的综合整治;提高城镇建设绿色化标准,从城镇建设和城市更新源头减少地表径流和扬尘污染。

(三)加快构建循环经济发展模式

从区位、交通、资源、市场等各种因素综合分析,长三角具有发展现代重化工及制造业的优越条件,加之以 GDP 和财政收入最大化导向的竞争机制,使得长三角地区产业结构的趋同引发的竞争将长期存在,难以在区域内形成一个完全互补的产业链。同时,区域内的行业大多是以大进大出、大运输量、高耗水为主要特征的环境资源消耗型产业,对资源的对外依存度很高,构成对资源能源的压力。因此,转变发展模式才是建立生态环境协同的根本。循环经济所倡导的是一种与环境和谐共存的经济发展模式,循环经济发展模式是在物质的循环、再生、利用的基础上发展经济,是一种建立在资源回收和循环再利用基础上的经济发展模式。世界上许多发达国家和地区都利用发展循环经济来化解经济发展中的资源匮乏、环境危机等问题,比如澳大利亚、德国、美国和新加坡等。长三角未来经济发展要加快构建循环经济发展模式,从源头上减少污染物的产生和排放,使生态环境能够承受经济发展所带来的影响,才能够实现经济与环境的协调发展。

(四)建立统一的监测网络

建立长三角统一的生态环境监测网络,对生态环境的敏感区域、重大环境污染事件、环境保护需求和重点企业环境治理等实现信息共享;定时、定期地向各地区有关部门通报生态环境的动态监测结果和跟踪管理信息,及时形成环境监测形势分析报告,为制定长三角生态环境建设的重大政策提供决策依据。在此基础上,各地区环保部门根据区域环境治理所需数据支撑的客观要求,通过科学分析,统一规划、整合优化环境监测点位,建设包含多个环境要素的环境监测网络,按照统一的监测标准和规范开展监测评价,客观反映区域环境质量状况,为区域环境保护协同推进战略决策提供支撑。

(五)建立联合的执法机制

强化行政区交界面的对接和水环境质量考核机制,在此基础上按照"污染者担责、受益者补偿"原则,落实生态补偿和责任追究机制。强化跨区域入河排污口登记制度和审批制度,对重要的水功能区和入河排污口进行实时监控,重点加强饮用水水源保护区管理;加强黄浦江上游地区、太湖流域、沿长江以及近岸海域等区域的水污染治理和污染事故防护;完善区域常规性联合检查机制、突发性污染事件的事故处置机制和污染防治基础设施的共建共享机制。通过成立长三角联合监测队伍,对区域敏感环境目标以及水质断面进行联合监测,联合制定对策,联合实施,联合执法,实现治污方式由分散向相对集中的转变。

(六)建立完善的生态补偿机制

长三角地区土地、水、能源和其他重要资源的供给价格还不能客观地反映其稀缺程度。因此,长三角在建立流域生态补偿、排污权交易和生态功能区补偿等机制的基础上,水价机制、污染物排放的价格约束机制、污染治理的收费机制、自然资源有偿使用和价格形成机制、环境保护和生态恢复的经济补偿机制、环境保护的基础设施建设和运营的市场机制等,都需要逐步建立和完善。

(七)构建科学的风险管理体系

长三角地区水源地建设和保护相对薄弱,危及城乡饮水安全。地下水超采严重,将会引发一系列地质灾害。需要将区域风险管理体系作为长三角生态环境合作机制的一项重要内容,依据防洪规划,实施分类管理,编制和完善重要流域、重点地区和重点城市洪水风险图,形成跨界洪水影响评价体系和河道风险管理制度,建立一套科学的区域风险管理体系。

(八)实施生态空间管控,增加绿色生态空间

生态空间管控采取"一条红线"制,即在长三角区域内统一划定生态保护红线区域,实施分级分类管控;严格控制城市建设用地,逐步提高生态用地比例,设定长三角生态用地比例目标,而对建设用地则实行功能创新,在用地性质管理方面加强用地功能的混合性,提高土地使用的兼容性;完善环境功能区划,明确不同区域的环境功能定位、环境准入条件和环境管理要求,实施分区管理、分类指导。

(九)完善管理机制建设

加快环保管理体制改革,推进环境监测执法机构垂直管理;完善排污许可制,深化环评审批改革;建立体现绿色发展的指标体系和考核机制;深化长三角大气、水污染的联防联控机制,推进长三角排污交易试点;健全市场化治污机制,加快形成政府、企业、公众共治的环境治理体系。

参考文献

[1] 陈建军,陈菁菁,黄洁.长三角生态绿色一体化发展示范区产业发展研究[J].南通大学学报(社会科学版),2020,36(02):1-9.

[2] 崔慧琪.长三角区域经济一体化机制研究[D].华东理工大学,2012.

[3] 黄群慧,石碧华.长三角区域一体化发展战略研究——基于与京津冀地区比较视角[M].社会科学文献出版社,2017,14-19.

[4] 饶及人,黄立敏.美国波士华城市群发展对中国的启示[DB/OL]. https://www.0772fang.com/news/html/090505/2296Q0955095949.html. 2009-5-5.

[5] 段德忠,谌颖,杜德斌.技术转移视角下中国三大城市群区域一体化发展研究[J].地理科学,2019,39(10):1581-1591.

[6] 刘志彪.长三角区域高质量一体化发展的制度基石[J].人民论坛·学术前沿,2019(04):6-13.

[7] 孙晓霞.绿色产业政策[M].中国环境出版社,2016.

[8] 林毓鹏.加快发展我国绿色产业[J].生态经济.2000,(02):44-46.

[9] 刘焰,邹珊刚.现代绿色产业的类别特征分析[J].宏观经济研究.2002,(07):47-48.

[10] 余春祥.论云南绿色产业发展的战略选择[J].生态经济.2003,(12):33-36.

[11] 鲁明中,张象枢.中国绿色经济研究[M.]郑州:河南人民出版社,2005,114-116.

[12] 李宝林.环保产业生态产业与绿色产业[J].中国环保产业.2005,(09):22-24.

[13] 张桂黎,韩军青.发展绿色产业是西部可持续发展之本——对我国西部大开发中生态环境建设的思考[J].山西师范大学学报(自然科学版),2007(S1):106-107.

[14] 史瑞建,杨志刚.发展绿色产业应处理好八种关系[J].陕西综合经济,2007(4):14-16.

[15] 曾建民.略论绿色产业的内涵与特征[J].江汉论坛.2003,(11):24-25.

[16] 刘国涛,张金智,史佩钊.论绿色产业的特征[J].中国环保产业.2003,(12):3

[17] 赵云君.影响绿色产品市场开拓的产业问题研究[J].生态经济(学术版).2006,(01):256-258+261.

[18] 何永进.绿色产业:21世纪经济大势[J].苏南科技开发.2007,(05):76.

[19] 刘思华.论生态产业与五次产业分类法[A].中国生态经济学会第五届会员代表大会暨全国生态建设研讨会论文集中国生态经济学学会会议论文集.42-51.

[20] 邢继俊,黄栋,赵刚.低碳经济报告[M].北京:电子工业出版社.2010.

[21] 陈柳钦.低碳经济演进:国际动向与中国行动[J].科学决策,2010(04):1-18.

[22] 杨仕文.美国非工业化研究[M].南昌:江西人民出版社.2009.

[23] 肖绪湖,徐正云,覃汉桥,陈军,吴建清,肖一意.节能减排税收政策:国际经验对我国"两型社会"建设的启示[J].学习与实践,2008(10):52-59.

[24] 陈淮.日本产业政策研究[M].北京:中国人民大学出版社.1991.

[25] 宋宗宏.发达国家推进战略性新兴产业发展的启示[J].广东经济,2011(02):31-36.

[26] 周洁,王云珠.国外发展低碳经济的启示[J].科技创新与生产力,2011(05):52-58.

[27] 罗捷.新世纪的日本产业结构调整[J].湖南商学院学报,2002(01):31-33.

[28] 李晴,石龙宇,唐立娜,戴东宝.日本发展低碳经济的政策体系综述[J].中国人口·资源与环境,2011,21(S1):489-492.

[29] 杨俊,鲍泳宏,刘芊.我国"低碳经济"现状及策略选择[J].科技进步与对策,2010,27(15):11-14.

[30] 张坤民.低碳世界中的中国:地位、挑战与战略[J].中国人口·资源与环境,2008(03):1-7.

[31] 赵志凌,黄贤金,赵荣钦,赖力.低碳经济发展战略研究进展[J].生态学报,2010,30(16):4493-4502.

[32] 庄贵阳.气候变化背景下的中国低碳经济发展之路[J].绿叶,2007(08):22-23.

[33] 崔波.中国低碳经济的国际合作与竞争[D].中共中央党校,2013.

[34] 李武军,黄炳南.中国低碳经济政策链范式研究[J].中国人口·资源与环境,2010,20(10):19-22.

[35] 贾林娟.全球低碳经济发展与中国的路径选择[D].东北财经大学,2014.

[36] 韦颜秋,羡捷.我国节能减排工作现状与对策[J].中国国情国力,2009(09):10-12.

第七章　长江上游生态文明一体化探索[①]

第一节　长江上游省市生态文明建设的举措

一、四川省的做法

(一)主要措施

1. 加强生态空间管控。2018 年 7 月 20 日《关于印发四川省生态保护红线方案的通知》提出,"四川省生态保护红线总面积 14.80 万平方千米,占全省辖区面积的 30.45%。空间分布格局呈'四轴九核',分为 5 大类 13 个区块,主要分布在川西高原山地、盆周山地的水源涵养、生物多样性维护、水土保持生态功能富集区和金沙江下游水土流失敏感区、川东南石漠化敏感区,四川省通过将全省具有特殊重要生态功能、必须强制性严格保护的区域划定为生态保护红线,形成符合四川省情的生态空间保护格局,确保生态功能不降低、面积不减少、性质不改变。"[1]同时,对于生态环境实施分区管控,按照省委"一干多支、五区协同"的区域发展战略部署,立足五大经济区的区域特征、发展定位及突出生态环境问题,将全省行政区域从生态环境保护角度划分为优先保护、重点管控和一般管控三类环境管控单元,在一张图上落实生态保护、环境质量目标管理、资源利用管控要求,按照环境管控单元编制生态环境准入清单,构建生态环境分区管控体系。

2. 开展大规模绿化全川行动。2016 年 9 月 30 日《关于印发大规模绿化全川行动方案的通知》中提出加快推进宜林荒山、荒坡、荒丘、荒滩造林绿化,构建结构稳定、功能优良、效益兼顾、可持续经营的森林生态系统。除此之外,鼓励担保机构开展造林绿化贷款担保业务,并推进林业碳汇交易;鼓励经济林适当规模经营,允许公益林在不改变公益性的前提下依法流转;并将大规模绿化全川行动纳入各级领导班子和领导干部政绩考核内容,并强化任务分解、指导督查和考核通报等;对工作推动不力的,按照有关规定予以问责。

3. 加强监测能力建设。一是加强生态环境监测网络建设,2017 年 1 月 20 日《关于印发

---

① 本章是 2019 年度国家社科基金西部项目《长江上游地区生态产品价值市场化实现路径研究》(19XJY004)的阶段性成果。

四川省生态环境监测网络建设工作方案的通知》提出，"整合资源，完善网络。整合生态环境监测资源，构建全省统一的环境质量监测网络，健全全省污染源监测体系，统筹包括自然保护区、重点区域典型自然生态系统以及城市、农村生态系统在内的生态监测体系。全省联网，信息共享。建立生态环境监测数据集成共享机制，统一发布生态环境监测信息。切实加强网络信息安全。科学管理，风险防范。建立健全生态环境质量监测预报预警体系，严密监控企业污染排放。提升生态环境风险监测评估与预警能力。"[2]

二是污染防治攻坚战监测工作建设。2020 年 3 月 13 日，提出《2020 年四川省生态环境监测方案》[3]要在八个方面做好污染防治攻坚战监测工作建设。着力做好空气质量监测和预测预报工作，为打赢蓝天保卫战提供坚强支撑；深化水环境质量监测，为打好碧水保卫战提供坚强支撑；强化土壤和农村环境监测工作，为打好净土保卫战提供坚强支撑；加强生态状况和遥感监测，为生态保护提供坚强支撑；加强污染源与生态环境应急监测，为环境执法督察和突发环境事件应对提供有力支撑；优化声环境质量监测网络，做好声环境监测；做好环境质量综合分析和信息公开工作；做好全省辐射环境监测工作，确保全省核与辐射安全。

4. 有序推广和规范碳中和。2021 年 4 月 2 日《四川省积极有序推广和规范碳中和方案》提出，制定碳中和政策规范。建立健全碳中和引导、支持和规范政策体系，促进机构、个人参与和推广碳中和，规范开发减碳效益明显、衔接国际国内标准、具有广泛市场认同、区域特色突出的碳减排信用产品。搭建碳中和服务平台。立足四川、面向全国，依托四川联合环境交易所建设集碳中和申请、碳排放核算、碳中和方式选择、碳排放抵消、碳中和评价等碳中和全流程，以及相关知识普及、信息查询等功能为一体的碳中和公益服务平台，提供便捷、高效、规范的碳中和服务。丰富碳减排信用产品。鼓励优先采用国家碳配额、国家核证自愿减排量实施碳中和，推动依托国家温室气体自愿减排方法开发减排项目。扩大碳中和实施范围。有序推广社会活动碳中和，鼓励各类实施主体在赛事、会议、论坛、展览、旅游、生产、运营等各类活动中优先节能降耗、绿色消费、控制温室气体排放，倡导绿色经营和低碳发展理念，实施活动碳中和或部分抵消温室气体排放。

5. 健全生态环境保护体系。2019 年至今，为了实现生态环境保护的标准化与法治化，在生态环境监管方面，出台了《关于加强全省服务性环境监测工作监管的通知》，在奖惩制度方面，陆续出台了《四川省生态环境行政处罚裁量标准（2019 年版）》《四川省环境空气质量激励约束考核办法（修订）》《四川省生态环境违法行为举报奖励办法》《四川省生态环境行政处罚信息公开办法（试行）》《四川省生态环境保护综合行政执法事项指导目录》，在有关排放和分类标准方面，陆续出台了《固定污染源排污许可分类管理名录（2019 年版）》《四川省工场地扬尘排放标准》，最后，在生态环境有关工作的管理方面，陆续出台了《四川省生态环境保护专项资金管理办法》和《四川省生态环境标准制修订工作管理办法》。

（二）主要成就

1. 环境质量。空气质量方面，2019 年全省空气质量总体改善，自 2016 年大气质量监测新标准执行以来,四川省空气质量优良天数率已连续 4 年稳步增加,平均优良天数率为 89.10%,同比上升 0.70%,其中优占 40.40%,良占 48.70%,总体污染天数比例为 10.90%;全省未达标城市细颗粒物(PM$_{2.5}$)平均浓度 38.6 微克/立方米,同比下降 0.80%。大气主要污染物 SO$_2$、NOx 排放总量较 2015 年分别削减 2.90%、16.80%。此外,全省酸雨状况总体持平,酸雨量占总雨量比例下降 0.52%,酸雨城市比例下降 9.50%。

水资源质量方面,2019 年全省水环境质量总体呈改善趋势。152 个监测断面中有 138 个达到优良水质标准,占 90.80%。劣 V 类水质断面全面消除。此外,全省纳入达标评价的全国重要水功能区共 267 个,根据全因子评价,达标水功能区 238 个,达标率 89.14%。

声环境质量方面,全省 21 个市(州)城市区域和道路交通声环境昼间质量状况总体较好,城市功能区声环境质量昼间、夜间达标率有所上升。

生态系统状况方面,全省生态环境状况良好,生态环境状况指数(EI)为 71.9,21 个市(州)的生态环境质量均为"优"和"良"。

2. 生态保护与修复。生态保护方面,截至 2019 年底,全省共建有自然保护区 166 个,其中国家级自然保护区 32 个,省级自然保护区 63 个,市县级自然保护区 71 个,保护区总面积 8.31 万平方千米,占全省辖区面积的 17.09%。另外,共有 12 个县区建成国家生态文明建设示范县和"两山"基地,创建数量位居全国第六位、西部地区第一位。在绿化全川行动下,2019 年全省森林覆盖率达到 39.60%,提高 0.80%;森林蓄积达到 18.97 亿立方米,增加 1806 万立方米;草原综合植被盖度达到 85.60%,提高 0.50%。8 个市建成 10 千米以上竹林风景线 17 条,共 370 千米。

生态修复方面,实施草原生态修复治理 1646 万亩(1 亩约为 666.67 平方米)。投资 16177 万元,在 14 个县实施天然草原退牧还草工程。编制川西北地区沙化土地土壤改良、沙棘栽培、封禁管护等技术规程,治理沙化土地 113 万亩,实施省级沙化土地封育保护试点 1 万亩。治理岩溶区 400 平方千米,综合治理长江上游干旱河谷生态 4.5 万亩。修复川西北高原退化湿地 4.5 万亩,实施退牧还湿 11 万亩,管护湿地 482 万亩。

3. 生态环境治理体系。治理资金投入方面,省发展改革委按照国家明确的补助比例上限(60.00%),争取到 2019 年中央预算内投资 15479 万元,用于长江经济带 141 个水质自动监测站建设。争取中央、省级环保专项资金 42.79 亿元,同比增长 3.71%。安排中央和省级环保专项资金 12.96 亿元,奖励赤水河、沱江、岷江、嘉陵江等流域建立横向生态补偿机制。

生态环境监测网络方面,新建 21 个区域传输站、2 个大气复合站、1700 余个微型站。启动 141 个长江经济带和 30 余个省控水质自动站建设,十大流域累计建设 347 个水质自动站,实现了主要流域水质自动监测全覆盖,监测全覆盖,省级已形成空气质量 7～14 天的预报能力,市级已形成 7 天预报能力,每日对外发布 72 小时空气质量预报。

环境信息化建设方面,省级行政许可事项全部网上申报办理,将企业填报的 14 个系统集成到公众服务平台,实现一站式办理、基础数据共享,完成生态环境厅网站迁移到四川省级政府网站集约化平台。另外，2019年已完成了污染源视频监控、机动车尾气遥感监测、非道路移动机械监管、环保专项资金项目管理优化、环境监察移动执法、环境保护涉税平台、财务内控管理等信息系统建设。

二、重庆市的做法[4—6]

(一)主要措施

1. 改善大气环境质量。重庆将持续巩固深化蓝天保卫战成果，加强细颗粒物和臭氧污染协同控制，基本消除重污染天气。坚持科学管控和深度治理相结合，加强工业污染控制。坚持长期治理和短期攻坚相结合，加强交通污染控制。坚持精准施策和分级管理相结合，加强扬尘污染控制。坚持源头防治和精细管理相结合，加强生活污染控制。

2. 改善水环境质量。统筹水资源利用、水生态保护和水环境治理，促进水环境管理从污染防治为主逐步向污染防治与生态保护并重转变。严格水资源管理，实行用水总量控制，加强水库联合调度，切实保障河湖水生态流量。深入推进河长制，持续开展排污口整治，深化重点领域、重点流域水污染防治。完善城市黑臭水体长制久清机制，巩固整治成果，防止新增黑臭水体。推进工业集聚区污水处理设施升级改造，补齐城乡生活污水收集和处理设施短板。加快推进集中式饮用水水源地规范化建设，切实保障城乡居民饮水安全。

3. 提升土壤环境质量。以实现土壤安全利用为重点，实施一批有针对性的源头预防、风险管控、治理修复优先行动。加强农用地土壤污染源头管控和安全利用。以建设用地土壤污染风险管控和修复名录为核心，防控重点区域、重点行业、典型地块污染风险，实施污染地块修复示范工程，严控农业面源污染。

4. 保持声环境稳定。突出源头预防为主，保持声环境质量稳定。实施城市声环境功能区划管理，严格执行噪声防护标准，完善声功能区噪声监测网，巩固和深化"安静居住小区"创建成果。加强营业性文化娱乐场所、商业经营活动噪声污染防治，强化社区复合型噪声污染监管，重点查处噪声敏感区噪声违法行为。强化机动车、铁路、城市轨道等交通噪声污染管控，优化设置交通标志和道路减速设施。

5. 防范生态环境风险。统筹考虑各种生态环境风险要素，坚持"防"与"控"并重，全面建立"事前、事中、事后"全过程、多层级环境风险防范和应急处置体系，推进重点化工园区有毒有害气体及重点流域区域水生生物毒性预警体系建设，夯实生态环境监测和预警能力建设和技术储备。强化生态环境部门、特殊行业、风险企业应急能力、环境应急物资装备、救援队伍及环境应急信息化建设，有效防范和降低生态环境风险。

6. 积极应对气候变化。发挥应对气候变化对产业、能源、运输三个结构转型的引领作用，采取有力措施确保单位国内生产总值二氧化碳排放持续下降。在重庆主城都市区中心城区和部分重点行业探索实施二氧化碳排放总量管控。推动气候投融资和碳金融市场发展，引导资本等生产要素向绿色低碳领域流动。推进"碳汇＋"生态产品价值实现试点，建立健全基于碳履约、碳中和、碳普惠等产品类型的价值实现体系。培育优化碳排放权交易市场,发挥市场在资源配置中的决定性作用。构建低碳产业体系,深化低碳城市、低碳园区、低碳社区等系列试点示范。

(二)主要成就

1. 生态环境质量改善。截至 2020 年底,长江干流重庆段水质为优,长江支流全面消除劣 V 类水质断面,重庆 42 个国考断面水质优良比例为 100.00%,优于国家考核目标4.80%,较 2015 年上升 14.30%。重庆市中心城区空气质量优良天数为 333 天,其中优的天数为 135 天。与 2015 年相比,空气质量优良天数增加 41 天,优的天数增加 80 天。$PM_{2.5}$ 浓度从 2015 年的 57 微克/立方米下降至 2020 年的 33 微克/立方米,首次达到国家标准。2019年,单位 GDP 二氧化碳排放量较 2015 年下降 18.30%;化学需氧量、氨氮、二氧化硫、氮氧化物排放量分别较 2015 年下降 7.10%、6.20%、21.80% 和 15.00%。

2. 环境技术不断推广。针对突出环境问题和管理需求,累计投入 1.29 亿元,组织实施108 项生态环境科技项目。其中工业园区挥发性有机污染物(VOCs)治理技术及应用示范、水环境基础调查与技术应用开发、城市污水厂污泥与生活垃圾焚烧厂渗滤液协同厌氧消化技术研究、成渝地区大气污染联防联控技术与集成示范等一批科技成果已在污染防治攻坚战中发挥了重要支撑作用,有的科技成果通过市场的转化,已经在国内形成了占有重要市场份额的环保龙头企业。

3. 智慧环保建设步伐加快。初步建成投用全市生态环境大数据管理应用平台,融合环境质量、污染排放、自然生态、社会经济等 25 个方面 253 类生态环境数据资源,集成了水、大气、土壤、噪声、生态等多要素系统,联通全市所有区县 73 个大气自动监测站点 802 个微型站以及 42 个水质自动站实时动态数据,基本实现了数据采集、集成融合、数据共享、分析应用和服务开放的工作格局,建立了动态分析、污染溯源、科学研判和精准施策的生态环境治理体系。

三、云南省的做法[8,9]

(一)主要措施

1. 健全生态文明建设制度体系。强化法规制度的引领和约束,编制"十四五"生态文明建设排头兵专项规划,制定《云南省创建生态文明建设排头兵促进条例》实施细则,完善资源环境审计制度并有序推进领导干部自然资源资产离任(任中)审计全覆盖。同时,加强地方标准的编制和修订,进一步完善生态文明建设相关标准体系内容,持续加强碳排放总量控制、能源计量监督管理和生态环境监测网络建设工作推进力度,继续推进自然资源资产负债表编制制度。

2. 筑牢西南生态安全屏障。打造云南生物多样性世界名片,提升云南"动物王国、植物王国、世界花园"生态品牌影响力,全力以赴高水平办好联合国《生物多样性公约》第十五次缔约方大会。提升生态系统质量和稳定性,持续推进森林云南建设和大规模国土绿化行动;实施一批重要生态系统保护和修复重大工程,加强珍稀濒危物种、极小种群物种抢救保护和人工繁育,加强生物安全和生态安全管理,开展外来入侵物种防治;建设一批生物遗传资源和种质资源库,推进建设一批集科研、科普、宣传、教育为一体的生物多样性展示基地。同时,全面推进国家公园建设,实施自然保护地提升行动,积极推进高黎贡山国家公园创建,加快建立跨境、跨州保护联防联治机制和边境防火协作机制,加强明星物种的监测与保护,切实筑牢高黎贡山生态安全屏障。

3. 推动绿色低碳发展。加快建设绿色制造强省,创建"一县一业、一村一品"和现代农业产业园,建设一批绿色有机产业基地,积极争取部省共建国家级绿色农业发展先行区,积极推动生态旅居产业发展;深化绿色发展的引领作用,深入推进普洱市国家绿色经济试验示范区建设,启动景谷林产工业园区国家绿色产业示范基地建设,贯彻快递包装绿色转型的政策措施、推动快递产业绿色转型;发挥绿色金融的支持作用,继续加大对绿色环保拟上市企业和"新三板"挂牌企业的培育力度,鼓励符合条件的金融机构和企业发行绿色金融债券和绿色债券,不断提升资本市场服务全省绿色产业发展的能力和水平,对符合绿色产业和绿色技术政策要求的相关企业依法给予税收优惠。

提出要把碳达峰、碳中和纳入生态文明建设整体布局,编制云南碳达峰行动方案,完善支持应对气候变化中长期目标实现的政策措施;大力推进产业结构调整,加快落后低效过剩产能淘汰;加强资源循环高效利用,推动冶炼渣、磷石膏、尾矿等工业固体废物的资源综合利用;积极推进大理市资源循环利用基地、牟定县大宗固体废弃物综合利用基地,以及个旧、安宁、东川、兰坪工业资源综合利用基地建设。

4. 持续改善环境质量。强化环境污染防治,科学研判大气污染成因并采取有效措施,确保空气质量优良天数比率稳居全国前列;深入实施清水净湖巩固提升行动,加快从"水域之治"向"流域之治""生态之治"转变,保持九大高原湖泊水质稳定向好;稳步推进土壤污染防治、提升固体废物环境风险防控和处置水平等任务推动落实;积极推行清洁生产和环境污染第三方治理,进一步加强塑料污染全链条治理,同时要确保一江清水出云南;做好长江十年禁渔和赤水河流域保护,实施长江流域重点水域水生生物保护区禁捕,加快推进重点水域退捕上岸;狠抓长江经济带生态环境突出问题整改,保持六大水系出境跨界断面水质稳定达标。

(二)主要成就

1. 生态文明制度体系不断完善。云南省委、省政府先后印发《关于努力成为生态文明建设排头兵的实施意见》《关于努力将云南建设成为中国最美丽省份的指导意见》《云南省全面深化生态文明体制改革总体实施方案》《关于贯彻落实生态文明体制改革总体方案的实施意见》等,基本构建云南省生态文明建设制度体系的"四梁八柱"。先后修订《云南省泸沽湖保护条例》《云南省阳宗海保护条例》，实现九大高原湖泊保护治理"一湖一条例"。先后出台《云南省国家公园管理条例》《自然保护区管理规范》等，2020 年 7 月 1 日正式施行《云南省创建生态文明建设排头兵促进条例》，实现以立法的形式统筹、规范、约束生态文明建设活动和管理行为。

2. 国土空间开发格局不断优化。推动形成与主体功能定位相适应的生产空间、生活空间、生态空间，差异化协同发展格局趋于完善。国土空间规划体系基本形成，开发保护质量和效率全面提升。重点生态功能区财政资金转移支付力度不断加大。科学长效的空间管理体系逐步建立，自然资源所有权确权登记、集体林权制度改革、集体土地所有权确权登记等工作有序开展。

3. 产业绿色转型发展进程加快。持续推动产业转型升级，完善产业体系。2020 年，第三产业占生产总值的比重达到 51.50%，成为经济增长的主要动力。世界一流"三张牌"绿色底色更加彰显，2020 年，绿色能源成为第一大支柱产业，非化石能源占一次能源消费比重 42.00%，绿色能源装机、发电量分别高出全国平均水平约 46.00%、67.00%；绿色食品品种、品质、品牌培育不断加强，迈向价值链高端；健康生活目的地逐步向国际化、高端化、特色化、智慧化方向发展，影响力不断提升。

4. 资源利用效率不断提升。有序推进绿色发展试点工作，促进园区循环化改造，引导资源综合利用。严格落实能源总量和强度"双控"制度，强化固定资产投资项目节能审查，能源利用效率不断提升，2020 年全省单位万元地区生产总值能耗较 2015 年累计下降 14.56%。落实最严格水资源管理制度，深入实施节水行动，水资源利用效率不断提升。落实最严格耕地保护和节约集约制度，将"占补平衡""增存挂钩"机制作为硬约束，节约集约用地水平不断提升。

5. 国家生态安全屏障更加牢固。经国务院批准，将国土面积的 30.90% 划定为生态保护红线面积，形成"三屏两带"基本格局，生态保护系统更加完善。实施林草重点生态工程，全省森林、草原、湿地资源总量持续"三增长"，其中森林面积、蓄积量居全国第二。持续加大生物多样性保护力度，于 2019 年出台《云南省生物多样性保护条例》，开创了中国生物多样性保护立法的先河，云南生物多样性相关指标位居全国第一，COP15 会议落户昆明。深入实施水土保持、石漠化综合治理、小流域综合治理等工程，成效显著。强化生态环境监测，全面建成云南省生态环境监测网，基本建成生态环境监测大数据平台，对空气、水、土壤等环境实施一体化监测，生态环境预报预警和数据应用能力明显提升。

6. 生态环境质量全面改善。纵深推进蓝天、碧水、净土"三大保卫战"和九湖保护治理等 8 个标志性战役。"十三五"期间，全省环境空气质量优良天数比率逐年提升，16 个地级城市环境空气质量连续 4 年达到国家二级标准。

四、贵州省的做法[10—13]

(一)主要措施

1. 加强生态保护红线管理。贵州省生态保护红线区由禁止开发区、五千亩以上耕地大坝永久基本农田、重要生态公益林和石漠化敏感区四部分组成。保护范围包括世界自然遗产地、国家自然遗产地、国家自然与文化双遗产地,国家级、省级和市州级自然保护区,世界级、国家级和省级地质公园,国家级和省级风景名胜区,国家重要湿地,国家湿地公园,国家级和省级森林公园,千人以上集中式饮用水源保护区,国家级和省级水产种质资源保护区,五千亩以上耕地大坝永久基本农田,重要生态公益林和石漠化敏感区等 12 类区域。生态保护红线区的管理,坚持严格保护、分级管控、损害追责、违法严惩的原则,任何单位和个人必须遵循,决不能逾越。建立"事前严防、过程严管、后果严惩"的制度体系,确保性质不改变、功能不降低、面积不减少。在各类生态保护红线区内,严格限制城镇化和工业化活动,禁止建设破坏生态功能和生态环境的工程项目。编制国民经济和社会发展规划、省级土地利用总体规划、城乡规划等,应严格遵守生态保护红线管理规定。

2. 大力推动绿色发展。实施青山工程。开展大规模国土绿化行动,启动新一轮绿色贵州建设,实施项目化集中连片造林,完善造林失败地、因灾受损造林地核销重新造林制度,全域绿化宜林荒山荒地。实施长江经济带生态修复,对石漠化和水土流失严重区域实施综合治理,提高植被覆盖度。制定严格的封禁措施,扩大封山育林范围,自然恢复生态。加快关停矿山、地质灾害区及采矿、排土、采砂等区域的造林绿化。大力实施退耕还林还草和种植业结构调整。积极争取国家专项投资,依法依规、科学合理整合其他工程项目,对全省符合政策的耕地实施退耕还林还草。对不能实施退耕还林还草的坡耕地,调整种植结构,增加森林植被。大力实施城乡绿化美化。严格控制城镇开发边界,规划控绿、拆违建绿、择空补绿、见缝插绿、立体增绿,开展环城林带绿化、街道绿化、道路绿化、社区绿化、河道绿化,拓宽绿化空间。推进美丽乡村绿化美化,积极开展"四旁"(村旁、宅旁、水旁、路旁)绿化。大力实施社会化造林。探索以奖代补、赎买租赁、以地换绿、先建后补、占一补一、贷款贴息、抵押担保等造林绿化方式,引导金融资本、工商资本、社会资本投资参与国土绿化。鼓励家庭、合作社、企业创办林场。创新全民义务植树模式,提高尽责率,完善五级干部义务植树机制,开展"互联网+全民义务植树"活动,组织动员各行各业、社会各界、学校院校通过众筹、领养、募捐等方式参与植树造林。

3. 健全生态保护补偿机制。建立稳定投入机制。多渠道筹措资金,加大生态保护补偿力度。积极争取中央财政加大对省重点生态功能区的各项转移支付力度,积极争取中央预算内投资加快建设重点生态功能区内的基础设施和基本公共服务设施。完善省及市(州)以下转移支付制度,建立和完善省生态保护补偿资金投入机制。完善森林、草地、渔业、自然文化遗产等资源收费基金和各类资源有偿使用收入的征收管理办法,逐步扩大资源税征收范围,有关收入按规定用于开展相关领域生态保护补偿。完善生态保护成效与资金分配挂钩的激励约束机制,加强对生态保护补偿资金使用的监督管理。强化重点生态区域补偿。强化自然保护区、文化自然遗产、风景名胜区、湿地公园、森林公园、地质公园、蓄滞(行)洪区等各类禁止开发区域的生态保护,研究制定综合性补偿政策与考核办法。积极争取国家山水林田湖生态修复试点。适时启动国家公园试点创建工作,将生态保护补偿作为建立国家公园体制改革试点的重要内容。推进横向生态保护补偿。推动建立以地方为主、中央财政给予支持的赤水河云贵川、西江滇黔桂粤澳、沅江湘黔等跨省流域横向生态保护补偿机制,通过资金补偿、对口协作、产业转移、人才培训、共建园区等方式建立横向补偿机制。按照"谁受益、谁补偿"的原则,深入开展省内跨地区、跨流域横向生态保护补偿试点。

4. 健全生态环境保护制度。严格落实生态环境保护主体责任和监督责任,推进环境资源审判和区域协作,严格执行生态环境损害终身追究制。健全山水林田湖草休养生息制度,强化河(湖)长制、林长制。加快构建全省自然资源调查监测评价体系。建立健全资源总量管理和全面节约制度。巩固完善森林生态效益补偿机制,加快推动建立珠江上游生态补偿机制。完善自然保护地、生态保护红线监管制度。健全生态环境风险防范和应急体系,推进跨区域污染防治、环境监管和应急处置联动。完善污染天气应急管理响应机制。建立全省水环境流域空间管控体系。加强土壤环境监测、评估、预防和执法体系建设。推进生态环境治理信息化、智能化,加快建设生态环境质量和污染源管理等基础数据库。严格落实生态环境保护督察制度,健全完善公众对污染环境行为监督举报和反馈处置机制。

5. 持续做强"生态大品牌"。构建山水林田湖草生命共同体。加快建设四大山脉生态廊道和重点河流生态保护带,实施乌江流域山水林田湖草生态保护修复工程、赤水河流域生态保护样板示范工程。大力发展绿色经济。积极推行绿色生活方式。持续开展"贵州生态日""节能宣传周"等绿色低碳主题活动。加快节约型机关、绿色家庭、绿色学校、绿色社区、绿色商场建设。扩大绿色产品消费,建立绿色消费激励机制。

(二)主要成就

1. 绿色制度逐渐完善。贵州用最严格的制度、最严密的法治为生态文明建设保驾护航。深化生态文明重点制度改革。开展省级空间规划、自然资源资产管理体制、自然资源资产负债表编制、领导干部自然资源资产离任审计、生态环境损害赔偿制度、环境监察执法机构垂直管理、生态产品价值实现机制等国家试点,全面推行省、市、县、乡、村五级河长制。强化生态文明建设法治保障。率先出台首部省级层面生态文明地方性法规《贵州省生态文明建设促进条例》,颁布实施30余部配套法规。率先设置环保法庭并成立公检法配套的生态环境保护专门机构,率先开展由检察机关提起环境行政公益诉讼,全省生态环境保护执法司法专门机构达108个,资源环境司法机构实现全覆盖。全省立案查处各类资源环境违法案件2263件,检察机关起诉1185件,审判机关受理1006件。严格生态文明绩效评价考核。取消地处重点生态功能区的10个县GDP考核。对各市(州)党委、政府生态文明建设开展评价考核。强化环境保护"党政同责""一岗双责",实行党政领导干部生态环境损害问责。

2. 绿色文化影响力逐渐扩大。举办生态文明贵阳国际论坛,深化同国际社会在生态环境保护、应对气候变化等领域的交流合作。将每年6月18日确定为"贵州生态日",举办了"保护母亲河·河长大巡河"和"巡山、巡城"等系列活动。把生态文明教育纳入国民教育体系,编制了大中小学、党政领导干部生态文明读本。生态文明建设相关博士、硕士授权点达20个。全面开展生态文明创建活动,累计创建国家级生态示范区11个、生态县2个、生态乡镇56个、生态村14个;省级生态县7个、生态乡镇374个、生态村515个。建成绿色自行车道1470千米。

3. 绿色经济得到大力发展。贵州坚持生态优先、绿色发展,推动发展和生态协同共进、笃行致远。实施绿色经济倍增计划,出台《关于推动绿色发展建设生态文明的意见》,加快发展生态利用型、循环高效型、低碳清洁型、环境治理型"四型产业",发布实施大生态和绿色经济工程包项目332个、投资2523亿元。2017年绿色经济"四型产业"占地区生产总值比重达到37.00%。推进绿色改造提升,以高端化、绿色化、集约化为主攻方向,实施"千企引进""千企改造"工程,2017年引进大数据电子信息产业项目400个,改造企业1597户、项目1643个。关闭地条钢产能167万吨。加快发展数字经济,全省大数据相关企业达8900余户,2017年数字经济增长37.20%,居全国第一位,吸纳就业人数同比增长23.50%。实施生态扶贫,对近200万贫困人口实施易地扶贫搬迁,对迁出地进行土地复垦或生态修复,盘活搬迁户承包地、山林地、宅基地"三块地",开展单株碳汇精准扶贫试点工作,探索"互联网+生态建设+精准扶贫"的扶贫新模式。

4. 积极打造绿色家园。实施主体功能区规划,加快城镇规划编制,30.00%的县(区、市)完成县域乡村建设规划编制,全省国土空间开发强度控制在4.20%以内。

打造绿色城镇。安顺市、遵义市建设全国"城市修补""生态修复"试点。市(州)中心城市和经济强县均建设了两期以上的污水处理厂,市(州)中心城市基本建成生活垃圾焚烧发电项目。全省城镇污水处理率、生活垃圾无害化处理率均达到90.00%以上。建设美丽乡村。组织编制乡村振兴战略规划,启动开展农村人居环境整治三年行动。实施新农村环境治理"百乡千村"建设项目100个,创建"四在农家·美丽乡村"省级新农村示范点157个、新农村环境综合治理省级示范点192个。通过积极建设生态文明试验区,贵州发展和生态两条底线越守越牢,绿水青山变为了金山银山。2017年全省地区生产总值增长10.20%,连续7年、28个季度居全国前3位,5年减少贫困人口650万人。同时,全省森林覆盖率达55.30%,市(州)中心城市空气质量优良天数比例保持在96.00%以上,集中式饮用水源地水质达标率保持在100.00%,主要河流水质保持优良,公众对贵州生态环境满意度居全国第二位。2019年贵州省9个中心城市环境空气质量优良天数比率达98.00%,地表水水质优良比例达96.40%,森林覆盖率达到59.95%,草原综合植被盖度达到87.30%,治理石漠化1006平方千米,治理水土流失2720平方千米;森林面积达520亿亩,森林覆盖率达到

59.95%,累计创建国家级森林城市 2 个、森林乡村 273 个,省级森林城市 43 个、森林乡镇 169 个、森林村寨 993 个、森林人家 3900 户。全省累计建成农村生活污水处理设施 4784 套,日污水处理能约 20.16 万吨,农村生活污水处理设施覆盖建制村 2421 个;全省农村生活垃圾收运体系覆盖 12362 个行政村,覆盖率 80.00% 以上;完成国家下达的劣 V 类水体整治工作任务,全省 49 个城市黑臭水体已完成工程性治理 45 个,消除比例 91.84%。

第二节　长江上游生态文明一体化案例分析

一、赤水河流域生态保护一体化[15-18]

(一)赤水河流域基本概况

赤水河流域为长江上游重要的一级支流,发源于云南省镇雄县赤水源镇,经四川省合江县城东汇入长江,全流域流经云南省 2 县,四川省 3 县,贵州省 8 市县区,河流因含沙量较高,水呈赤黄而得名。地理位置为东经 104°45′~106°51′,北纬 27°15′~28°50′,全河干流总长 444.5 千米,全流域总面积为 20440 平方千米,总落差 1475 米。上游处于云贵高原地带,海拔一般在 1000~1800 米左右,河长 239.5 千米,山势陡峭,河谷狭窄,河段落差 1181.4 米;流域中游流经四川盆地边缘,海拔一般在 500~1000 米左右,河长 120 千米,河谷较宽,河段落差 172.5 米;流域下游流经四川盆地,河谷宽阔,海拔在 200~500 米左右,河长 85 千米,落差 34.1 米。赤水河沿河两岸的资源非常丰富,各种植被、生物、矿产资源都比较多,但由于这一地区的经济发展相对较晚,发展水平也不高,在国家经济格局中的位置也不高,所以赤水河流域上游区域是仍然相对落后的地区,其中包含贵州、云南和四川。流域上、中、下游的经济发展与全国经济存在较大差距。贵州省境内赤水河流域的支柱性产业为农业,耕地面积 254.26 万亩,主要农产品有水稻、玉米、油菜籽、小麦、薯类、烤烟、花生等。工业主要有酿造业和矿产资源开发,赤水河又称为"美酒河",流域分布了茅台、习酒、郎酒等众多名酒的生产基地,仁怀市拥有各类白酒品牌两千多个。赤水河流域煤矿、铁矿、大理石、天然气、水利、森林、生物、旅游等资源丰富,同时也是"遵义会议""四渡赤水"等重要革命历史发生地,因此,赤水河有"生态河、美景河、英雄河"之称。

(二)赤水河流域生态保护补偿

2014 年起,贵州省财政每年投入 5000 万元用于赤水河流域环境治理,遵义市通过生态补偿方式向上游毕节市每年投入约 1000 万元生态补偿资金。

2018 年,在"取水思源"的共识下,郎酒与茅台等 5 家赤水河中下游流域酒企溯流而上、翻山越岭,抵达赤水河发源地——云南省镇雄县,捐资 2400 万元。其中,郎酒捐资 800 万元,以反哺感恩源头居民的生态坚守,支持昭通赤水河流域生态建设与保护,即实行生态补偿。郎酒股份公司将通过构建郎酒生态与自然保护区、设立郎酒生态与自然保护基金、建立酱酒参与生态文明实践的科研体系等工作,加大与赤水河酒类同行的联动,在生态系统上齐抓共管、共同发力,做好赤水河"源"与"流"的生态保护建设。近年来,在赤水河的生态保护治理上,郎酒可谓不惜代价,将核心理念"绿水青山就是金山银山"变成一个个具体的行动:投资1.8亿元升级完成二郎污水处理站建设;投资5000万元用于污水管网建设,实现雨污分流;投资6000万元用于热电废气治理建设;投资6000万元用于赤水河水土保持及生态恢复建设。

2018年2月云南省与四川省、贵州省共同签署的《赤水河流域横向生态保护补偿协议》,是在全国率先建立的多省间流域横向生态补偿机制。协议提出,争取到2020年,赤水河流域生态环境质量保持优良,确保流域水质、水量和生态功能不减。根据这份协议,云南、贵州、四川三省共同出资2亿元设立赤水河流域水环境横向补偿资金,三省的出资比例为1:5:4,补偿资金在三省间分配比例为3:4:3,补偿资金主要用于流域生态环境保护、治理等水污染防治工作,并依据协议确定的考核断面水质达标情况进行清算。此次生态补偿实施年限暂定为2018年至2020年。

2021年4月28日,赤水河流域(云南段)生态环境保护治理工作现场会在昭通市镇雄县举行。云南省委书记、省级总河(湖)长阮成发强调,要重点实施"六大行动"18项。一是实施全流域全面禁渔行动,严格落实"十年禁渔",严抓生态环境保护,严控增殖放流。二是实施全流域"两污"治理行动,加快城乡污水处理全覆盖、城乡垃圾处理全覆盖。三是实施全流域面源污染防治行动,严控农药化肥施用,严控畜禽养殖污染,推进农业废弃物资源化。四是实施全流域生态修复行动,严格落实空间管控要求,严格管控采砂采石采土采矿,实施全流域尾矿库治理,加快小水电站拆除后的生态修复,推进重点区域生态修复。五是实施全流域绿色产业发展行动,严格赤水河流域产业准入,大力发展特色生态有机农业,依托扎西会议旧址等红色文化旅游资源及载体打造红色生态旅游目的地。六是实施全流域美丽乡村建设行动,优化村庄布局,全面整治农村人居环境,建设与山水林田湖自然景观融为一体的美丽乡村。

二、乌江流域生态保护一体化[14]

(一)乌江流域基本概况

乌江是长江上游南岸最大支流,流域范围覆盖集喀斯特石漠化地区、水利水电开发重点区、多省市交接区等,生态环境保护难度大,是长江经济带"共抓大保护、不搞大开发"的重点区域。乌江为贵州省第一大河,古称延江、黔江,是长江上游南岸最大的支流,历来是贵州最重要的水上通道之一,其流量充沛,流态稳定,流域内矿产资源丰富,是名副其实的"黄金水道"。乌江发源于贵州西部威宁县乌蒙山东麓,乌江流域跨云、贵、渝、鄂四省的46县市,包括贵州省毕节、六盘水、安顺、贵阳、遵义、黔南、铜仁和重庆涪陵等地州市。总流域面积87900平方千米。

（二）乌江流域生态保护补偿

2015 年 9 月贵州省政府批复实施《贵州省乌江流域水环境保护规划（2015—2020 年）》，完成乌江流域 1000 人以上集中式饮用水源地划定，对乌江流域的环境保护实行"河长制"，从"规划、项目、资金、责任"四方面具体抓落实，切实改善乌江水质状况。2015 年 12 月 23 日贵州省环境保护厅、财政厅、水利厅制定《贵州省乌江流域水污染防治生态补偿实施办法（试行）》文件，并从 2016 年 1 月 1 日实行。文件的主要内容包括：

一是按照"谁受益谁补偿，谁污染谁付费"的原则，在贵阳市、遵义市、安顺市、毕节市、铜仁市、黔南州之间实施乌江流域水污染防治生态补偿。

二是生态补偿以乌江干流及其重要支流六冲河、瓮安河跨市（州）界断面水质监测结果为考核依据，断面水质监测指标为总磷和氟化物，执行标准分别为《地表水环境质量标准（GB3838—2002）》（以下简称《标准》）三类水质类别。污染物超标补偿标准为总磷 6000 元/吨，氟化物 12000 元/吨。

三是贵阳市、遵义市、安顺市、毕节市、铜仁市、黔南自治州乌江干流及其重要支流六冲河、瓮安河出境断面水体中总磷和氟化物浓度达到《标准》三类水质标准，有关市（州）不缴纳生态补偿资金。

四是安顺市乌江干流徐家渡出境断面和毕节市六冲河洪家渡出境断面水体中总磷和氟化物浓度若超过《标准》三类水质标准，安顺市和毕节市缴纳生态补偿资金，补偿资金按照核算结果以 1∶9 比例分别缴入省级财政和贵阳市财政。贵阳市乌江干流楠木渡出境断面和黔南州瓮安河天文出境断面水体中总磷和氟化物浓度若超过《标准》三类水质标准，贵阳市和黔南州缴纳生态补偿资金，补偿资金按照核算结果以 1∶4∶5 比例分别缴入省级财政、遵义市财政、铜仁市财政。遵义市和铜仁市乌江干流沿河出境断面水体中总磷和氟化物浓度扣除上游贵阳市、黔南自治州来水中的总磷和氟化物累积增量外，若超过《标准》三类水质标准，遵义市和铜仁市缴纳生态补偿资金，补偿资金按照核算结果，遵义市承担 45.00%、铜仁市承担 55.00%，补偿资金缴入省级财政。

五是生态补偿资金实行按月核算、按季通报、按年缴纳。省环境保护厅按月对生态补偿金进行核算，每年 2 月底前将上年度核算结果和应缴纳总额向省财政厅、省水利厅和贵阳市、遵义市、安顺市、毕节市、铜仁市、黔南自治州人民政府通报。贵阳市、遵义市、安顺市、毕节市、铜仁市、黔南自治州人民政府在收到上年度生态补偿资金核算结果和应缴纳总额后的 20 个工作日内，根据通报结果，将生态补偿资金缴入省级和相关市（州）财政。逾期不缴的，由省财政通过办理当年上下级结算扣缴。

三、成渝地区双城经济圈生态协同保护

（一）成渝地区双城经济圈的提出

2020 年 1 月 3 日，习近平总书记主持召开中央财经委员会第六次会议并发表重要讲话，

专题部署推动成渝地区双城经济圈建设,将其上升为国家战略。其中,加强生态环境保护是七项重点任务之一,要求牢固树立一体化发展理念,强化长江上游生态大保护,推进两地生态共建和环境共保。《成渝地区双城经济圈建设规划纲要》提出"坚持不懈抓好生态环境保护,走出一条生态优先、绿色发展的新路子"。

(二)成渝地区双城经济圈在生态领域的协作

2020年8月,川渝两地生态环境部门联合印发《深化四川重庆合作推动成渝地区双城经济圈生态共建环境共保工作方案》《深化四川重庆合作推动成渝地区双城经济圈生态共建环境共保2020年重点任务》,明确了加强生态共建、深化污染共治、强化共商共管、健全工作机制4大类27方面合作内容。2020年,川渝两地生态环境部门先后2次召开联席会议,在水、大气、固废等10个方面签订合作协议,启动川渝联合执法行动,落实危险废物跨省市转移"白名单"制度,开展联防联治,促进川渝生态共建环境共保,并积极推进跨界流域问题整改。

2021年4月1日,在川渝生态环境保护工作联席会议第一次会议上,四川省生态环境厅、重庆市生态环境局共同签订了《深化川渝两地大气污染联合防治协议》《危险废物跨省市转移"白名单"合作机制》《联合执法工作机制》。

2021年上半年,四川省生态环境厅坚决贯彻习近平总书记在中央财经委员会第六次会议上的讲话精神,全面落实省委十一届七次全会精神和《省委关于深入贯彻习近平总书记重要讲话精神加快推动成渝地区双城经济圈建设的决定》要求,围绕"加强生态环境保护"这项重点工作,与重庆市生态环境局携手会商相向发力,指导毗邻市县生态环境部门,加强对接深化联动,推动各项任务顺利开展。

第三节　国内外流域生态共建共治的经验借鉴

一、国外流域生态共建共治实践

国外流域水环境管理治理的成功经验,可以为长江水生态环境保护修复提供参考。欧洲的莱茵河、美国的密西西比河、加拿大的圣劳伦斯河等河流,都经历了水体污染、水生态退化的阶段,当前这些河流的水环境和水生态系统都得到了恢复,这些国家主要的成功做法有二,一是在莱茵河流域成立了保护莱茵河国际委员会(ICPR)。该委员会是专门进行莱茵河保护工作的跨国管理和协调组织,实施制定评估管理对策、提交环境评价报告和向公众通报莱茵河状况和治理成果等多项莱茵河环境保护计划。委员会的成立解决了跨界河流流经不同国家间沟通不畅的管理问题,是全球跨界河流治理成功的典范措施。二是在密西西比河流域,美国联邦政府统筹流域整体,建立了跨州协调机制。为加强联邦部门及密西西比河流域各州间的协调合作,美国环保局牵头成立了密西西比河、墨西哥湾流域营养物质工作组,参与部门包括美国环保局、农业部、内政部、商务部、陆军工程兵团和12个州的管理部门,通过工作组的运行,协调了行政力量,保证了治理工作的全面进行。

德国,莱茵河流经面积最大的国家,实行保护优先、多方合作以及污染者付全费的污染管理原则,排污费对排放污染物造成的环境损失成本全覆盖,排污者所交的钱必须足以修复所造成的环境影响。通过该政策,促进企业改进生产技术,促使企业向少用水、多循环用水、少排放污水、少产生污染物的方向发展,促进落后产能和高污染企业的退出。该措施使得莱茵河沿岸污染物的排放迅速减少,对水质改善起到了关键作用。在美国,1972 年《清洁水法》颁布后,通过实施国家污染物排放消除制度(NPDES)许可证项目,美国建立了基于最佳可行技术的排放标准为基础的排污许可证制度。实施这一制度使密西西比河流域的工业和市政等点源污染得到有效控制。密西西比河干流沿岸 10 个州的污水处理厂数量占到全美的 29.00%。通过建设污水处理厂并实施排污许可制度,有效降低了废水的 BOD 浓度,促进了流域水质的改善。

1987 年 ICPR 各成员国制定了"莱茵河行动计划",制定了一系列目标和措施减少有害物质排放;同时,各成员国和地方政府制定了更严格的排放标准,为整治莱茵河提供法律保障,莱茵河水质很快得到恢复。目前莱茵河的工业和生活废水处理率达到 97.00% 以上。之后制定了"洪水行动计划""莱茵河 2020 行动计划""洄游鱼类总体规划""生境斑块连通计划"等一系列行动计划,这些行动的目标为污染控制、生态修复提供了时间表,对莱茵河水质改善和生态恢复发挥了决定性的作用。在密西西比河流域,为控制密西西比河、墨西哥湾流域的非点源污染,营养物质工作组发布了 2001 国家行动计划,主要是控制流域的氮排放(未对磷提出控制要求)。通过制定和实施 TMDL 计划、制定标准、加强非点源和点源污染控制等措施的实施,流域内污染物快速消减。

流域综合管理是欧盟水环境管理的核心理念,莱茵河的流域管理十分注重综合性,从治理流域污染、关注防洪效果、提高航道保证程度,到生态环境保护、保护湿地、运用滞洪区时给动植物提供生活生境、增加过鱼设施、保护鱼类种群等,从污染方式到生态恢复,实现要素全覆盖。通过流域综合管理规划的实施,改善了水体水质,莱茵河的大部分水生物种已恢复,部分鱼类已经可以食用。欧盟实行的以科学论证和规划为指导,生态环境的整体改善为前提,高等水生物为生态恢复指标的流域综合管理规划的做法取得了成功。美国通过制定联邦流域管理政策,科学管理治理流域水环境。20 世纪 80—90 年代,美国环保局逐渐认识到以流域为基本单元的水环境管理模式十分有效,开始在流域内协调各利益相关方力量以解决最突出的环境问题。

1996 年,美国环保局颁布了《流域保护方法框架》,通过跨学科、跨部门联合,加强社区之间、流域之间的合作来治理水污染,通过大量恢复湿地恢复水生态系统,恢复水生态系统健康。框架实施过程中,结合排污许可证发放管理、水源地保护和财政资金优先资助项目筛选,有效地提高了管理效能。治理莱茵河不仅仅是政府的职能,也是沿河工厂、企业、农场主和居民共同的利益所在。在维护莱茵河良好水质和生态环境中,投资者在参与计划的实施过程中发挥了重要的作用。各类水理事会、行业协会等作为非政府组织,参加到重要决策的讨论过程中;广泛的参与性,使得决策具有广泛的可操作性,保证了恢复成果的公众认可。在密西西比河的治理中,通过加强联邦部门合作和资金投入,保证了治理效果。2009—2013年,美国环保局、农业部和内政部等累计投入70多亿美元用于密西西比河流域12个州的非点源污染控制和营养物质监测。为支持长期的减排任务,明尼苏达州建立了长达25年的资金保障机制,用于监测和评估、流域修复和保护战略、地下水和饮用水保护、非点源污染控制等方面。

欧盟在《水框架指令》中给出了监测指导文件,从监测规划的设计、监测的水体类型、监测参数、质量控制、监测的频率等制定了详细的监测要求,给出了详细明确的指导。在英国赛文河特文特河流域12500平方千米的流域内,设置了1800个监测样点,平均每7平方千米一个监测样点,监测点位密集。同时,水框架指令中明确了水生态的监测,并在监测的基础上进行水体健康评价,对莱茵河水生态的恢复起到了重要的作用。

二、国内区域生态共建共治经验

长三角、珠三角、京津冀、粤港澳大湾区等重点区域一体化发展基础好、起步早、程度高,在生态环境协同共治领域有很多经验和做法。

(一)建立高规格的合作领导机制

长三角和京津冀区域的合作机制规格高、组成成员广泛,部委、省市联动利于争取政策资金支持,推动破解了不少瓶颈问题。长三角区域大气污染防治协作小组、水污染防治协作小组经中央批准组建,组长由中央政治局委员、上海市委书记担任,副组长由三省一市政府主要领导、生态环境部主要领导担任,成员包括14个国家部委和三省一市有关方面,建立了常态化的会议协商、分工协作机制。京津冀及周边地区大气污染防治领导小组经党中央、国务院同意组建,由分管生态环境保护的副总理担任组长,生态环境部主要负责人、京津冀三省市政府主要负责人担任副组长,成员包括9个国家有关部委、晋鲁豫蒙四省区政府相关负责同志。

(二)统一规划和标准

京津冀区域编制了《京津冀及周边地区深化大气污染控制中长期规划》,统一了空气重污染应急预警分级标准,2017年联合发布了三地统一的《建筑类涂料与胶粘剂挥发性有机化合物含量限值标准》。北京市、天津市、河北省的《机动车和非道路移动机械排放污染防治条例》实现了条例名称、主要框架、适用范围、区域协同要求一致,都规定必须与周边地区"统一规划、统一标准、统一监测、统一防治措施"。长三角区域出台了《长三角区域空气质量改善深化治理方案(2017—2020)》《长三角区域水污染防治协作实施方案(2018—2020)》,正在编制《长三角一体化发展示范区生态环境和绿色发展专项规划》。长三角正在开展区域环标准建设规划研究,形成一体化标准目录清单。签署《长三角地区环境保护领域实施信用联合奖惩合作备忘录》,统一失信行为标准,明确 40 项区域联合奖惩措施。

(三)统一执法监督

同等力度的执法监督是规划、标准、防治措施得以落实,避免"洼地效应"的重要保障。京津冀生态环境执法部门建立了定期会商、联动执法、联合检查、信息共享等工作制度,多次对区域内重点污染源、重点监测断面、应急减排措施执行情况进行联合检查,推动联动执法机制下沉到交界区域区县层级。长三角区域联合开展饮用水水源地、大气监管执法"互督互学"专项行动,组织执法人员共同开展跨省执法检查、现场调研、交流研讨,增进执法人员对三省一市产业经济政策、生态环境管理特色、执法检查与处罚标准等方面的了解,规范执法行为、统一执法"手势"。

(四)突出重点领域深化务实合作

生态环境合作所涉领域十分广泛,在推进面上工作的基础上,重点聚焦区域大气污染治理、流域水污染治理。大气污染治理方面,京津冀围绕重污染天气联合应对、秋冬季大气污染攻坚行动开展合作,长三角重点在高污染车辆限行、同步实施燃油标准、船舶排放控制、秋冬季大气污染攻坚开展合作,两个区域分别围绕"一带一路"国际合作高峰论坛、G20 峰会等重大活动空气质量保障开展了富有成效的工作。水污染治理方面,京津冀区域围绕密云水库、官厅水库、白洋淀流域综合治理开展紧密合作,联合编制首个跨区域突发环境事件应急预案并进行演练,部分流域建立了生态补偿机制;长三角区域开展太湖、太浦河、新安江、滁河、洪泽湖等流域综合治理,部分流域也建立了生态补偿机制。

(五)建设合作平台夯实合作基础

京津冀及周边七省区市建成重污染天气预警会商平台,在重大活动和极端不利气象条件期间实现统一监测,可每日开展实时联合视频会商。长三角建成区域空气质量预测预报中心、城市大气复合污染成因与防治重点实验室,实现区域重点城市预报预警信息、监测数据、污染源数据常态化共享。建设太湖流域水环境综合治理信息共享平台,水利部太湖流域管理局和长三角两省一市水利部门、生态环境部门实现数据联网共享。建成长三角区域性机动车信息共享平台,为协同推进高污染车辆限行执法合作奠定了基础。组建长三角生态环境协作专家委员会,正在建设长三角生态环境联合研究中心。

参考文献

[1] 四川省人民政府办公厅.四川省人民政府关于印发四川省生态保护红线方案的通知[DB/OL]. https://www. sc. gov. cn/10462/c103044/2018/7/25/2423b65147be466088c0e894284796fd. shtml. 2018-07-20.

[2] 四川省人民政府办公厅.四川省人民政府关于落实生态保护红线、环境质量底线、

资源利用上线制定生态环境准入清单实施生态环境分区管控的通知[DB/OL]. https://www. sc. gov. cn/10462/c103044/2020/6/29/f4cee42dd26849b0aa926e20e223c6bb. shtml. 2020-06-28.

[3] 四川省人民政府办公厅. 四川省人民政府办公厅关于印发四川省生态环境监测网络建设工作方案的通知[DB/OL]. https://www. sc. gov. cn/10462/c103047/2017/1/23/d1b1aae8c311464bab7b837ca9956927. shtml. 2017-01-20.

[4] 重庆市生态环境保护局. 重庆市"五大环保行动"工作情况[DB/OL]. http://www. cqzx. gov. cn/cqzx_content/2019-01-07/content_492264. htm. 2019-01-07.

[5] 陈维灯. "十四五"期间重庆将实施七大举措 持续改善生态环境质量[DB/OL]. https://app. cqrb. cn/economic/2020-11-18/522169_pc. html. 2020-11-18.

[6] 王翔、陈维灯、龙丹梅. 重庆加快绿色转型筑牢重要生态屏障[DB/OL]. https://www. cqrb. cn/html/cqrb/2021-03/10/004/content_rb_280341. htm. 2021-03-10.

[7] 重庆市人民政府新闻办公室. 重庆举行"十三五"生态环境保护新闻发布会[DB/OL]. http://www. scio. gov. cn/xwFbh/gssxwfbh/xwfbh/chongqing/Document/1696549/1696549. htm. 2021-01-05.

[8] 云南省生态环境厅. 云南省生态环境厅召开打击固体废物环境违法行为暨长江"三磷"专项排查整治行动[DB/OL]. http://sthjt. yn. gov. cn/ywdt/hjyw/201912/t20191231_197014. html. 2019-12-31.

[9] 云南日报. 我省发布16条重点措施 筑牢生态安全屏障 全面推动绿色发展[DB/OL]. http://www. yn. gov. cn/ztgg/hbdc/mtjj/202104/t20210413_220294. html. 2021-04-13.

[10] 云南日报. 赤水河流域(云南段)生态环境保护治理工作现场会强调扛起政治责任实施"六大行动"坚决打好赤水河流域生态环境保护治理攻坚战[DB/OL]. http://www. yn. gov. cn/ztgg/jdbyyzzsjzydfxfyqj/gcls/gclslbdt/202104/t20210429_221422. html2021-04-29.

[11] 贵州省生态环境厅. 贵州省生态环境厅 贵州省发展和改革委员会关于印发《贵州省开展长江珠江上游生态屏障保护修复攻坚行动方案的通知》[DB/OL]. http://sthj. guizhou. gov. cn/zwgk/zfxxgk1/fdzdgknr/lzyj/zcwj/202011/t20201110_65128522. html. 2019-05-05.

[12] 贵州日报. 贵州省筑牢生态屏障推动长江经济带高质量发展[DB/OL]. http://gz. workercn. cn/32618/202001/06/200106082322431. shtml. 2020-01-06.

[13] 贵阳晚报. 贵州晒生态文明建设成绩单[DB/OL]. http://m. xinhuanet. com/gz/2018-07/02/c_1123066036. htm. 2018-07-02.

[14] 黄健民. 乌江流域研究. 北京:中国科学技术出版社,2007.

［15］省人民政府办公厅关于转发省环境保护厅等部门《贵州省乌江流域水污染防治生态补偿实施办法（试行）》的通知［DB/OL］. http://gzsrmzfgb. guizhou. gov. cn/gzszfgb/201512/t20151223_1947059. html

［16］我省打击固体废物环境违法行为专项行动工作全面启动［DB/OL］. https://sthjt. yn. gov. cn/hjjc/hjjcgzdt/201905/t20190520_189885. html

［17］云南财政加快推进长江流域横向生态补偿机制有效运行［DB/OL］. http://czt. yn. gov. cn/news_des. html? id=43b9fe61973b11ea82e65254008b8c18

［18］寻求赤水河流域生态保护之道，云贵川建立横向生态补偿机制［DB/OL］. http://sthjt. sc. gov. cn/sthjt/c103879/2020/9/4/b8ce489ce45f4c8c9b17b2423922a0ae. shtml

第八章　政域生态文明建设典型案例

第一节　江西生态文明建设方式及效果

江西地处中国东南偏中部长江中下游南岸，属华东地区，与浙江、福建、广东、湖南、湖北、安徽等省为邻，属长三角、珠三角腹地，交通便利。地形地貌以山地、丘陵为主。江西属长江流域，水资源丰富，有全国最大的淡水湖——鄱阳湖。江西省完成造林面积104.7万亩，改造低产低效林177.9万亩，森林覆盖率稳定在63.10%。已建立国家级、省级、市级自然保护区近200处、面积约占国土面积的7.00%，境内还有国家级世界遗产地、地质公园、湿地、风景名胜区多处，各类森林公园、湿地公园多处[①]，生态环境良好。

江西在长江经济带建设、构建我国新丝绸之路和海上丝绸之路双向开放格局中发挥着重要的桥梁纽带作用，同时江西也是长江经济带高质量发展的重要生态屏障。近年来江西一直围绕影响环境的突出问题，着力开展水资源保护、水污染治理、生态修复与保护、城乡环境综合治理、岸线资源保护利用、绿色产业发展等领域工作，扎实地推进长江经济带生态保护，进一步筑牢了长江中下游生态安全屏障、充分发挥了长江中下游生态屏障的重要支撑作用。

一、江西省生态文明建设方式

（一）"创新引领"建设方式的具体内容

江西省以"创新引领"生态文明建设，主要包括科技创新引领和机制创新引领。科技创新引领方面，紧紧围绕国家生态文明试验区（江西）建设，大力培育创新发展新动能，深入实施创新驱动"5511"工程，统筹推进生态文明试验区建设重点领域科技创新工作，切实发挥科技创新对国家生态文明试验区（江西）建设的支撑引领作用。机制创新引领方面，一直坚持以机制创新作为试验区建设的核心任务，坚持以制度创新和体制机制改革为突破口，以新制度、新机制、新尝试和新实践为牵引（钟贞山和王葳，2018）[1]，筑牢生态文明制度"四梁八柱"，打造生态文明制度体系样板（见图8-1）。

---

① 来自2020年1月17日在江西省第十三届人民代表大会第四次会议上省发展和改革委员会主任张和平关于国家生态文明试验区（江西）建设情况的报告。

1. 科技创新引领。为充分发挥科技创新在生态文明建设中的引领作用,江西紧紧围绕生态文明建设五大关键技术领域开展研究,从六大方面全面提升生态文明科技创新服务能力,落实四项政策保障科技创新引领作用的发挥。

围绕五大关键领域开展科技创新①:(1)围绕矿产资源勘探开发安全、高效、综合利用,地热资源与再生资源利用等技术研究,强化资源可持续利用;(2)开展水环境保护、动物多样性保护、矿山修复、水源地环境保护、自然生态修复等重要领域的生态保护技术研究,为开展山水林田湖草系统保护提供技术支撑、解决技术难题;(3)围绕水、气、土污染的突然问题,开展水、气、土污染治理的关键技术研究,攻关环境污染治理难题的技术;(4)围绕食品安全、生态养殖、农业新品种选育等技术领域,开展食品制造与农产品深加工技术与设备研发、养殖业污染处理与利用技术攻关,助推绿色农业、现代农业发展;(5)开展新能源、新材料等战略性新兴产业技术研发,助推绿色产业发展,加快传统产业节能环保关键技术的研发与推广、提升传统产业的绿色水平。

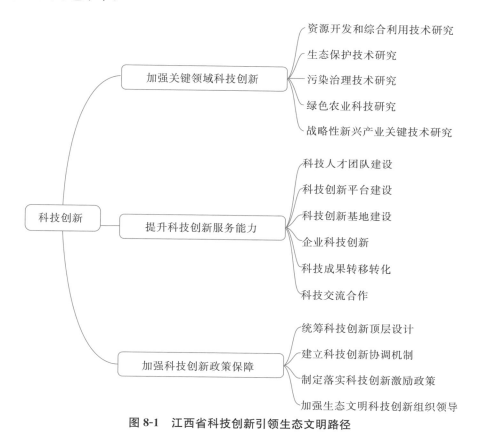

图 8-1　江西省科技创新引领生态文明路径

---

①　来自江西省科技厅.印发《江西省科技厅关于创新驱动国家生态文明试验区(江西)建设的若干意见》的通知(赣科发社字〔2017〕195 号)。

从人才团队建设、平台基地建设、科技交流等六方面全面提升生态文明科技创新服务能力：（1）通过生态文明建设相关课题与技术研究，将高校、研究机构、企业融入生态文明建设研究中，培养生态文明建设人才、团队；（2）鼓励与支持高校、研究机构、企业围绕新兴产业建设创新平台；（3）鼓励创建各类生态文明科技示范基地，并予以经费、政策支持；（4）鼓励企业开展节能减排、清洁生产、资源综合利用的科技研发与技术改造，培育一批节能减排、环境友好的科技创新示范企业；（5）围绕低碳绿色循环技术，形成科技成果信息发布与汇交机制、与科技成果转移转化支撑服务体系，助推科技成果转移转化；（6）鼓励省内高校、企业、研究机构与国内外研究机构、人员共同参与生态文明建设相关研究，广泛开展技术人员交流培训，支持省内绿色产品、技术面向全国推广。

为保障科技创新引领作用在生态文明建设中的充分发挥，江西提出了四个方面的科技创新政策保障[①]：（1）将生态文明建设纳入全省科学研究规划中，在各类规划布局、科技计划指南、科研项目发布中，增加生态文明相关研究内容，突出生态文明建设的重要性；（2）建立科技部门与发改、工信、环保等相关部门的协调机制，共同推进生态文明重大科研项目实施；（3）制定一系列科技创新政策，给予相应的税收减免及其他优惠政策；（4）成立省级生态文明科技创新领导小组，全面组织、规划、统筹、协调、管理、落实全省生态文明科技创新。

2. 机制创新引领。机制创新是国家对江西国家生态文明试验建设的要求，建成具有江西特色、系统完整的生态文明制度体系是江西国家生态文明试验建设的重要目标。为充分发挥机制创新引领作用，江西从保护、治理、监管、考核、追责、共享等多方面着手（见图8-2），开展了一系列工作，逐步建立、形成、完善一系列生态文明建设的创新机制制度，构建起了相对完备的江西生态文明建设治理体系。

（二）"创新引领"的建设规划

1. 战略定位——"江西样板"。江西生态文明建设定位以机制创新、制度供给、模式探索为重点，积极探索大湖流域生态文明建设新模式，培育绿色发展新动能，开辟绿色富省、绿色惠民新路径，构建生态文明领域治理体系和治理能力现代化新格局[②]，打造以山水林田湖草综合治理样板区、中部地区绿色崛起先行区、生态环境保护管理制度创新区、生态扶贫共享发展示范区为主体的美丽中国"江西样板"（见图8-3）。

---

① 来自中共中央办公厅 国务院办公厅印发《国家生态文明试验区（江西）实施方案》和《国家生态文明试验区（贵州）实施方案》。

② 来自国家发展改革委关于印发《国家生态文明试验区改革举措和经验做法推广清单》的通知（发改环资〔2020〕1793号）。

第八章

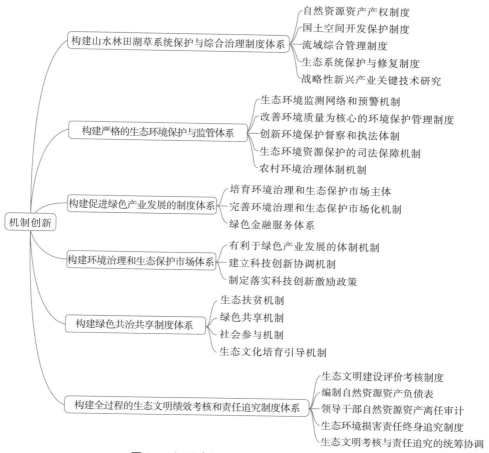

图 8-2 江西省机制创新引领生态文明路径

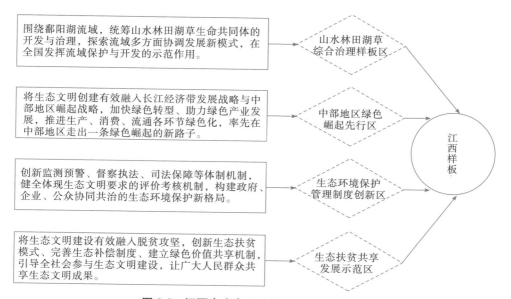

图 8-3 江西省生态文明战略定位实现路径

2. 基于"创新引领"的建设规划框架。(1)主要目标。以科技创新引领与机制创新引领江西生态文明建设,到 2020 年[①]:形成有效的生态系统治理机制,并向全国推广;形成有效的绿色产业发展机制,绿色产业发展再上新台阶;建立系统的环境风险监管体系,进一步保障生态环境安全;形成切实可行的生态文明共建共享体制,真正实现生态文明建设共建共享;建立一套有效的生态文明建设考评与激励制度,有利于地方监督与督查地方政府推进生态文明建设。建成具有江西特色的、系统完整的生态文明制度体系,为其他省市生态文明建设提供参考举措与经验做法,成为全国生态文明建设的排头兵。

通过加强制度管理与科技创新,进一步提高江西山水林田湖草生命共同体的防治水平,进一步改善江西生态环境质量。具体表现在到 2020 年,森林覆盖率、湿地面积、草原综合覆盖率进一步提高,水土保持功能进一步增强,水质优良比、达标率、水功能区达标率进一步提高,空气优良天数进一步增加、空气细颗粒物浓度显著降低,能耗与污染排放进一步下降。到 2020 年江西生态环境质量稳居全国前列,江西的天更蓝、山更绿、水更清,基本建成美丽中国"江西样板"。

(2)主要任务。根据山水林田湖草生命共同体的系统性和完整性,统筹山水林田湖草系统治理与制度完善,构建山水林田湖草系统保护与综合治理制度体系。

紧盯水、气、土污染及生态破坏等突出的环境问题,开展环境保护管理、环境质量监测、环境风险预警、环境保护督察、环境保护执法、环境保护司法保障、农村环境治理等机制制度建设,形成有效的环境保护与监管体系。

以大力发展绿色产业为契机,加快产业的转型升级,建立健全促进绿色产业健康发展的体制机制,构建具有江西特色的绿色产业制度体系。

加快培育生态环保市场主体,完善市场交易制度,建立体现生态环境价值的制度体系,构建环境治理和生态保护市场体系。

通过建立完善绿色共享机制、社会参与机制、生态文化培育引导机制,构建绿色共治共享制度体系,让群众从生态文明建设中受益,得到真正的收益与福利。

加强生态文明建设评价、考核制度建设,形成严格的生态文明追责问责机制,构建完备的生态文明考评与奖惩制度体系。

二、江西省生态文明建设实践内容

从 2014 年江西省全境列入第一批生态文明先行示范区建设地区,到 2017 年再次成为国家首批生态文明建设试验区,江西在生态文明制度建设、污染防治、生态保护、绿色发展、生态文明理念推广等方面开展了卓有成效的工作。下文重点介绍江西省在 2016 年至 2019

---

① 来自国家发展改革委关于印发《国家生态文明试验区改革举措和经验做法推广清单》的通知(发改环资〔2020〕1793 号)。

年间生态文明建设方面的实践内容。

（一）健全生态文明制度体系

为了有效推动生态文明制度落到实处，江西省人民政府及有关部门出台了一系列制度文件，并做好了制度的落实，进行了试点与推广，形成了重要的改革成果。

目前颁布了《江西省湖泊保护条例》《江西省生态文明建设促进条例》《江西省实施河长制湖长制条例》等地方法规。出台了《江西省流域生态补偿办法》《江西河长制工作省级表彰评选暂行办法》《江西省排污许可管理办法（试行）》《江西省河长制湖长制工作考核问责办法》《江西省林长制工作考核办法（试行）》等地方规章。印发了《江西省生态环境损害赔偿制度改革实施方案》《江西省用能权有偿使用和交易制度试点实施方案》《关于创新体制机制推进农业绿色发展的实施意见的通知》《鄱阳湖生态环境专项整治工作方案》《江西省节水行动实施方案》《江西省关于推进生态鄱阳湖流域建设行动计划的实施意见》等一系列重要文件。

并制定了《江西省耕地草地河湖休养生息规划（2016—2030年）》《2018年江西省水污染防治工作计划》《江西省打赢蓝天保卫战三年行动计划（2018—2020年）》《鄱阳湖生态环境综合整治三年行动计划（2018—2020年）》《江西省生态文明标准化工作行动计划（2018—2019年）》《江西省山水林田湖草生命共同体建设行动计划（2018—2020年）》《全省公共服务生态环保2个领域基础设施建设三年攻坚行动计划（2018—2020年）》《江西省乡村振兴战略规划（2018—2022年）》《江西省赣江抚河信江饶河修河中下游干流河道和鄱阳湖采砂规划（2019—2023年）》等重要规划、计划、方案。

在2016年，将生态文明目标体系纳入《江西省国民经济和社会发展第十三个五年规划纲要》，首次明确将生态文明作为了经济发展主要指标的四大类别之一，而且生态文明类别的指标数远高于其他三大类别的指标数（生态文明类别的指标为18项，其他三大类别的指标仅为6～8项），进一步提升了生态文明建设在全省国民经济和社会发展中的地位。同年出台了二十项有关生态文明建设的政策文件，从政策上为生态文明建设提供有力支撑。同时明确了江西生态文明建设的一百多项制度建设任务，并在当年启动了四十余项，其中重点推进了12项制度建设，取得积极成效，初步形成了"源头严防、过程严管、后果严惩"的生态文明"四梁八柱"制度框架（见图8-4）。

2017年是《国家生态文明试验区（江西）实施方案》获批的首年，江西严格按照实施方案要求，推进制度体系建设。一是继续推进自然资源统一确权登记试点，在新建区、庐山市、贵溪市、高安市和南城县等5个县（市、区）先行先试，试点地区基本完成试点任务。二是进一步规范了国土空间管控，省级层出台了省域空间规划，多个市县在国土空间管控上试点不同级别（市、县、乡镇）、不同类别（总体、专项、详细）规划合一的"多规合一"措施，例如萍乡市编制完成了《萍乡市城乡总体规划暨"多规合一"（2015—2030）》。同时完成了生态红线、基本农田划定工作。三是推进环保监管改革，开展了环境监管与执法的试点，初步建立了覆盖省市县三级法院的环资审判体系。

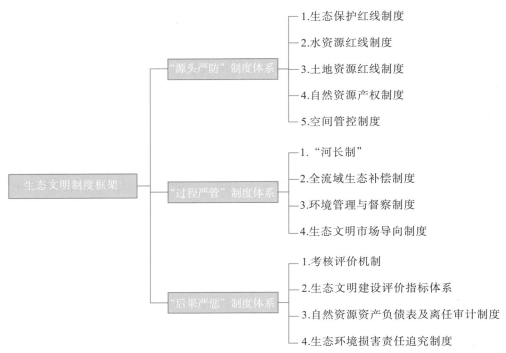

图8-4　江西省生态文明制度框架

在2018年与2019年,江西省紧紧围绕国家生态文明试验区建设方案要求,推进方案的各项重要任务建设。一是进一步完善生态系统综合治理制度体系建设,开展了全省自然保护区、自然公园、河流、湖泊、湿地、草原、森林、矿产资源等自然资源的确切登记与信息化台账建设。二是进一步加强生态保护监管体系,按照国家机构改革要求,成立了江西生态环境厅,以更好地开展生态保护与监管工作,进一步构建与完善了生态监测、监督、执法、司法体制机制建设,加大了生态环境破坏查处与处罚力度。三是持续推进绿色产业发展与制度建设,开展了绿色金融试点与改革,制定了一系列推进企业绿色发展、产业转型发展的有效措施与制度。四是加强生态保护市场体制建设,出台了环境污染第三方治理工作实施细则,开展第三方污染治理试点工作,开展了国土、森林、湿地等自然资源有偿使用工作试点。四是进一步完善与推广了生态文明考核与追责制度体系,全面落实生态文明考评制度,例如在2018年出台了林长制考核办法,2019年对全省各市开展了林长制工作考核、并全省通报了考核结果;出台了《江西省生态文明建设促进条例》,进一步明确了各级政府生态文明建设的任务与责任,明确了国家机关及其工作人员对生态文明建设所承担的相应法律责任;对相关责任人开展严肃追责问责,例如对于2018年中央环保督察组移交的生态环境损坏追责线索,进行了严格查处、严肃问责,追责问责111名干部,并将典型案例进行通报。

(二)加大污染防治力度

通过开展《江西省水污染防治工作计划》《江西省耕地草地河湖休养生息规划(2016—

2030 年)》《江西省打赢蓝天保卫战三年行动计划(2018—2020 年)》《鄱阳湖生态环境综合整治三年行动计划(2018—2020 年)》《全省公共服务生态环保 2 个领域基础设施建设三年攻坚行动计划(2018—2020 年)》《江西省乡村振兴战略规划(2018—2022 年)》《江西省赣江抚河信江饶河修河中下游干流河道和鄱阳湖采砂规划(2019—2023 年)》等污染防治攻坚行动,进一步加强生态治理与保护。

2016 年全省以"清河""净空""净水""净土"四大行动为抓手,深入开展了水、大气、土壤的污染防治工作。开展"清河"行动,集中开展工业与生活污水整治,系统地梳理了全省水污染问题,并及时进行了全面整改。开展"净空"行动,全面完成 158 个重点行业大气污染限期治理项目。开展"净水"行动,以集中式饮用水水源地和黑臭水体为重心。完成了全省集中式饮用水水源地划定工作的摸排与划定,开展定期的集中式饮用水水源地水质监测;全面摸排全省黑臭水体,共排查出黑臭水体 26 个,已完成治理 2 个,并制定了其他黑臭水体处置方案与限期整改要求。开展"净土"行动,重点围绕工业重金属污染防治修复、种养殖业污染防治、农村生活垃圾处理三方面开展。加强了对重金属污染的监测、治理与修复,完成重金属污染整治项目近 150 个,近三年重金属污染物排放量持续下降。测土配方施肥在全省进一步推广,进一步降低了化肥的使用量。严格按照有关规定划定禁养区、限养区和适养区,全面关停、搬迁禁养区内的养殖业。进一步完善了农村生活垃圾收集、转运、处理提醒,全省城镇生活垃圾无害化处理率达到 80.70%。

2017 年对一批群众反映强烈的突出环境问题进行了整治,主要涉及以下四个方面。大气污染防治方面,完成了全省火电技改,并下发了污排许可证,开展了城市扬尘、油烟、废弃的专项整治等工作。水污染防治方面,以河长制为抓手,全面开展了水污染专项整治,尤其是劣Ⅴ类水体和黑臭水体的整治,完成了 20 余个工业园区污水配套设施建设、并实现了达标排放。大力开展城乡环境综合治理,开展了 2 万余个村组的村容村貌整治,逐步完善了农村生活垃圾转运体系,启动了部分城市生活垃圾分类试点工作。农业面源污染防治方面,进一步完善禁养区、限养区和适养区划定及禁养区的整治,进一步推广测土施肥,减少化肥使用。

2018 年在大气污染防治方面,持续推进城市扬尘、油烟、废弃的整治,加强重点行业技改与清洁能源推广等工作,全省 $PM_{2.5}$、PM_{10} 显著下降。对鄱阳湖流域重要排污口、水质监测站、重点排污企业实现了在线监测,对部分城镇生活污水处理厂进行了提标改造。完善了农村垃圾转运体系,在农村全面开展"厕所革命"。加强了对长江干流及重要支流的化工污染、固废污染整治,开展了水域岸线整治行动,严格按照相关要求拆除无关建筑、恢复岸线。

2019 年全省聚焦突出环境问题,按照《江西省污染防治攻坚战八大标志性战役总体工作方案》,全面实施长江经济带"共抓大保护"攻坚战、蓝天保卫攻坚战等八大标志性战役(见图 8-5),及城市扬尘治理专项行动、工业废气治理专项行动等 30 项专项行动,全省生态环境质量持续改善。

图 8-5　江西省污染防治攻坚战八大标志性战役

（三）推进生态系统保护修复

持续开展生态系统保护修复，筑牢生态屏障。一是开展森林质量提升工程，采取了大力推进人工造林，合理采用人工措施、开展森林抚育，持续推进地产低效林改造，大量发展特色竹木产业，打造示范林业基地，加强森林资源保护等有效措施。二是开展水土保持工程，综合治理水土流失。三是实施湿地保护工程，采取了建立湿地分级管理体系、严格控制湿地总面积、加强退化湿地修复、规范湿地用途、提升湿地生态功能、加强湿地监测监管措施。四是开展耕地保护与整治工程，采取了耕地保护、耕地修复、耕地休养生息试点、高标准农田建设、土壤污染调查、农药化肥零增长等措施。四是开展矿山环境治理与修复工程。五是开展生物多样性保护，加强对野生动物保护，严厉打击破坏野生动植物的行为。六是开展流域治理与修复工程，开展流域各类污染治理与防治，严格按照水功能区标准管理，严格按照禁养区、限养区与适养区要求，对不符合要求的养殖进行关闭与搬迁。七是试点山水林田湖草综合修复工程，2017 年启动了赣州国家山水林田湖草生态保护修复试点，开展了 20 个县（市、区）及 2 个单位的 28 个水林田湖生态保护修复工程项目（见表 8-1）

表 8-1　　　　　　2017 年度赣州山水林田湖生态保护修复工程项目实施名单

序号	项目名称
1	于都县金桥崩岗片区水土保持综合治理项目
2	崇义县大江流域过埠镇生态功能提升与综合整治工程
3	宁都县梅江镇全方位系统综合治理修复项目
4	于都县废弃钨矿矿山地质环境综合治理项目
5	赣州市低质低效林改造项目
6	大余西华山钨矿区矿山地质环境恢复治理工程
7	信丰县安西片区山水林田湖生态保护和修复工程
8	赣县区废弃稀土矿山集中区地质环境综合治理项目
9	会昌县贡水上游饮用水源地保护工程
10	寻乌县文峰乡柯树塘废弃矿山环境综合治理与生态修复工程
11	赣江源头石城县琴江河流域(温坊至长江段)生态功能提升与综合整治工程
12	安远县濂水流域(欣山镇)全方位系统综合治理修复项目
13	全南县北线片区废弃稀土矿环境治理项目
14	兴国县崩岗侵蚀劣地水土保持综合治理工程

续表

序号	项目名称
15	南康区章水流域生态保护和综合治理工程
16	赣州稀土矿业有限公司废弃稀土矿山环境综合治理项目
17	定南县富田稀土废弃矿山地质环境综合治理工程(三期)
18	龙南县废弃矿区综合治理及生态修复工程
19	章贡区沙石镇生态保护和修复综合治理项目
20	赣县区金钩形项目区水土保持崩岗治理工程
21	安远县生物多样性保护项目
22	蓉江新区高校园区河流环境综合治理项目
23	赣州经济技术开发区蟠龙—凤岗流域水环境综合治理工程项目
24	上犹江陡水镇河段综合治理、水源涵养工程
25	瑞金市绵江河流域片区山水林田湖生态保护和修复工程
26	大余县南安镇新华村滴水龙废弃稀土矿山治理项目
27	赣州稀土矿区小流域尾水收集利用处理站项目
28	会昌县小密乡小密村废弃矿山生态保护和修复工程

(四)推动产业绿色转型

江西省在生态文明建设中,一直坚持把发展绿色产业、促进产业绿色化,作为促进经济发展与资源环境相协调的基本途径,不断提高经济发展质量、效益和水平。

为推动产业转型升级、提升绿色发展,在2016年,江西省从三方面开展了工作。一是大量培育发展新兴产业,出台了一系列新兴产业发展意见或规划,指导、鼓励、支持新兴产业发展,例如《江西省战略性新兴产业倍增计划(2016—2020年)》,就明确了江西省近几年重点发展的新兴产业及其预期产值;二是推进生态价值转化,积极盘活生态资产,推进生态与农业、旅游、康养等产业的有效结合;三是抓好循环经济发展和节能减排,加大重点行业的节能改造、重点企业清洁生产建设。

2017年以绿色产业发展为核心,持续推进产业的转型与升级。一是大力发展油茶、竹、花卉等生态利用产业;二是大力推广绿色生态农业,发展现代农业;三是大力发展生态旅游产业;四是大力发展新兴产业,同时推进传统产业改造升级。

2018年进一步推进产业生态化与生态产业化。一是着力培育绿色产业,大力发展数字经济,光伏、锂电、新能源汽车等新兴产业;加快全域绿色有机农产品示范基地建设;大力发展生态旅游、生态康养等产业。二是开展行业、企业节能降耗的技术改造。三是着力发展绿色金融,设立绿色基金、推出绿色信贷、发行绿色金融债等。

2019年继续推进产业绿色转型,进一步增强生态经济规模。一是开展农业结构调整,壮大现代绿色农业;二是大力发展香料、中药、竹等林业产业;三是持续推进传统产业优化升级行动,加强工业技术、淘汰落后产能;四是加大绿色金融试点与改革,推进绿色金融试验区建设。

（五）引导全省树立生态文明理念

江西省在生态文明建设过程中,始终把生态文明建设作为重要民生工程,健全教育宣传机制,培育生态环保意识,倡导绿色消费、低碳生活,初步形成生态文明理念广泛认同、生态文明建设广泛参与、生态文明成果广泛共享的良好局面。一是依托生态文明建设,开展生态扶贫,搬迁大量贫困人口,选聘大量贫困人员为护林员、增加贫困人口收入,有效地助推了脱贫攻坚工程。二是大力实施生态补偿制度,发放各类生态补偿资金,让老百姓充分享受生态文明建设的福利。三是大力宣传弘扬绿色文化,举办了世界绿色发展投资贸易博览会、中国鄱阳湖国际生态文化节等一系列活动。四是进一步增强生态文化氛围,大力弘扬社会主义生态文明观,将生态文明建设融入全省中小学课题、教材,培育学生生态文明观;广泛开展党政干部生态文明教育教育培训;积极组织节能宣传周、寻找"最美环保人"、"河小青"志愿服务等生态文明宣传、推广活动,大力推广生态文明建设观。

三、江西省生态文明建设效果评价

江西省通过第一批生态文明先行示范区建设与国家首批生态文明建设试验区建设,生态文明建设取了良好效果,绿色发展理念进一步深化、进一步深入人心,环境治理能力进一步增强,生态环境质量进一步改善,绿色发展水平进一步提升。

（一）生态文明制度建设进一步完善

建立山水林田湖草系统治理制度、国土空间开发保护制度、多元化的生态保护补偿机制、有利于绿色产业发展的制度、质量优先的生态环境保护管理制度、绿色价值全民共享制度、绿色政绩观的评价考核制度,建成了具有江西特色、系统完整的生态文明制度体系。目前一批制度成果领先全国,陆续出台的《生态文明建设目标评价考核办法（试行）》《绿色发展指标体系》《生态文明建设考核目标体系》《自然资源资产负债表编制制度（试行）》《江西省2018年度领导干部自然资源资产离任审计工作方案》《生态环境损害赔偿制度改革实施方案》《党政领导干部生态环境损害责任追究实施细则（试行）》等制度成果领先全国。吉安市率先出台全国首部《全域水库水质保护条例》、宜春市出台的《宜春市温汤地热水资源保护条例》,在地方生态文明法规建设方面也具有领先意义。

（二）生态环境质量进一步改善

全省空气质量明显改善,2019年全省空气优良天数比例已达89.70%,明显高于2019年全国空气优良天数比例（82.00%）,2019全省$PM_{2.5}$平均浓度为35微克/立方米,低于2019年全国平均值（36微克/立方米）。水污染防治取得显著成效,目前全省在运营的工业园区污水处理厂全部达标排放;城镇生活污水集中处理率进一步提高,由2015年的80.00%提高至2019年的94.00%,提前、超额达到《江西省"十三五"规划纲要》要求

（90.00％）;国家考核断面水质优良率达逐年提高,远高于国家考核目标(见图8-6)。水、空气质量优于国家考核目标,生态环境质量居全国前列。城乡环境治理成绩显著,全省90.00％的行政村纳入城乡生活垃圾收运处理体系,2017年全省城镇生活垃圾无害化处理率约98.63％,远高于《江西省"十三五"规划纲要》要求(80.00％);已建成垃圾焚烧处理设施13座,垃圾焚烧日处理能力由2017年的3400吨增至2019年的9200吨。全省实施农药化肥"减量化"行动,农药化肥使用量进一步下降。

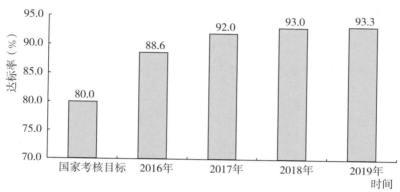

图8-6　江西省2016—2019年国家考核断面水质达标情况

(三)生态安全屏障进一步巩固

在江西省生态文明建设中,一直重视生态保护与修复,坚持山水林田湖草生命共同体理念,开展了系统的、全流域的保护修复,进一步筑牢生态安全屏。在2016至2019年,累计完成造林592万亩、累计治理水土流失面积4309平方千米,截至2019年累计完成高标准农田建设2253万亩。全省森林覆盖率稳定在63.10％,居全国第二。全省自然保护区达190个、森林公园182个、湿地公园99个,占全省面积10.20％,数量均居全国前列。

(四)绿色产业发展水平显著提高

通过实施创新驱动发展战略,绿色产业进一步壮大,绿色发展水平进一步提高。在2016至2019年间,高新技术产业增加值占规模以上工业增加值比重始终保持在30.00％以上,并且逐渐增加,战略性新兴产业增加值占规模以上工业增加值比重也由2018年的17.00％增加至2019年的21.20％。全省单位GDP能耗、水耗逐年下降,在2016至2019年间,单位GDP能耗下降率在4.00％～5.40％之间,单位GDP水耗下降率在7.00％～7.60％之间。现代服务业质量与产值进一步提升,2016至2019年旅游接待总人次与旅游接待总收入持续增长,旅游接待总人次增长在15.65％～23.50％之间,旅游接待总收入增长在18.55％～37.10％之间,2019年全省旅游接待总人数约7.93亿人次、总收入9656亿元,旅游总收入9656亿元,旅游业在GDP占比25.64％(见图8-7)。在2016至2019年间,服务业增加值占GDP比重逐渐增加,2019年全省服务业实现增加值11760.1亿元,增长9.00％,分别高于第一、第二产业6.00％和1.00％,服务业增加值占GDP比重达47.50％、首次超过二产(见图8-8)。

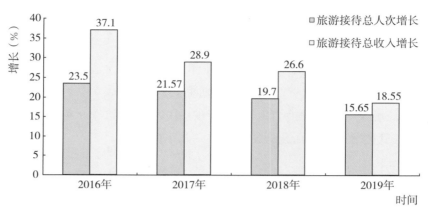

图 8-7　江西省 2016—2019 年旅游接待总人次与总收入增长情况

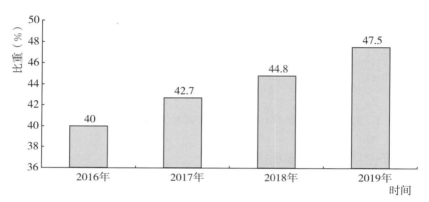

图 8-8　江西省 2016—2019 年服务业增加值占 GDP 比重

（五）生态理念深入人心

生态文化氛围浓厚,生态理论深入人心。在全省中小学生中广泛开展生态文明养成实践活动,推进生态文明教育进校园、进课堂、进教材,新编义务教育省情教材《美丽江西》,创建 21 所全国文明校园、195 所省级文明校园,推进 15 个生态文明教育基地建设,生态文明教育培训进一步加强,学生生态文明理念进一步增强。积极组织节能宣传周、寻找"最美环保人"等活动,开展"河小青"志愿服务近 10 万人次,让大众积极融入参与生态文明建设。加强了党政干部生态文明建设培训,进一步提高了党政干部生态理论与理念。开展全流域生态补偿,让老百姓真正得实惠,2016 年投入生态补偿资金 20.91 亿元,2017 年全省流域生态补偿资金总量达到 26.9 亿元,2018 年共筹集下达补偿资金 31.25 亿元,2019 年全年筹集流域生态补偿资金 39.22 亿元。选聘生态护林员 2.15 万人,带动 7 万人口实现脱贫,遂川、乐安、上犹、莲花等生态扶贫试验区成功实现脱贫摘帽。

（六）江西样本示范效果显著

一系列模式、经验向全国推广。赣州形成的山水林田湖草系统保护修复"赣南模式",已向全国推广,全国 20 余省市人员前来交流经验与考查做法。海绵城市建设"萍乡经验"

获国家考评第一、生态循环农业"新余样板"享誉全国、城乡生活垃圾第三方治理"鹰潭经验"已在全国推广。按照"水生态文明＋特色小镇＋绿色生活方式"理念实施的抚河流域治理，形成了流域水环境综合治理"江西经验"。根据最新的《国家生态文明试验区改革举措和经验做法推广清单》（发改环资〔2020〕1793号），江西生态文明建设可复制可推广的改革举措和经验做法达35项（全国4试验区合计90个项目），覆盖被推广清单的14个类别，这充分肯定了江西生态文明的做法，同时也必将进一步在全国提升江西生态文明建设示范效果（见表8-2）。

表8-2　　　　　　　　　　生态文明改革举措和经验做法推广清单（江西）

序号	类别	名称
1	一、自然资源资产产权	古村落确权抵押利用机制
2	二、国土空间开发保护	"上截、中蓄、下排"的海绵城市建设机制
3	三、环境治理体系	生态环境监测监察执法垂直管理
4		跨部门生态环境综合执法协调机制
5		按流域设置环境监管和行政执法机构
6	四、生活垃圾分类与治理	农村生活垃圾积分兑换机制
7		城乡生活垃圾第三方治理模式
8	五、水资源水环境综合整治	河湖长制责任落实机制
9	六、农村人居环境整治	"五定包干"村庄环境长效管护机制
10	七、生态保护与修复	重点生态区位商品林管护机制
11		山地丘陵地区山水林田湖
12		城市生态修复功能修补
13		赣湘两省"千年鸟道"护鸟联盟
14	八、绿色循环低碳发展	绿色发展"靖安模式"
15		生态农业融合发展机制
16		区域沼气生态循环农业发展模式
17		利用废弃矿山发展生态循环农业
18		"生态＋大健康"产业模式
19		全域旅游"婺源模式"
20		绿色生态技术标准创新机制
21		"碳普惠"制度
22	九、绿色金融	林业金融产品创新
23		林权抵押融资推进储备林基地建设
24		绿色市政工程地方政府债
25		畜禽智能洁养贷
26		"信用＋"经营权贷款机制

序号	类别	名称
27	十、生态补偿	鄱阳湖流域全覆盖生态补偿机制
28		东江流域跨省横向生态补偿机制
29	十一、生态扶贫	"多员合一"生态管护员制度
30	十二、生态司法	地域与流域相结合的环境资源审判机制
31		生态环境保护人民调解委员会
32	十三、生态文明立法与监督	制定省级生态文明建设促进条例
33		省级人民政府向省人民代表大会报告生态文明建设情况制度
34		人大监督生态环境保护工作机制
35	十四、生态文明考核与审计	建立自然资源资产离任审计评价指标体系

同时,成功创建首个生态文明领域的国家技术标准创新基地、鄱阳湖国家自主创新示范区、景德镇国家陶瓷文化传承创新试验区,萍乡国家产业转型升级示范区、抚州国家生态产品价值实现机制试点、九江长江经济带绿色发展示范区等重大平台先后落地。创建靖安县、婺源县、井冈山市、崇义县4个全国"绿水青山就是金山银山"实践创新基地、数量列全国第二,靖安县,资溪县,婺源县、井冈山市、崇义县、浮梁县、景德镇市、南昌市湾里区、奉新县、宜丰县、莲花县11个市县获批国家生态文明建设示范市县、数量居全国第四。井冈山、婺源、资溪列入首批国家全域旅游示范区。建设54个省级生态文明示范县、139个省级生态文明示范基地建设,形成一批生态文明范示样板。在国家生态文明试验区建设过程中,"江西声音"更加嘹亮,"江西成绩"更加闪亮,"江西品牌"更加铮亮。

上犹县生态湿地保护修复后

赣县区崩岗群水土流失治理后

安远县废弃稀土矿山治理后

寻乌县废弃稀土矿山治理后

图8-9　山水林田湖草系统保护修复"赣南模式"效果

第二节　重庆生态文明建设方式及效果

　　重庆位于中国西南部、长江上游地区,位于青藏高原与长江中下游平原的过渡地带,东邻湖北、湖南,南靠贵州,西接四川,北连陕西(图),辖区东西长470千米,南北宽450千米,辖区面积8.24万平方千米。地势由南北向长江河谷逐级降低,西北部和中部以丘陵、低山为主,东南部靠大巴山和武陵山两座大山脉,坡地较多,地貌以丘陵、山地为主,其中山地占76.00%,有"山城"之称。属亚热带季风性湿润气候,年平均气温16~18℃,年平均降水量较丰富,降水多集中在5—9月,春夏之交夜雨尤甚,素有"巴山夜雨"之说。长江横贯全境,流程691千米,与嘉陵江、乌江等河流交汇。是长江上游地区的经济、金融、科创、航运和商贸物流中心,国家物流枢纽,西部大开发重要的战略支点、"一带一路"和长江经济带重要联结点以及内陆开放高地、山清水秀美丽之地;既以江城、雾都、桥都著称,又以山城扬名。旅游资源丰富,有长江三峡、世界文化遗产大足石刻、世界自然遗产武隆喀斯特和南川金佛山等壮丽景观。

　　重庆作为我国中西部地区唯一的直辖市,是西部大开发的重要战略支点、是"一带一路"和长江经济带的联结点,同时又地处长江上游和三峡库区腹地,是长江上游生态屏障的最后一道关口。无论是在国家区域发展和对外开放格局中,还是在国家生态安全格局中,都具有独特而重要的作用。

一、重庆市生态文明建设方式

(一)"制度＋治理"建设方式

　　重庆开展了以"体制＋治理"的生态文明建设。开展生态文明体制建设,从根本上推动生态文明建设。开展全方位的环境与生态治理,进一步提升环境质量、巩固生态文明成果。

　　"十三五"期间,重庆市为充分发挥市场资源调配作用、更好发挥政府作用,进一步推进生态文明建设,加快制度创新,落实政府、企业、公众责任,全面提升全市生态文明建设法治化和监管能力现代化水平。重庆市生态文明建设紧紧围绕深化体制改革,在法治体系建设、市场机制建设、强化政府体系建设、加强环境监管体系建设等方面开展了大量工作。

为开展系统的环境与生态治理,重庆市围绕水、土壤、大气、噪声及生态修复,以蓝天、碧水、宁静、绿地、田园"五大专项行动"为抓手,大量开展环境污染质量与生态修复行动,使得重庆环境质量进一步提升,也进一步筑牢了长江上游生态屏障。

(二)建设规划

1. 战略定位。重庆市一直重视生态文明建设,始终坚持保护生态环境就是保护生产力、改善生态环境是发展生产力的理念,坚持走生态优先、绿色发展之路,工作中始终把生态文明建设摆在首位。在生态文明建设中明确提出了"五个决不能"的要求,要求决不能以牺牲环境换取经济增长、决不能以牺牲绿水青山换取"金山银山"、决不能以未来的发展为代价换取眼前利益、决不能以破坏人与自然的关系获得表面繁荣、决不能对突出的环境问题不作为。把生态文明建设融入重庆市五大功能区发展战略规划,为凸显生态文明建设的重要地位及处理好生态与发展的关系,五大功能区中明确了渝东北生态涵养发展区和渝东南生态保护发展区,渝东北生态涵养发展区侧重三峡库区水源"涵养",以保护好三峡库区的青山绿水为重点,肩负起长江上游重要生态屏障的责任;渝东南生态保护发展区强化生态保护和生态修复功能,更加突出民族地区扶贫开发和特色生态经济发展。

2. 建设规划框架。(1)主要目标。《重庆市生态文明建设"十三五"规划》(渝府发〔2016〕34号)明确了重庆"十三五"生态文明建设的目标[6],主要包括以下方面:一是通过不断优化产业结构、进一步提高绿色产业占比,提高资源利用水平,进一步节能、降耗、减排,提升重庆绿色循环低碳发展水平;二是提升污染防治水平,加大污染治理,完善城镇环保基础设施,进一步改善环境质量;三是进一步完善生态文明建设法规规章体系,提升生态文明执法监管能力、增强生态文明法治意识,依法维护公众合法环境权益,生态文明法治水平再上新台阶;四是产权清晰、多元参与、激励约束并重、系统完整的生态文明制度体系日益健全;五是生态文明建设教育、宣传广泛开展,生态文明建设深入人心,公众环境保护意识进一步增强,全社会积极参与践行绿色低碳节能生产生活方式,进一步积淀与厚植生态文化。

(2)主要任务。深化生态文明体制改革,推进治理体系和能力现代化。通过建立健全生态文明建设相关法规、规章、制度、标准,改革环保执法监管体制、建立联合联动执法机制、加大执法力度,完善生态司法保护机制、加强生态司法案件审判与追责,加强生态法治宣传教育、增强公众环保法治意识,全面提升全市生态文明建设法治化和治理能力现代化水平。

严格管控区域生态空间,加强生态保护与修复。优化城镇生态空间,开展大规模国土绿化行动,划定并严守生态保护红线。将修复长江生态环境摆在压倒性位置,深入实施"绿地行动"和山水林田湖生态保护与修复工程、森林质量精准提升工程,建设长江上游重要生态屏障。推动生态服务功能进一步提升和城乡自然资源加快增值,使重庆成为山清水秀的美丽之地。

节约集约利用资源能源,推进绿色循环低碳发展。采取有效的工业节能、建筑节能、交通节能、公共机构节能措施,切实做到节能降耗。大力发展战略性新兴产业和先进制造业,积极构建科技含量高、资源消耗低、环境污染少的产业结构,全面取缔严重污染环境的"十一小"企业,推动工业绿色转型。大力发展现代生态农业与绿色服务业、大力发展环保产业,促进产业发展绿色转型。

以提高环境质量为核心,加强污染治理和风险防范。持续推行蓝天、碧水、宁静、绿地、田园五大环保行动,严格执行工业污染源全面达标排放,深化大气污染防治、精准发力系统治理水环境、分级分类防治土壤污染、加快农业农村环境治理步伐、有效管控噪声环境影响、防范和降低环境风险,全力打好大气、水、土壤污染防治"三大战役",持续改善重庆生态环境质量。

培育生态文化,倡导绿色生活方式和消费模式。加强生态文明宣传教育,弘扬生态文明价值理念,建立完善生态道德规范,增强生态文明意识。积极引导绿色生活方式和消费模式,倡导生态文明行为。深入挖掘生态文化资源、加强生态文化基础设施建设、推进生态文化产业发展、培育特色生态文化。继续推进生态文明村镇、区县、园区等示范项目建设,提升生态文明示范引领效果。

二、重庆市生态文明建设实践路径

(一)稳步推进生态文明体制建设

重庆市出台了一系列重要的指导意见与重要规划,为重庆市生态文明建设指明了方向。例如,重庆市委、市人民政府共同出台了《关于加快推进生态文明建设的意见》,明确了重庆市生态文明建设的总体要求与主要任务。重庆市制定了《重庆市贯彻落实〈生态文明体制改革总体方案〉任务分解表》,明确了全市的生态文明体制改革的目标与任务。重庆市编制了首个生态文明五年规划,《重庆市生态文明建设"十三五"规划》,以更好地指导重庆生态文明建设。[①]

通过制定与不断地修订、完善相关制度规定,进一步推进了重庆市生态文明制度体系建设。例如为加强对水资源的保护,修订了《重庆市水资源管理条例》,实施最严格水资源管理制度。为确保重庆市耕地数量和质量,出台了《完善地票使用范围和管理的通知》以落实耕地占补平衡制度,确保耕地数量和质量占补平衡。为加快国有林场改革步伐,促进国有林场健康发展,重庆市出台《重庆市国有林场改革实施方案》,进一步深化集体林权制度改革。为深入贯彻落实主体功能区制度,实施生态空间用途管制,提高生态系统服务功能,构建全市

---

① 来自 2016 年 8 月 17 日重庆市政府印发的《重庆市生态文明建设"十三五"规划》(渝府发[2016]34号)。

生态安全格局,重庆市印发了《重庆市生态保护红线划定方案》,对全市生态环境保护具有重要作用的区域都划入了红线范围,实现了"应保尽保"。为了探索与完善生态环境损害赔偿指导,重庆市印发了《重庆市生态环境损害赔偿制度改革试点实施方案》,进一步扩大追究生态环境损害赔偿责任的情形,建立市政府统一领导、多部门分工协作的生态环境损害赔偿工作机制,扶持培育多种类别的生态环境损害赔偿技术队伍,细化生态环境损害赔偿工作程序等。为提高领导干部对生态环境保护意识、强化党政领导干部生态环境和资源保护职责,重庆市出台了《重庆市党政领导干部生态环境损害责任追究实施细则(试行)》,建立和完善了领导干部任期生态文明建设责任制、问责制和终身追究制。这些制度规定的不断完善,为重庆市生态文明建设提供了重要的制度保障,也有效地推动了重庆市生态文明的建设步伐。

同时进一步完善了执法队伍,也加大了生态执法力度。例如在 2018 年重庆市先后组织开展了"利剑执法""宁静行动""严查噪声污染确保高中考环境"以及在线监测数据打假等专项行动,查处多起违法排污案件。在打击环境违法行为的过程中,通过会同公、检、法机关建立信息共享、联席会议、案件移送、重大案件会商督办和案件双向咨询 5 项制度,进一步加大了环境执法力度。2018 年 1 月至 11 月,重庆市共发出行政处罚决定书 4906 件,罚款 3.35亿元,案件数量和罚款金额同比分别增加 84.00% 和 205.00%;适用《环境保护法》配套办法查处五类重大案件总数 617 件,同比增加 109%。重庆市破坏环境资源保护类刑事案件立案1088 件、破案 1063 件,起诉 608 件、999 人,同比分别上升 15.00%、25.00% 和 7.00%。

建立了畅通的群众环保投诉举报渠道,2018 年重庆 12369 环保举报热线累计受理群众来电 4.9 万余件,投诉案件交办率、按时结案率均实现 100.00%,群众投诉处理回访满意度达 98.10%,累计接办群众来信来访 5600 余件,纳入"3+N"环保领域信访突出问题 21 件已化解 19 件,纳入生态环境部重点信访矛盾清单 8 个攻坚问题已全部化解。

(二)持续推进污染治理与生态修复

重庆市通过持续开展蓝天、碧水、宁静、绿地、田园"五大行动",不断推进污染治理与风险防控,重庆市环境质量稳步提升。2006 年印发的《重庆市国民经济和社会发展第十一个五年规划纲要》就明确提出"资源节约型和环境友好型社会建设有明显进步"是"十一五"发展的六大目标之一。提出要建设资源节约型和环境友好型社会,加大环境质量整治和环保执法力度,实施碧水、蓝天、绿地、宁静"四大行动",并对四大行动进行了进一步部署。为进一步推进生态文明建设、为群众创造良好生产生活环境、进一步保障和改善民生,2013 年重庆市印发了的具体行动环保"五大行动"(蓝天、碧水、宁静、绿地、田园行动)方案(2013—2017 年)。为加快推进重庆市"十三五"时期生态文明建设,政府印发了《重庆市生态文明建设"十三五"规划》,规划明确指出继续深入推行五大环保行动,打好大气、水、土壤污染防治"三大战役",进一步提高环境质量、提升全市生态文明建设水平。

蓝天行动。早在 2005 年重庆市政府就印发了《重庆市主城"蓝天行动"实施方案(2005—2010 年)》,该实施方案包括控制扬尘污染、控制燃煤及粉(烟)尘污染、控制机动车排气污染、保护及恢复区域生态环境、完善环境监控手段及建立和完善保障机制等六大方面的内容,旨在不断改善主城空气质量,营造更加良好的人居和发展环境,促进经济社会全面协调可持续发展。2013年提出了全市市域范围实施蓝天行动《重庆市蓝天行动实施方案(2013—2017年)》,即实施大气污染防治"四控一增",控制燃煤及工业废气污染、控制城市扬尘污染、控制机动车排气污染、控制餐饮油烟及挥发性有机物污染、增强大气污染监管能力,扎实推进空气质量改善。《重庆市生态文明建设"十三五"规划》中明确提出要深化大气污染防治,实施城市空气质量达标分类管理、控制煤炭消费总量、实施重点行业挥发性有机物排放总量控制、加强多污染源综合防治和多污染物协同控制、积极应对重污染天气等大气污染防治举措。

碧水行动。2005年重庆市政府印发了《重庆市主城"蓝天行动"实施方案(2005—2010年)》,该实施方案包括了饮用水源保障、城镇生活污染整治、工业污染防治、农村面源污染防治、船舶污染防治、次级河流综合整治、环境监控与风险防范工程和环境管理与科技创新工程以及建立和完善保障机制等多方面的内容,旨在通过该行动,改善重庆市的水环境质量,保障饮用水安全,提高环境监管能力。2013年重庆市政府继续印发《重庆市碧水行动实施方案(2013—2017年)》,持续深入推进"碧水行动",大力实施"四治一保",即治理城乡饮用水源地水污染、治理工业企业水污染、治理次级河流及湖库水污染、治理城镇污水垃圾污染、保护三峡库区水环境安全,打好水污染防治攻坚战。《重庆市生态文明建设"十三五"规划》对于碧水行动明确提出要精准发力系统治理水环境,提出了强化水环境质量目标精细化管理、优先保护水质良好水体、着力消除重污染水体、尽快实现污水和垃圾处理设施全覆盖、保障流域基本生态流量、加强水生生物保护提升生物净化功能、着力解决跨界水污染等相关任务与举措。

宁静行动。2005年重庆市政府印发了《重庆市"宁静行动"实施方案(2005—2010年)》,该实施方案包括调整城市环境噪声功能区、工业噪声防治、建筑施工噪声防治、交通噪声防治、社会生活噪声防治、加强噪声污染监管等内容,希望通过该方案的实施,使全市声环境质量得到改善,噪声污染扰民问题得到基本解决,为市民营造舒适、安静的生活环境和工作环境,保障广大市民的身体健康。2013年重庆市政府印发《重庆市碧水行动实施方案(2013—2017年)》,持续推进宁静行动,大力实施"四减一防",即减少社会生活噪声、减缓交通噪声、减少建筑施工噪声、减少工业噪声、开展噪声源头预防,以控制噪声污染、提升城市声环境质量。《重庆市生态文明建设"十三五"规划》中对宁静行动的要求是有效管控噪声环境影响,并明确采取加强噪声源头预防、加强建筑施工、社会生活噪声监管、控制交通噪声影响、治理工业企业噪声等一系列治理举措。

绿地行动。2006年重庆市政府印发了《重庆市"绿地行动"实施方案(2005—2010年)》,该实施方案包括三峡库区生态功能保护区建设工程、农村小康环保行动工程、生物多样性保护工程、生态示范创建工程、生态人居优化工程、生态监管能力建设工程、人居生态安全工程、资源开发和基础设施建设的生态维护工程、生态文明工程等九大工程的内容,旨在通过开展"绿地行动",建成全市生态环境统一监管体系,提高资源的有效利用,改善生态环境质量,促进全市经济社会与人口、资源、环境的协调发展。2013年重庆市政府印发《重庆市绿地行动实施方案(2013—2017年)》,实施"三项工程",即实施生态红线划定与重点生态功能区建设工程、城乡土壤修复和城乡绿化工程。2016年重庆市印发了《生态保护红线划定方案》,划定了重庆市生态保护红线,共计30790.9平方千米划定为生态保护红线区域,生态保护红线区域占全市辖区面积的达37.30%。《重庆市生态文明建设"十三五"规划》中明确提出,将修复长江生态环境摆在压倒性位置,深入实施"绿地行动",开展山水林田湖生态保护与修复工程、森林质量精准提升工程,建设长江上游重要生态屏障,提出要优化生态空间格局、划定并严守生态保护红线、保护重要生态系统、加强重点区域生态建设、治理修复生态退化区域等五大方面的规划。

积极实施退耕还林、天然林资源保护、石漠化综合治理等重点工程,大力开展植树造林活动,积极推进生态治理与生态修复。在《重庆市生态文明建设"十三五"规划》专栏十二中,明确了"十三五"生态文明建设三大类的重点工程项目,其中第一类就是开展生态保护和修复的相关工程项目,包括7个方面:自然保护区建设,实施保护管理工程、科研宣教工程、基础设施建设工程;生物多样性保护,开展重点水域生态修复、珍稀濒危物种拯救与救护及防范外来物种入侵等工程;水土流失综合治理,累计新增水土流失治理面积5000平方千米;岩溶地区石漠化综合治理,累计新增石漠化治理面积2500平方千米;矿山生态修复,煤矿矸石山、露天采石场、矿山废弃地进行植被恢复和复垦等工程;生态系统保护与建设,包括实施300万亩森林抚育工程、实施生态退耕还林450万亩、实施三峡库区重庆城区段消落带生态修复32万平方米等;绿色基础设施建设,例如实施立体绿化1.36万亩,屋顶绿化建设7.5万亩等工程。

规划工程建设已陆续开展,并取得了较好效果。例如2017—2019年累计安排了3427万元,在重庆10个岩溶石漠化重点区县实施岩溶治理,累计治理面积达1241平方千米。大力开展生态修复、水土流失治理,2016年市水利、发展改革、财政、农委、国土房管、环保、林业、移民八部门联合印发《重庆市水土保持规划(2016—2030年)》,加快水土流失治理步伐,并完成新一期水土流失遥感调查,建立重庆市水土流失空间分布数据库(1:10000),制定出台《重庆市水土保持监测实施方案(2018—2022年)》。长期大量开展水体流失治理,2013—2019年每年水土流失治理面积在1426~1867平方千米,累计治理水土流失面积11351.64平方千米,占市域面积的39.51%,区域水土保持功能持续增强,其中"十三五"期间治理水土流失面积达6599.7平方千米,已超额完成了《重庆市生态文明建设"十三五"规划》规划的5000平方千米。

田园行动。2013年重庆市政府印发《重庆市田园动实施方案(2013—2017年)》,开展"三项整治",即开展农村生活污水整治、农村生活垃圾整治、畜禽养殖污染综合整治,强化农村环境保护。《重庆市生态文明建设"十三五"规划》中明确提出,深入实施田园行动、加快农业农村环境治理步伐,提出要持续改善农村人居环境质量、加强种植业面源污染防治、防治畜禽和水产养殖污染、实施农村饮水安全巩固提升工程等五大举措与有关任务。

例如2019年在农村环境综合整治方面,全市以农村垃圾污水治理、畜禽养殖粪污综合利用和污染治理、农村饮用水水源地保护"三治一保"为主要内容,累计实施3900个行政村的农村环境综合整治;累计建设农村污水集中处理设施1765座,日处理能力达17万吨,131万农户受益;全市7970个行政村建立生活垃圾"户集、村收、乡镇转运、区域处理"的收运处置体系,有效治理比例达到93.00%以上;全市累计改造完成农村卫生厕所497.09万户,普及率79.67%。2019年在农业面源污染防治方面,全面推进畜禽粪污资源化利用,落实畜禽粪污资源化利用资金4.7亿元,强化养殖场直联直报信息平台管理维护;推进化肥农药减量行动,开展化肥减量增效示范和主要农作物病虫害统防统治和绿色防控示范;推进农作物秸秆综合利用,制定秸秆综合利用实施方案(2019—2022年),建立秸秆资源台账,开展秸秆综合利用试点,推广秸秆综合利用典型模式;推进开展耕地环境质量类别划分,强化受污染耕地安全利用和严格管控,开展土壤重金属污染修复试点,全面推动农用地土壤污染防治工作。

(三)不断推进绿色循环低碳发展

重庆市在生态文明建设中,全面落实节约优先战略,实行能源、水资源、建设用地总量和强度双控行动,开展能效、水效、环保"领跑者"引领行动,大幅度节约和高效利用资源。以绿色低碳发展理念为指导,不断构建技术含量高、资源消耗低、环境污染少的产业结构和生产方式,大幅提高经济绿色化程度,实现经济发展与资源环境的有机协调发展。

1. 节约集约利用资源能源。实施节能降耗行动计划。政府印发了《重庆市重点用能企业能效赶超三年行动计划(2018—2020年)》,推动300家重点用能企业强化节能管理,提高能效水平。持续推进建筑节能,重庆市长期重视建筑节能,2003年先后印发了《重庆市民用建筑节能管理暂行办法》和《关于开展建筑节能工作的通知》,2005年又印发了《关于加强民用建筑节能管理工作的通知》,2007年颁布了《重庆市建筑节能条例》,2013年政府印发了《重庆市绿色建筑行动实施方案(2013—2020年)的通知》,为进一步发挥公共建筑节能改造重点城市建设示范效应,培育壮大公共建筑节能改造服务市场,深入推进城乡建设领域生态文明建设,2016年政府又出台了《重庆市公共建筑节能改造示范项目和资金管理办法》,以规范公共建筑节能改造项目管理、保障建筑节能改造的财政资金。强化交通运输节能,大力发展城市轨道交通,优化城市公交线网,提高公交覆盖率。

实行最严格的水资源管理制度。实施水资源开发利用控制、用水效率控制、水功能区限制纳污三条红线管理,严格用水定额。加大农业节水力度,大力开展农业节水工程建设、积极推广高效节水灌溉技术。深入开展工业节水,通过引导工业布局和产业结构调整、加快工业节水技术升级,大力推进高耗水工业行业节水技术改造;大力推广工业水循环利用、洗涤节水等工艺和技术,加快淘汰落后用水工艺和技术。建设节水型城市,加强节水配套设施建设,加快城市供水管网改造,降低供水管网漏损率;加强公共用水管理,明确宾馆、饭店、大型文化体育设施和机关、学校、科研单位等部门和单位的用水指标,确定用水定额;党政机关、事业单位和社会团体率先推广使用节水型新技术、新材料和新器具。

落实最严格的节约集约用地制度。实施建设用地总量与强度双控行动,实行建设用地总量控制制度,计划到 2020 年全市净增建设用地面积不超过 750 平方千米;提高建设用地利用效率,科学确定土地开发强度、土地投资强度和人均用地指标,严格推行开发强度核准;科学配置城镇工矿用地,合理确定新增用地规模、结构和时序;严格控制农村集体建设用地规模。严格耕地总量控制,全面完成永久基本农田划定并实施特殊保护,进一步提高节约集约用地水平。积极开展土地整治,建立城镇低效用地再开发、废弃地再利用的激励机制,对低效用地进行再开发,对因采矿损毁、自然灾害毁损、交通改线、居民点搬迁、产业调整形成的废弃地实行复垦再利用,提高土地利用效率和效益,促进土地节约集约利用。

2. 推进产业的绿色转型。推动工业绿色转型。调整产业结构,加大供给侧结构性改革力度,积极稳妥化解无效、低效产能,促进生产要素从传统产业向新兴产业转移压缩钢铁、水泥、煤炭产能,落实等量置换方案,严格控制增量,防止新的产能过剩;深入实施《中国制造2025》,发展战略性新兴产业和先进制造业,积极构建科技含量高、资源消耗低、环境污染少的产业结构;加快发展新兴产业集群。推进绿色制造、绿色园区、绿色企业、绿色工厂建设,支持企业实施绿色战略、绿色标准、绿色管理和绿色生产。

大力发展现代生态农业。大力转变农业发展方式,大力推进集约化经营与生态化生产有机结合的现代农业、种养结合生态循环农业、"互联网＋"农林业建设;大力推进木本油料、笋竹、特色经果林、花卉苗木、中药材、林产品加工、野生动植物开发利用等基地及配套加工产业发展。推行化肥农药减量化,严格实施化肥和农药"零增长"行动,大力推广科学施肥、测土施肥,到 2020 年测土配方施肥技术推广覆盖率达到 93.00% 以上。加强农业废弃物资源化利用,加大沼气资源开发利用,开展农田残膜回收试点,合理处置农膜、农药包装物等生产废弃物。

大力发展绿色服务业。大力发展生态旅游,合理开发旅游资源,科学核定景区游客最大承载量,减少旅游活动对生态环境的影响;加强旅游景区生态环保宣传,推进旅游景区生态文化教育基地试点建设;大力培育和发展乡村旅游,打造特色生态旅游线路。促进商贸餐饮业绿色转型,推广节能技术与设备,严格执行"限塑令",落实塑料购物袋有偿使用政策,减少一次性用品的使用等。大力发展绿色物流,构建绿色智能物流体系。

3. 大力推进循环低碳发展。大力发展循环经济,实施循环发展引领计划,构建覆盖全社会的资源循环利用体系。加强工业废弃物和"城市矿产"资源化利用,继续推进废钢铁资源化利用;加快大足再生资源市场和永川港桥城市矿产基地建设;以梁平塑料产业园区为载体,发展废旧塑料再生资源化产业;加强生活垃圾分类收集和资源化利用,动员社区及家庭积极参与,逐步推行垃圾分类。

(四)大力弘扬生态文化

重庆市通过推进生态文明示范建设、开展生态文明宣传教育、开展生态文明培训教育、倡导生态文明行为、培育特色生态文化等,在全市大力推广生态文明理念、弘扬生态文化。

1. 加强生态文明示范建设。通过生态文明示范建设,充分发挥示范引领作用、促进了生态文明的建设与推广。(1)示范区建设。重庆市较早就开始推动市内的生态文明建设,在2000年后开展了多期"重庆市市级环境优美镇""市级生态环境保护示范景区""重庆市生态村""重庆市生态乡镇"等示范建设,后续又积极组织参与"国家级生态示范区""国家生态园林城市""国家生态文明先行示范区""国家生态文明建设示范市县"等国家生态文明示范建设项目。通过开展市内生态文明示范建设、组织参与国家生态文明示范建设,各地大力推动生态文明建设,加强环境保护与治理,努力提高各项生态文明建设指标,生态环境质量显著改善。同时获批的生态文明示范建设项目,也为市内其他地区生态文明建设提供了借鉴,起到了很好的示范与推广作用。(2)群众性示范活动建设。重庆市积极开展群众性示范创建活动,充分发挥人民群众在生态文明建设中的主体作用,深入推进生态文明建设"细胞工程"。依托生态文明"十创"活动(在"社区、家庭、机关、工地、学校、商场、企业、酒店、医院、交通"十个领域开展十项群众性示范创建),目前已在十个领域评选了一批示范典型,例如,重庆市生态文明示范医院(重庆医科大学附属第一医院、重庆市妇幼保健院等医院)、重庆市生态文明示范学校(重庆市万州区红光小学、重庆市黔江实验中学等学校),同时将"十创"单位的生态文明示范创建举措予以公布,在十个领域中起到了很好的示范引领作用,同时也进一步将生态文明理念做了更广泛的推广。

2. 加强生态文明宣传教育。2014—2017年,重庆市环保局联合市委宣传部、市经济信息委、市教委、市城乡建委、市交委、市商委、市市政委、市卫生计生委、市旅游局、市机关事务局、市妇联等12个市级部门,在全市范围内深入开展以"参与环保五大行动,建设生态文明重庆"为主题的生态文明和环保宣传"十进"活动。即将生态文明和环保理念宣传"进社区、进家庭、进机关、进工地、进学校、进商场、进企业、进酒店、进医院、进交通"十个领域,简称"十进"活动。近年来,重庆市依托生态文明"十进"活动,在多个领域开展了一系列生态文明宣传,将生态文明理念在各个领域进行了宣传推广,例如多期的生态文明进社区活动,给市民普及了生态文明理念与大量环境保护知识,增强市民参与环境保护意识,使市民对生态文明与环境保护的认知不断提高。除了"十进"活动外,还开展了其他重要宣传教育。

利用传统媒体大力宣传重庆生态文明建设,在人民日报、中央电视台、新华社、中国新闻社等多家中央媒体的重要版面报道全市生态环境保护经验做法,在《南方周末》及《新环境》杂志等影响力较大的媒体上刊发有关生态文明建设与环境保护的专访报道,在《中国环境报》《重庆日报》《重庆晚报》《重庆晨报》以及《环境保护》杂志开展专版、专栏宣传重庆生态文明建设。同时广泛利用新媒体手段宣传,运用环保部公众信息网、市政府公众信息网、市环保局公众信息网、华龙网、重庆环保在线、重庆环境文化网、重庆固废网等公众网站及时发布环保工作动态,打造重庆环保政务微博、微信"双微服务"平台,微博、微信及时发布生态文明与环境保护信息,获得网民广泛关注、阅读和转载。

同时每年还以"6·5世界环境日"为契机开展宣传。例如,2014年世界环境日全市共举办各种规格、不同级别的宣传活动200多场次,包括"青春环保同行 生态家园共享"重庆市中小学生环保知识竞赛决赛、"吹响青春号角,誓向污染宣战"共青主题讲坛、梦想课堂·自然笔记大赛等一系列有影响力的宣传活动。机关、学校、企事业单位以及社区、环保志愿者组织和数百万城乡居民参与其中,宣传效果辐射38个区县。又如2017年开展"6·6环境日环保公益直播季"活动。活动以"绿水青山就是金山银山"为主题,采取现场活动和网络直播同步开展、线上线下联动宣传的形式,12个市级部门参与指导,主城10个区县参与承办,重庆环保政务"双微"、区县政务"双微"同步直播,吸引了超过300万网友的关注与参与。

同时还进行了大量的生态文明宣传文化活动,例如开展了"生态文明与环保五大行动"摄影大赛、新《环保法》巡回宣讲、"践行环保新主张、引领低碳淘生活"车尾集市等一系列富有特色、公众参与性强的生态文化活动。制作了一批生态文明宣传招贴画和折页、环保微读本以及环保公益宣传片、广告片和微视频等环境文化作品。开展了上万个行政村(社区)"弘扬环境文化 传播绿色文明"的环保电影下乡巡回展映公益活动,放映环保题材电影、科教片等。

3. 加强生态文明教育与培训。强化教育渗透,深化三大教育体系。一是持续深化国民教育体系。完成了数所中小学校生态文明教材的配送和循环使用;与市教委联合指导全市中小学校开展环境教育课外实践活动,全面落实环境教育课程教育。二是持续深化成人教育体系。配合推进"环保课进党校"工作,将生态文明建设和环境保护等内容纳入各级党校主体班、专题班授课内容,全市环保课进党校数百次,数万人(次)党政领导干部接受环境教育。组织开展了环保干部岗位培训班、重庆市乡镇(街道)环保员岗位培训班、重庆市环保系统新媒体宣传培训班、重庆市环保系统新任领导干部和中层干部素质能力提升培训班、重庆市环保系统专业技术人员素质提升培训班等各类培训班。三是持续深化社区市民教育体系。将环保内容纳入各级团校、社区市民学校培训课程,通过在社区组织低碳行动、环保亲子活动、环保文艺演出等活动,用贴近市民,贴近生活的活动方式开展社区教育。

4. 积极倡导生态文明行为。积极引导居民践行绿色生活方式和消费模式。推广绿色居住,减少无效照明,减少电器设备待机能耗,提倡家庭节约用水用电。鼓励步行、自行车和公共交通等低碳出行,例如开展了"世界无车日""低碳节能 绿色出行"活动。鼓励消费者旅行自带洗漱用品,提倡重拎布袋子、重提菜篮子、重复使用环保购物袋,减少使用一次性日用品。支持发展共享经济,鼓励个人闲置资源有效利用,有序发展网络预约拼车、自有车辆租赁、民宿出租、旧物交换利用等。开展旧衣"零抛弃"活动,完善居民社区再生资源回收体系,有序推进二手服装再利用。在中小学校试点校服、课本循环利用,早在2008年重庆市部分中小学就实行了部分科目教科书的教材循环使用。引导市民购买高效节能电机、节能环保汽车、高效照明产品等节能环保低碳商品,鼓励选购节水龙头、节水马桶、节水洗衣机等节水产品,推广环境标志产品,支持市场、商场、超市、旅游商品专卖店在显著位置开设绿色产品销售专区。

5. 培育特色生态文化。深入挖掘生态文化资源,开展生态文化战略研究,鼓励将绿色生活方式植入各类文化产品。注重挖掘重庆特色的山水文化、森林文化、传统农耕文化、茶文化、竹文化、石文化以及三峡生态移民文化、渝东南生态民俗文化等文化中的生态思想,挖掘名胜遗迹、古代建筑、文化遗址、诗词歌赋、民风民俗等蕴藏的生态文化内涵,构建重庆特色的生态文化体系。加强历史文化名镇、名村、街区和文化生态的整体保护,不断强化"山城""江城""绿城"特色,厚植城市生态文化底蕴。建设武陵山区(渝东南)土家族苗族文化生态保护实验区,保护一批非遗项目、重点文化遗产,建设一批非遗保护展示场所、特色文化研究宣传展示项目,打造一批特色文化生态景区。

加强生态文化基础设施建设。把生态文化作为公共文化服务体系建设重要内容,增加公益性生态文化事业投入,发挥图书馆、博物馆、科技馆、体育文化设施以及自然保护区、森林公园、湿地公园、地质公园传播生态文化的作用,提高生态文化基础设施的服务能力和水平。加强市级和区县级自然教育体验中心、生态科普教育中心等自然教育基地建设,打造多个生态文化保护、生态环保科普教育和生态文明宣传教育基地,目前已获批武陵山区(渝东南)土家族苗族文化生态保护实验区、重庆缙云山国家级自然保护区获批国家生态文明教育基地、重庆丰盛环保发电有限公司获批国家环保科普基地、重庆园博园获批国家环保科普基地等,同时重庆市也开展一批绿色校园与生态文明教育基地。同时也在不断加强生态文化村、生态文化示范基地等生态文化展示、体验、教育平台建设,加强绿色新村(例如近年来每年评选、批复重庆市绿色新村 10 个)、纪念林基地建设(近年来已建设纪念林基地数十个),积极开展古树名木挂牌保护及绿地认建认养活动。

三、重庆市生态文明建设效果评价

重庆市以"重庆市市级环境优美镇""市级生态环境保护示范景区""重庆市生态村""重庆市生态乡镇"及"国家级生态示范区""国家生态文明先行示范区建设地区""国家生态文明建设示范市县"等生态文明示范建设为抓手,通过"十五"至"十三五"近 20 余年持续的生态文明建设,在生态文明制度建设、生态环境质量改善、污染治理等方面都取得了显著的成果。

(一)生态文明制度体系已初步形成

在 20 余年的生态文明建设中,重庆市陆续出台了一系列的生态文明管理制度文件,生态文明制度体系日趋完善。已出台了《重庆市环境保护条例》《重庆市水资源管理条例》《重庆市林地保护管理条例》《重庆市湿地保护条例》《重庆市长江三峡水库库区及流域水污染防治条例》等地方法规。

出台了《重庆市生态环境损害修复管理办法》《突发环境事件应急管理办法》《重庆市建设用地土壤污染防治办法》《重庆市主城区尘污染防治办法》《重庆市环境噪声污染防治办法》《重庆市市级湿地公园管理暂行办法》《重庆市地方级自然保护区总体规划审批管理办法》《重庆市主要污染物排放权交易管理暂行办法》《重庆市排放污染物许可证管理办法》《重庆市环境监测服务社会化管理办法》《重庆市企业环境信用评价办法》等一系列促进生态文明建设的地方规章。

制定了一系列落实生态文明建设的方案，例如《重庆市贯彻国务院打赢蓝天保卫战三年行动计划实施方案》《主城区臭气和噪声专项整治工作方案》《重庆市"无废城市"建设试点实施方案》《重庆市实施横向生态补偿提高森林覆盖率工作方案(试行)》《重庆市建立流域横向生态保护补偿机制实施方案》《重庆市生态环境损害赔偿制度改革实施方案》等。

制定并实施了一系列落实、保障生态文明建设的规划、计划、方案，例如《重庆市生态文明建设"十三五"规划》《重庆市林地保护利用计划(2010—2020年)》《重庆市危险废物集中处置设施建设布局规划(2018—2022年)》、"五大行动"(蓝天、碧水、宁静、绿地、田园行动)方案(2013—2017年)、《重庆市实施生态优先绿色发展行动计划(2018—2020年)》《重庆市污染防治攻坚战实施方案(2018—2020年)》《重庆市生态环境损害赔偿制度改革试点实施方案》《重庆市固定污染源排污许可清理整顿和发证登记工作实施方案》《重庆市党政领导干部生态环境损害责任追究实施细则(试行)》等。

形成了一系列生态文明建设地方标准，例如《大气污染物综合排放标准》《工业炉窑大气污染物排放标准》《重庆市化工园区主要水污染物排放标准》《重庆市餐饮船舶生活污水污染物排放标准》《餐饮业大气污染物排放标准》《污染场地治理修复环境监理技术导则》《重庆市农村生活污水及生活垃圾处理适宜技术推荐》《重庆市湖库生态修复适宜技术选择指南》《电镀废水治理适宜技术选择指南》等，这些地方标准能更加科学、更加规范、更加有效地推进重庆市生态文明建设。同时还出台了一系列重要的政策、文件，例如《重庆市生态保护红线》《关于落实生态保护红线、环境质量底线、资源利用上线制定生态环境准入清单 实施生态环境分区管控的实施意见》《关于规范编制矿山地质环境保护与土地复垦方案的通知》《重庆市生态环境局关于开展危险废物集中收集贮存转运试点工作的指导意见》等，来推进与保障重庆市生态文明建设顺利开展。

总之，从重庆市近年生态文明指导建设来看，已初步形成了环境保护、森林保护、湿地保护、地质环境保护、自然保护区管理、生态红线管控、生态补偿、生态环境损害赔偿、排污许可证管理等一批地方性法规、规章、标准及制度，生态文明制度体系已初步形成，并日趋完善。

(二)环境质量明显提升

通过持续推进蓝天、碧水、宁静行动，重庆市环境质量明显提升。

水环境方面。2010—2019年十年间，长江干流重庆段总体水质均为优，监测断面中Ⅲ类水质的断面比例为100.00%。统计了2013—2019年长江支流水质情况(见图8-10)，总体上,优质水体明显增加、较差水体逐年降低,水质明显改善。从Ⅰ~Ⅲ类水体水质构成情况,优质的Ⅰ、Ⅱ类水体构成比例明显增加,Ⅰ类水体占比从0.70%增至3.00%以上,Ⅱ类水体占比从38.10%增至50.00%以上,Ⅰ~Ⅲ类水体构成占比73.40%增加至87.80%。Ⅳ~劣Ⅴ类水质明显减少(见图8-11),Ⅳ类水质由15.80%降低至8.60%,Ⅴ类水质由5.00%降低至3.10%,劣Ⅴ类水质由5.80%降低至0.50%。从2013与2019年长江支流水质构成特征也能看出7年间长江支流水质构成发生了明显变化(见图8-12),优质水体构成明显增多、较差水体显著下降,水质明显提高。从2013年至2019年,长江支流水质满足水域功能的断面占比明显增加,由82.00%增加至93.90%(见图8-13),库区一级支流断面水质富营养化比例明显降低,由最高值44.40%降低至25.00%(见图8-14)。2010—2019年城市集中饮用水水源水质达标率较高,除2013年、2014年水质达标率分别为99.70%、97.30%外,其余时期城市集中饮用水水源水质达标率均为100.00%。所以,从近年来重庆市河流水质类型、水质满足水域功能的断面占比、库区一级支流断面水质富营养化比例等,都可以看出通过重庆市持续的生态文明建设,重庆水环境质量得到了明显提升。

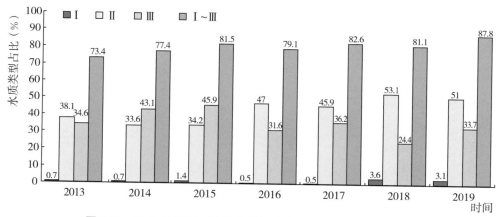

图8-10　重庆市2013—2019年长江支流Ⅰ~Ⅲ类水质构成情况

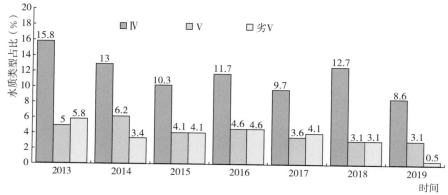

图8-11　重庆市2013—2019年长江支流Ⅳ~劣Ⅴ类水质构成情况

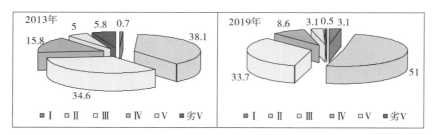

图 8-12　重庆市 2013 年与 2019 年水质构成差异

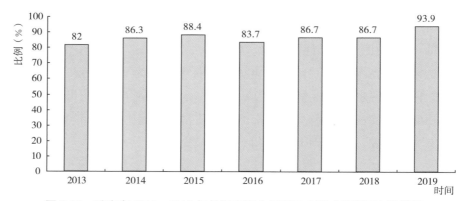

图 8-13　重庆市 2013—2019 年长江支流水质满足水域功能断面占比情况

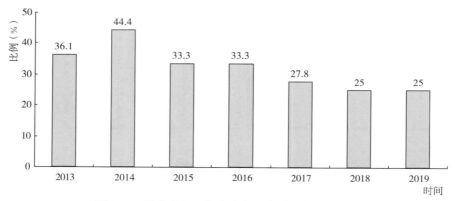

图 8-14　重庆库区一级支流断面水质富营养化比例

　　空气环境质量方面。统计了 2013—2019 年重庆市空气质量优良天数与细颗粒物（PM$_{2.5}$）浓度，见图 8-15 所示，其空气质量优良天数逐年增加，PM$_{2.5}$ 浓度逐年降低，空气环境质量显著提升。2019 年空气质量优良天数比例为 86.57％，达到了《重庆市生态文明建设"十三五"规划》建设指标（82.00％），2019 年重庆市 PM$_{2.5}$ 浓度为 38μg/m^3，也达到了《重庆市生态文明建设"十三五"规划》建设指标（45.6μg/m^3）。

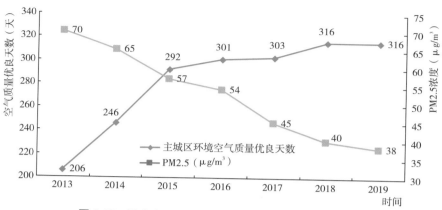

图 8-15　重庆市 2013—2019 年空气环境质量变化趋势

声环境方面。通过长期、持续推进"宁静行动",深化"一管四控"措施,加强城市声环境管理,控制社会生活、交通、建筑施工和工业噪声等一系列举措,采取了创建安静居住小区、强化机动车禁鸣管理工作(增加禁鸣路段、建设声呐识别抓拍系统),摸排处置了数千处重点社会噪声源,采取增设隔声屏、降低夜间轨道列车通行速度、种植降噪绿化植被、强化敏感建筑噪声防护等措施与行动,进一步解决噪声问题,稳定与优化声环境质量。统计了重庆2013—2019 年的城市区域环境噪声与道路交通噪声情况(见图 8-16),根据环境噪声监测技术规范城市声环境常规监测(HJ 640—2012),城市区域环境噪声总体水平等级划分与道路交通噪声强度等级划分(见表 8-3),近 7 年重庆市城市区域环境质量一直保持较好的水平,道路交通噪声等级一直保持一级(好)。所以,近年来重庆市声环境质量较好,持续稳定并进一步提高趋势。

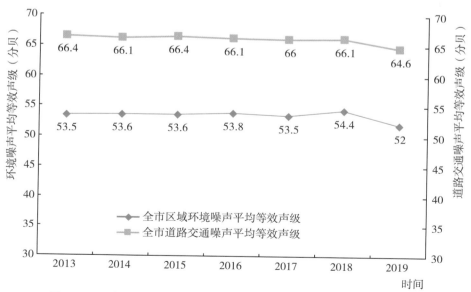

图 8-16　重庆市 2013—2019 年全市区域环境噪声与道路交通噪声情况

表 8-3　城市区域环境噪声总体水平等级划分与道路交通噪声强度等级划分(HJ 640—2012)

等级	一级	二级	三级	四级	五级
城市区域环境噪声	≤50.0	50.1～55.0	55.1～60.0	60.1～65.0	＞65.0
道路交通噪声	≤68.0	68.1～70.0	70.1～72.0	72.1～74.0	＞74.0
评价	好	较好	一般	较差	差

(三)生态系统稳定性明显增强、生态格局更加优化

通过实施《重庆市生态文明建设"十三五"规划》《重庆市"绿地行动"实施方案(2005—2010 年)》《重庆市绿地行动实施方案(2013—2017 年)》《重庆市林地保护利用计划(2010—2020 年)》等一系列行动,及长期的生态保护与治理,重庆市生态系统稳定性明显增强、生态格局更加优化,生态安全屏障进一步提升。

划定并严守生态保护红线。2016 年重庆市印发了《生态保护红线划定方案》,全市共划定生态保护红线区域 30790.9 平方千米,占全市辖区面积的 37.30%,较 2015 年增加了0.30%,生态红线保护范围进一步增加。目前生态保护红线占辖区面积的比例已高于《重庆市生态文明建设"十三五"规划》2020 年目标值 37.00%(见图 8-17)。

全市林地面积进一步增加,森林覆盖率进一步提高。如图 8-18 所示,从 2013 年至2019 年,林地面积由 6494 万亩增加至 6802 万亩,年平均增加 51 万亩,林地占辖区面积的比例也从 52.50% 提高至 55.03%。如图 8-18 所示,从 2013 年至 2019 年,森林面积由5208.45 万亩增加至 6198 万亩,年平均增加 164.93 万亩;森林覆盖率由 42.10% 提升至50.10%,远超《重庆市生态文明建设"十三五"规划》2020 年目标值 46.00%;如图 8-19 所示,活立木蓄积量持续增加,年平均增加 683.33 万立方米。

城市绿地建设成效显著。如图 8-20 所示从 2013 年至 2019 年,重庆市建成区园林绿化面积、园林绿化覆盖面积、公园绿地面积都逐年增加。如图 8-21 所示园林绿化面积与园林绿化覆盖面积年平均增加面积均为 1463 公顷,公园绿地面积年平均增加 525 公顷。

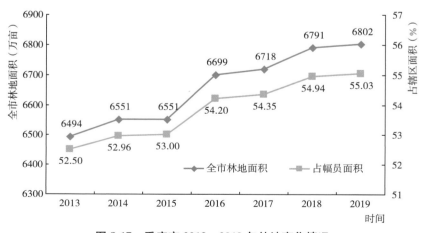

图 8-17　重庆市 2013—2019 年林地变化情况

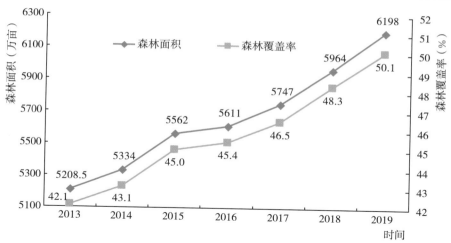

图 8-18 重庆市 2013—2019 年森林变化情况

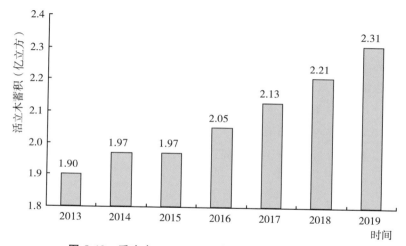

图 8-19 重庆市 2013—2019 年活立木蓄积变化特征

图 8-20 重庆市 2013—2019 年建成区园林绿地面积与园林绿化覆盖面积变化特征

图 8-21 重庆市 2013—2019 年公园绿地面积变化特征

(四)污染治理成效显著

主要污染物总量减排成效显著。2019 年全市共排放废水 20.78 亿吨,其中工业源排放 2.08 亿吨,城镇生活源排放 18.69 亿吨。全市排放化学需氧量 24.78 万吨,氨氮 3.47 万吨,全市废气中主要污染物二氧化硫排放量为 23.72 万吨,氮氧化物排放量为 20.71 万吨,烟(粉)尘排放量为 9.69 万吨。重庆市 2019 年较 2015 年主要污染物排放量明显降低,尤其是二氧化硫与氮氧化物排放量,下降比例分别达到 21.80% 与 15.00%(见图 8-22)。

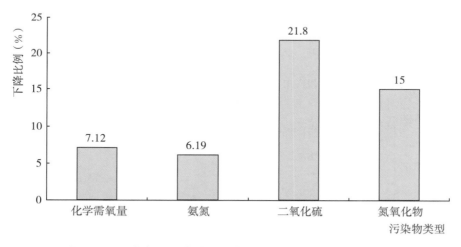

图 8-22 重庆市 2019 年主要污染物排放量较 2015 年下降比例

生活污水集中处理率、城镇生活垃圾无害化处理率进一步提高。如表 8-4 所示,从 2013 年至 2019 年,城市污水处理能力大力提升(表 8-4),2019 年城市污水处理能力较 2013 年提升了 50.32%,城市与乡镇生活污水处理率也逐年提高。2013—2015 年全市城市生活垃圾无害化处理率均为 99.00%,2016—2019 年全市城市生活垃圾无害化处理率均为 100.00%,

2017 年全市建制镇生活垃圾无害化处理率已达 95.20％。

表 8-4　　　　　　　　重庆市 2013—2019 年生活污水处理情况

时间	2013	2014	2015	2016	2017	2018	2019
城市污水处理能力（万吨/日）	286.05	365.00	378.00	/	385.00	416.75	430.00
城市生活污水集中处理率	89.00	90.00	91.00	92.00	93.00	93.50	94.00
乡镇生活污水集中处理率	74.00	75.00	78.00	/	/	82.00	/

（五）生态经济不断发展壮大

资源节约与利用水平进一步提高。如表 8-5 所示，重庆市近 5 年来万元地区生产总值能耗逐年下降（表 8-5），2019 年重庆市万元地区生产总值能耗较 2015 年下降了 15.43％，已提前达到《重庆市生态文明建设"十三五"规划》2020 年目标值 15.00％。近 5 年来万元国内生产总值用水量进一步降低（表 8-5），2019 年重庆市万元国内生产总值用水量较 2015 年下降了 36.00％，大于《重庆市生态文明建设"十三五"规划》2020 年目标值 29.00％。通过统筹工业、建筑、交通等行业绿色低碳导向，强化节能减排降碳约束性指标统筹管理，2019 年重庆市单位地区生产总值二氧化碳排放强度比 2015 年累计下降逾 17.90％，已达到《重庆市生态文明建设"十三五"规划》2020 年目标值 16.00％。

表 8-5　　　　　　　　重庆市近 5 年能源消耗情况

指标	2015	2016	2017	2018	2019
万元地区生产总值能耗	0.61	0.57	0.54	0.53	0.52
万元国内生产总值用水量（立方米）	50	44	40	38	32

注：2015 年万元地区生产总值能耗按 2010 年价格计算，2016—2019 年万元地区生产总值能耗按 2015 年价格计算。

产业循环发展成绩显著。工业固体废物利用率高，2019 年全市一般工业固体废物资源综合利用率达 73.60％，大宗工业固废利用率稳定保持在 80.00％以上，高于全国平均水平。农业废弃物综合利用率高：近年来全市秸秆肥料化、饲料化、燃料化、基料化、原料化比例逐年提高，秸秆综合利用率逐年提高，2019 年综合利用率稳定在 85.00％以上，提前达到全国 2020 年秸秆综合利用率 85.00％；2019 年重庆市农膜回收率达 72.00％以上，通过推进废弃农膜回收利用来有效化解田间"白色污染"。

第三节　云南省生态文明建设方式及效果

云南省位于中国西南地区，东部邻近广西、贵州，北部及西北部连接四川、西藏，西部与缅甸相接壤，南部遇越南、老挝相邻。云南省国境线长达 4060 千米，从全国来看，可算得上边境线最长的省份之一。全省行政区划有 16 个州(市),129 个县(市、区),云南省面积 39.4 万平方千米,占全国总面积 4.10%,全国排位第八位。云南属山地高原地形,山地高原约占全省国土总面积的 94.00%。全省河川纵横,湖泊众多,全省境内径流面积在 100 平方千米以上的河流有 889 条,分属长江、珠江、红河、澜沧江、怒江、大盈江 6 大水系(郑维川和王兴明,2009)[2]。

云南位于长江流域上游地区,处于长江经济带发展和国家"一带一路"建设的交会之处,在实施长江经济带发展战略中具有独特的地理位置和生态地位。云南是长江上游和西南地区的重要生态屏障,金沙江干流长 1560 千米,覆盖昭通、曲靖、楚雄、昆明、大理、迪庆、丽江等 7 个州(市),交通四通八达,区位优势明显,自然资源丰富,生物种类繁多,生态建设成功与否与长江流域生态建设息息相关,在长江经济带生态文明建设中生态位势突出。

云南省共有 162 个自然保护区,其中有 16 个国家级自然保护区,44 个省级自然保护区。全省自然保护区面积共有 295.56 万公顷,其中,国家级自然保护区面积 14.27 万公顷,占比 4.80%,省级自然保护区面积 88.31 万公顷,占比 29.90%。表 8-6 所示云南省自然生态资源概况可见云南省在长江经济带生态文明建设中的重要位势。

表 8-6　　　　　　　　　　　　云南省自然生态资源概况

自然生态资源	资源概况	生态地位
矿产资源	云南矿产资源矿种全,已发现的矿产有 143 种,已探明储量的有 86 种;分布广,金属矿遍及 108 个县(市),煤矿在 116 个县(市)发现。云南有 61 个矿种的保有储量居全国前 10 位,其中,铅、锌、锡、磷、铜、银等 25 种矿产含量分别居全国前三位。云南能源资源得天独厚,尤以水能、煤炭资源储量较大。煤炭资源主要分布在滇东北,全省已探明储量 240 亿吨,居全国第九位。	云南地质现象种类繁多,成矿条件优越,矿产资源极为丰富,尤以有色金属及磷矿著称,被誉为"有色金属王国",是得天独厚的矿产资源宝地。煤炭资源储量居全国第九位。
土壤资源	云南因气候、生物、地质、地形等相互作用,形成多种多样土壤类型,土壤垂直分布特点明显。经初步划分,全省有 16 个土壤类型,占全国的四分之一。其中,红壤面积占全省土地面积的 50.00%,是省内分布最广、最重要的土壤资源。	云南土壤类型占全国的四分之一。其中,红壤面积占全省土地面积一半以上,故云南有"红土高原""红土地"之称。

自然生态资源	资源概况	生态地位
水资源	云南河流众多,水量充沛,水能资源丰富。径流面积在 100 平方千米以上的河流达 908 条,分属长江(金沙江)、珠江、红河、澜沧江、怒江和依洛瓦底江六大水系。全省多年平均降水量 1258 毫米,常年自产水资源量 2222 亿立方米(地表水 1482 亿立方米占 66.67%,地下水 740 亿立方米占 33.33%)过境水量多年平均 1943 亿立方米;有高原湖泊 40 多个,总容水量 290 亿立方米。	全省水资源总量居全国第 3 位;水能资源蕴藏量达 1.04 亿千瓦,居全国第 3 位;可开发装机容量 0.9 亿千瓦,居全国第二位。
太阳能资源	日照充足,全省年日照时数在 1000~2800 小时之间,太阳能资源丰富。	在国内仅次于西藏、青海、内蒙等省区。
植物资源	云南省森林面积达 2607 万公顷,居全国第二位。云南植物种类众多,热带、亚热带、温带、寒温带等植物类型都有分布,古老的、衍生的、外来的植物种类和类群很多。在全国 3 万种高等植物中,云南占 60.00% 以上,列入国家一、二、三级重点保护和发展的树种有 150 多种。	云南是全国植物种类最多的省份,被誉为"植物王国",高等植物种类占到全国 60.00% 以上。
动物资源	云南省动物种类繁多,脊椎动物达 1737 种,占全国 58.90%。全国见于名录的 2.5 万种昆虫类中云南有 1 万余种。云南珍稀保护动物较多,许多动物在国内仅分布在云南。	云南动物种类数为全国之冠,脊椎动物种类数占全国近三分之二,素有"动物王国"之称。

面对国家长江经济带生态文明先行示范区建设的战略部署,云南需要尽快融入典型示范建设,努力把云南建设成为全国生态文明建设排头兵、中国最美丽省份。

一、云南省生态文明建设方式总结

(一)建设目标

2015 年 1 月,习近平总书记考察云南并作出重要指示,要求云南"主动服务和融入国家发展战略,闯出一条跨越式发展的路子来,努力成为我国民族团结进步示范区、生态文明建设排头兵、面向南亚东南亚辐射中心,谱写好中国梦的云南篇章"。习近平总书记还指出,"云南要坚持可持续发展的思路,把保护好生态环境作为生存之基、发展之本,牢固树立绿水青山就是金山银山的理念,坚持绿色、循环、低碳发展,在生产力布局、城镇化发展、重大项目建设中充分考虑自然条件和资源环境承载能力,为子孙后代留下可持续发展的绿色银行,成为生态文明建设的排头兵。"习总书记在云南考察的系列讲话,科学指明了云南在全国发展大局中的战略定位,为云南改革开放和社会主义现代化建设提供了根本遵循和行动纲领,为云南生态文明建设提出了明确的发展方向和发展定位。

2021年2月,云南省政府印发《云南省国民经济和社会发展第十四个五年规划和二〇三五年远景目标纲要》,明确提出云南要在全面建成小康社会基础上,开启全面建设社会主义现代化新征程,向我国民族团结进步示范区、生态文明建设排头兵、面向南亚东南亚辐射中心全面迈进。纲要中提出"十四五"期间云南省生态文明建设目标,到2025年,云南省生态文明建设排头兵取得新进展,国土空间开发保护格局得到优化,生产生活方式绿色转型成效显著,能源资源配置更加合理、利用效率大幅提高,主要污染物排放总量持续减少,生态环境质量持续改善,生态文明体制机制更加健全,国家西南生态安全屏障更加牢固,生态美、环境美、城市美、乡村美、山水美、人文美成为普遍形态。到2035年,云南省广泛形成绿色生产生活方式,生态保护、环境质量、资源利用等走在全国前列,全面建成我国生态文明建设排头兵①。

(二)发展定位

2020年5月,云南省公布《云南省创建生态文明建设排头兵促进条例》,条例中明确了云南省生态文明建设发展定位——推进生态文明建设,筑牢国家西南生态安全屏障,维护生物安全和生态安全,践行绿水青山就是金山银山的理念,满足人民对优美生态环境的需要,立足人与自然和谐共生,推动绿色生态循环发展,努力把云南建设成为全国生态文明建设排头兵、中国最美丽省份②。

(三)生态文明建设方式及具体内容

牢固树立和践行两山理念,坚持生态优先,保护优先,保障自然生态安全,巩固国家西南生态安全屏障,以可持续发展为主线,深化生态文明体制改革,促进经济绿色转型、社会绿色转型、生活方式绿色转型,建设人与自然可持续发展的中国最美丽省份。

云南省生态文明建设方式可以概括为以绿色发展为中心,坚持"一个筑牢""三个全面"③。

---

① 中华人民共和国中央人民政府网站的云南(2017年度经济社会发展概况)[R/OL]. http://www. gov. cn/guoqing/2019-01/17/content_5358516. htm.

② 云南省人民政府网:中共云南省委关于制定云南省国民经济和社会发展第十四个五年规划和二〇三五年远景目标的建议[R/OL]. 2020-12-21.

③ 云南省人民政府. 云南省创建生态文明建设排头兵促进条例[R/OL]. http://www. gov. cn/zwgk/zcjd/bmjd/202108/t20210823_226799. html. 2021-08-20.

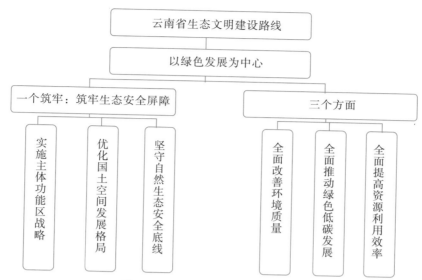

图 8-23　云南省生态文明建设路线

1. 筑牢西南生态安全屏障。(1)实施主体功能区战略(见表 8-7)。2014 年 1 月,云南省对未来全省土地空间开发作出总体部署,并根据全省不同区域的资源环境承载能力、现有开发密度和未来发展潜力,划分重点开发区域、限制开发区域和禁止开发区域 3 类主体功能区。

表 8-7　　　　　　　　　　　　　　云南省主体功能区规划及特点

开发类别	区域特点	主体功能区规划
重点开发区域	经济基础好,发展潜力较大,聚集人口较多,外部经济条件较好,有较强的资源环境承载能力,是重点进行城镇化、工业化开发的城市化地区,其主体功能是提供生产生活用品、组织市场产品和服务产品。但注意保护好森林、水域、基本农田,一定层面提供人民所需的农产品和生态产品。	国家层面重点开发区域位于滇中地区,分布在昆明、玉溪、曲靖和楚雄 4 个州市的 27 个县市区和 12 个乡镇。其功能定位是全国重要的文化、烟草、能源、旅游和商贸物流基地,是国家面向西南开放桥头堡建设的中心区域。按行政区统计面积为 4.91 万平方千米,占全省土地面积的 12.50%。 省级层面重点开发区域,分布在滇西地区、滇西北地区、滇西南地区、滇东南地区和滇东北地区,共涉及 16 个县市区。按行政区统计面积为 3.66 万平方千米,占全省土地面积的 9.30%。

开发类别	区域特点	主体功能区规划
限制开发区域	关系全省农产品供给安全、生态安全,不应该或不适宜进行大规模、高强度工业化和城镇化开发,是农产品主产区和重点生态功能区。限制开发区也可发展符合主体功能定位、当地资源环境可承载的产业。	包含农产品主产区和重点生态功能区两类。 农产品主产区包含石林县(不包含鹿阜街道)、会泽县、姚安县、弥勒市等 49 个县市,按行政区统计面积为 15.9 万平方千米,占全省土地面积的 40.30%。 重点生态功能区包含玉龙县、文山市、广南县、香格里拉县、阿子营镇等 38 个县市区和 25 个乡镇。按行政区统计面积为 14.93 万平方千米,占全省土地面积的 37.90%。
禁止开发区域	是依法设立的经各级批准重点保护的自然文化资源保护区域,以及其他严禁城镇化和工业化开发、需要特别、重点保护的生态功能区。禁止开发区域是保护自然文化遗产的重要区域,呈斑块状或点状镶嵌在重点开发和限制开发区域中。根据相关规定,对云南省各类自然文化保护区域实行保护,控制人为因素对自然生态的干扰,严禁不符合主体功能定位的开发活动。	禁止开发区域是保护自然文化遗产的重要区域,总面积为 7.68 万平方千米,占云南省总面积的 19.50%。包括以下几类区域: 自然保护区,涵盖了国家级 20 个自然保护区、省级 39 个自然保护区、州市级 61 个自然保护区、县级 50 个自然保护区; 世界文化自然遗产,包含丽江古城、南方喀斯特—石林等; 国家风景名胜区,包含昆明滇池风景名胜区、玉龙雪山风景名胜区等; 国家森林公园,包含金殿、棋盘山等; 国家地质公园,包含腾冲火山国家地质公园、大理苍山国家地质公园等; 城市饮用水水源保护区,包含松华坝水库、云龙水库等; 国家湿地公园,包含哈尼梯田国家湿地公园、洱源西湖国家湿地公园、普者黑喀斯特国家湿地公园、普洱五湖国家湿地公园。

资料来源:《云南省主体功能区规划》

(2)优化国土空间发展格局。根据云南省未来发展潜力、区域资源环境承载力、现有开发密度等,划分主体功能区,构建城市化、农业生产、生产安全、对外开放的四大战略格局,逐步形成人口、经济、资源环境相协调的空间开发格局。一是构建"一圈一带六群七廊"为主体的城市化战略格局,以加快推进滇中城市经济圈一体化建设为核心,以沿边对外开放经济带的口岸和重点城镇作为对外开放的新窗口,以滇西、滇中、滇西北、滇东南、滇东北和滇西南等六个城市群为全省建设重点,以昆明至瑞丽辐射缅甸皎漂、昆明至磨憨辐射泰国曼谷、昆明至河口辐射越南河内、昆明至腾冲辐射缅甸密支那连接南亚 4 条对外开放经济走廊,昆明—昭通—成渝和长三角、昆明—文山—北部湾和珠三角、昆明—丽江—迪庆—滇川藏大香格里拉 3 条对内开放经济走廊为纽带,将"一圈一带六群七廊"区域打造成为聚集全省人口、经济和加快工业化、城镇化进程的核心区域;二是构建"三屏两带"生态安全战略格局,以南部边境生态屏障、哀牢山—无量山生态屏障、青藏高原南缘生态屏障(三屏)和珠江上游喀斯特地带、金沙江干热河谷地带(两带)为主体;三是构建滇中、滇东北、滇东南、滇西、滇西北、滇西南六大区域板块高原特色农业战略格局;四是以通道、合作平台、产业基地建设为突破口,以滇中城市群为腹地,扩大沿边口岸开放规模,加快推进向东南亚、南亚开放,实现对外开放战略格局①。

(3)坚守自然生态安全底线。2018 年,云南省共划定生态保护红线总面积 11.84 万平方千米,占国土面积的 30.90%,极大程度地保护了全省重要的、与民众紧密关联的生态系统,保护了珍稀濒危物种栖息地,保护了最珍贵的地带性植被,保护了六大水系上游区域面积约70.00%的水域,提高了生态系统的整合服务功能,系统保护了自然山水林田湖草。

云南省生态保护红线的划定,构成了生态保护红线"三屏两带"的空间分布格局。从生态系统服务职能看,生态保护红线分为水土保持类、水源涵养类、生物多样性维护类三种类别,一是哀牢山—无量山山地和滇西北高山峡谷的水土保持与生物多样性保护、南部边境沿线的热带森林及生物多样性保护,二是牛栏江上游与珠江上游水源涵养、大盈江—瑞丽江水源涵养,三是滇东南喀斯特地带、红河(元江)干热河谷、金沙江及怒江下游、澜沧江中山峡谷等多处水土保持,形成了系统全面的生态保护红线区②。

科学划定生态保护红线意义重大,为云南省经济发展和生态保护带来利好。一是维护了大江大河上游水源涵养功能,生态保护红线涵盖了六大水系上游区约 70.00%的面积、九大高原湖泊所有水域面积及红河、怒江、金沙江、澜沧江 60.00%左右的水域面积,对水土保持、保护水生态及水资源作用显著;二是加强了自然资源中灌丛、草地、森林和湿地等重要生态系统的保护;三是保护了最基本的生态资源和生命线,全力保障城乡人口饮水安全,将风景名胜区、公园、重点城市集中式饮用水水源地、重要种质资源保护区(点)等划入生态保护红线,促进资源节约利用;四是严格保护生态敏感脆弱区域,使超过 85.00%的重要物种和90.00%的典型生态系统保护更进一步加强。

生态保护红线划定后,按照禁止开发区域的标准管理。预计到 2030 年,云南省生态保护红线制度实施后显示显著效果,强力提升生态保护功能,全面保障自然生态安全。

2. 全面改善生态环境质量。(1)打好蓝天、碧水、净土三大保卫战,守护好七彩云南。云南省坚决贯彻落实新发展理念,坚持走"生态优先、绿色发展"之路,并以最高标准、最严制

---

① 云南省人民政府网.云南省人民政府关于印发云南省主体功能区规划的通知(云政发[2014]1 号)[R/OL]. http://www. yn. gov. cn/zwgk/gsgg/201405/t20140514_179630. html. 2014-05-14.
② 云南省生态环境厅网.云南省生态保护红线划定方案(征求意见稿)[N/OL]. http://sthjt. yn. gov. cn/ywdt/xxywrdjj/201711/t20171130_174549. html. 2017-08-10.

度、最硬执法、最实举措、最佳环境,坚决打好打赢蓝天、碧水、净土三大保卫战,切实抓好生态环境保护,努力把云南真正建设成为我国生态文明建设排头兵。云南省政府于2015年出台《关于努力成为生态文明建设排头兵的实施意见》,打响了蓝天、碧水、净土"三大保卫战"。2016年,云南省环保厅出台《关于构建环境保护工作"八大体系"的实施意见》,明确提出全面构建环境质量目标、法规制度、风险防控、生态保护、综合治理、监管执法、保护责任和能力建设保障八大体系,为全面改善生态环境质量提出具体实施性意见,在构建环境质量目标体系上,从水环境质量明显改善、大气环境质量持续优良、土壤环境质量稳中向好、生态安全屏障功能继续稳定提升、环境风险防范能力持续加强五个方面,分别提出了具体指标。

(2)坚持系统、精准、科学、依法治污,打好环境质量"八个标志性战役"。2018年,云南省委省政府出台《关于全面加强生态环境保护坚决打好污染防治攻坚战的实施意见》,提出坚决打赢蓝天、碧水、净土"三大保卫战",突出重点,打好生态环境保护"八个标志性战役"。一是打好六大水系保护修复攻坚战,重点开展长江流域生态治理,推进红河、怒江、珠江、伊洛瓦底江、澜沧江等水系生态保护、污染防治和资源管理。二是打好九大高原湖泊保护治理攻坚战,以保护优良湖泊—改善水质良好湖泊—治理污染湖泊为治理路径,责任落实,多措并举。三是打好城市黑臭水体治理攻坚战。实施城镇污水处理"提质增效"三年行动,控源截污、清淤疏垢、生态维护,提升黑臭水体治理能力和效果。四是打好水源地保护攻坚战,划定集中式饮用水水源保护区,规范建设饮用水水源,不达标水源地限期整改,集中整治不良水源区环境。五是严格实施生态保护红线对重要生态空间的管控,实施云南省生物多样性保护战略与行动计划(2012—2030年),进一步增强对重点领域、重要生态系统的生物多样性保护,完善自然保护地体系,重点开展对重要生态功能区保护,巩固国家自然生态安全屏障。六是打好农业农村污染治理攻坚战,以建设美丽村庄为目标,整治农村人居环境,全面完成乡镇镇区生活污水、生活垃圾处理设施建设,全面治理村庄生活垃圾,严格控制生活污水乱排乱放。七是打好柴油货车污染治理攻坚战,实施专项行动,推动清洁运输、清洁油品、清洁车辆全面铺开。八是打好固体废物污染治理攻坚战,全面排查长江经济带固体废物,排查工业固体废物堆存,加强制度管理和信息化监管。

(3)抓好生态环境保护,争创全国生态文明建设排头兵。在蓝天保卫战方面,让蓝天白云成为云南的"标配",成为一种常态。2019年,云南省大气环境质量持续保持优良,空气质量优良天数比率为98.10%,连续三年位居全国第一。云南省注销2.83万辆国Ⅲ排放标准柴油货车,推广14.4万辆新能源汽车,率先启用国Ⅵ(B)标准汽油及国Ⅵ标准车用柴油,提前四年完成国家要求。截至2019年,云南省完成13个州(市)政府所在地及周边重污染企业搬迁,完成"散乱污"企业综合整治2228家,完成6台装机污染排放改造工程,划定了高污染燃料禁燃区。

在碧水保卫战方面,让九大高原湖泊成为云南的一大名片。云南省多措并举抓好九大高原湖泊保护治理,在洱海保护治理、滇池保护治理、抚仙湖生态移民搬迁行动中取得实效,湖泊水质趋稳向好,泸沽湖、抚仙湖符合Ⅰ类标准,洱海、阳宗海符合Ⅲ类标准,滇池水质较上年提升,为 30 余年来最好。六大水系水资源保护、水污染防治取得成功,县级及以上集中式饮用水水源地环境问题整治到位。2019 年,云南省主要河流监测断面水质优良率84.50%,比 2018 年提高 0.70%,较好完成国家双控目标。全省地级市城市饮用水水源取水点水质 100.00%满足标准,县级城镇集中式饮用水源地取水点水质 98.90%满足标准。到2019 年底,地级城市建成区黑臭水体整治全面完成,700 个建制村环境综合整治年度目标全面完成。

在净土保卫战方面,还云南一方美丽净土。云南省加大农用地土壤污染治理、重点行业企业用地管理、重点行业企业污染源治理工作力度,129 个县区全部建立了疑似污染地块名单和污染地块名录,近三年未出现因耕地土壤污染导致农产品超标的状况,无污染地块再开发利用事件。各县(市)制定印发土壤环境保护方案并实施,保护净土行动取得较好成效。

3. 全面推动绿色低碳发展。(1)谋划绿色发展空间规划。按照《云南省主体功能区规划》,深入实施主体功能区战略,推进《云南省城镇体系规划(2015—2030 年)》规划实施。通过构建"11236"(一核一圈两廊三带六群)区域发展新空间,从更高层次推动区域协调发展。"一核"指昆明市与滇中新区,"一圈"指包括曲靖市、玉溪市、昆明市、楚雄州和红河州北部地区的滇中城市经济圈,"两廊"指中国—中南半岛国际经济走廊和孟中印缅经济走廊,"三带"指金沙江对内开放合作经济带、澜沧江开发开放经济带和沿边开放经济带,"六群"包括滇中城市群和滇东北、滇西北、滇西、滇西南、滇东南等城镇群。加快推进绿色城镇化建设,推进城镇基础设施建设,推进城市园林绿化和园林城市创建工作,云南省累计创建 19 个国家园林城市、3 个国家园林城镇、53 个省级园林城市。

(2)优化国土空间生态布局。云南省坚持以国土空间规划为引领,多举措开展国土空间生态修复工作。一是"十三五"期间确立国土空间生态修复总体布局,在城市化地区实施低效用地再开发和人居环境综合整治工程,在乡村地区实施土地综合整治与生态修复工程,在重点生态功能区实施山水林田湖草生态系统修复工程,在矿产集中开发区实施矿山生态修复工程,确立了点、线、面、网相结合的国土空间生态修复总体布局。二是稳步推进矿山生态修复,2019 年以来,组织实施了长江经济带废弃露天矿山生态修复项目,中央和省级财政投入补助资金 2.2 亿余元,治理金沙江及赤水河沿线 10 千米范围内矿山 380 座,修复总面积 2万余亩,争取至 2025 年基本完成全省历史遗留露天矿山生态修复工作。三是探索实施山水林田湖草生态系统修复。"十三五"期间,云南省国家重点生态功能区增加到 39 个,2015—2019 年争取中央财政下达云南省重点生态功能区转移支付资金 279.1 亿元,年均递增19.74%,划定生态保护红线面积 11.84 万平方千米,占全省面积的 30.90%。

(3)促进形成绿色生活方式。2020 年 3 月,云南省发展和改革委员会印发了《云南省贯彻绿色生活创建行动实施方案》，明确了云南省绿色生活创建的指导思想，提出到 2022 年，全省 70.00% 的县级及以上党政机关、60.00% 以上的学校、社区和新建建筑达到绿色创建要求；昆明市、普洱市每年新增及更换的公交车中新能源公交车比例不低于 60.00%、80.00%；选树 100 户省级"绿色家庭"典型，把普洱市列为争创绿色生活创建行动示范区，各项创建目标高于全省平均水平[13]。在实践中，云南省对绿色学校、绿色社区、节约型机关、绿色商场、绿色建筑、绿色出行创建等七大领域的创建任务进行了细化实化，深入开展绿色生活创建活动。多途径推动生活绿色转变，增强全社会生态环保意识，大力发展绿色建筑，倡导绿色生活，绿色消费，鼓励绿色出行，增加森林和生态系统碳汇，控制工业、交通等重点领域碳排放。

（4）推动生产绿色转型。深入贯彻高质量发展要求，"十三五"期间，云南省以开放创新精神引领经济社会发展，坚持信息化、高水平化、绿色化产业发展导向，八大重点产业发展持续发展，多措并举打好迈向世界一流的绿色食品、绿色能源和健康生活目的地"三张牌"，"绿色"发展毫无疑问成了云南跨越式发展、高质量发展的重要前提。具体实施中，云南省各地大力发展环保产业，积极开展重点产业绿色改造、重要领域绿色改造，推进重点行业清洁生产，发展生态利用型、循环高效型、低碳清洁型等产业。推动能源清洁低碳安全高效利用，实施燃煤替代。各市州多方推动能源结构、交通运输结构、产业结构、农业结构绿色转型，绿色能源成为云南省第一大支柱产业，非化石能源占一次能源消费比重 42.00%，居全国首位。2019 年，第三产业占云南省生产总值比重 52.60%，产业结构调整取得历史性突破。作为全国唯一的国家绿色经济试验示范区，普洱市推行生态系统生产总值（GEP）与 GDP 双核算、双考核，探索走出了一条为经济绿色增长注入新活力的创新之路①。

4. 全面提高资源利用效率。云南省全面落实国家对能源、水、建设用地总量和强度"双控"制度，在全省范围内广泛开展节能、节水行动。据国家发改委对全国各省市 2019 年能源、水、建设用地总量和强度"双控"制度的考核，云南省整体完成任务较好，考核结果为完成等级②。

（1）建立健全资源有偿使用制度，推进资源全面节约循环利用。自然资源有偿使用要贯彻生态文明理念，将保护和合理利用要求作为有偿使用的核心要求，将维护所有者和使用者合法权益作为主线。2017 年 12 月，云南省人民政府出台《关于印发云南省全民所有自然资源资产有偿使用制度改革实施方案的通知》（以下简称《实施方案》）。该《实施方案》根据国有土地资源、水资源、矿产资源、国有森林资源、国有草原资源等资源有偿使用制度改革的实际，提出了云南省全民所有自然资源资产有偿使用制度改革 2017 年、2018 年和 2020 年三个阶段的目标，并明确了每个阶段的改革重点任务。在具体实践中，云南省全面落实制度施

---

① 云南省发展和改革委员会.云南省贯彻绿色生活创建行动实施方案（云发改资环〔2020〕254 号）[R/OL]. http://fgw.km.gov.cn/c/2020-06-08/3571153.shtml.2020-06-08.

② 云南省人民政府.云南省 2018 年政府工作报告[R/OL].2019.

行。一是落实国有土地资源有偿使用制度,规范经营性土地有偿使用,将国有土地有偿使用范围扩大到公共服务领域建设项目,提升土地资源资产价值,降低用地成本。二是落实水资源有偿使用制度等制度,一方面通过提高超采区地下水的水资源费标准,限制地下水取用水量,严格控制和合理利用地下水;另一方面,通过调整水资源费,发挥政府调控和经济杠杆作用,降低水资源消耗总量和强度,减少水资源消耗。三是落实《云南省矿产资源补偿费征收管理实施办法》等制度,严格落实分区管理,实行矿产开发总量控制,适度开发矿产资源,保护矿山生态环境。四是逐步建立矿产资源国家权益金制度、将矿业权使用费调整为矿业权占用费、逐步完善税费制度等方面改革。五是落实国有森林资源有偿使用制度,严格执行森林资源保护政策,把天然林、公益林等列入禁止出让范围,再以满足人民群众对生态产品的需求为目标,推进云南省国有森林资源的有偿使用,逐步解决国有森林资源低价出让和无偿使用的问题。六是落实国有草原资源有偿使用制度,厘清国有草原所有权边界,明确国有草原所有权主体,充分保障农牧民的权益,在向集体经济组织以外流转国有草原时,按有关规定实行有偿使用(苏怡璇,2020)[3]。

(2)实施节水行动,建立水资源制度刚性约束,以水护城①。2019 年 12 月,云南省发展改革委、云南省水利厅联文印发《云南省节水行动实施方案》,紧扣落实水资源消耗总量和强度双控这一目标,明确了节水行动的指导思想,落实水资源消耗总量和强度双控目标责任,增强全社会节水意识,加快推进用水方式由粗放向节约集约转变,调整用水结构,提高用水效率,提出了到 2020 年、2022 年、2035 年的量化行动目标。在具体实践中,结合云南水资源现状,从推进农业节水增效、推进工业节水减排、推进城镇节水降损 3 个重点领域,提出了推进农田水利设施提档升级、加强工业节水管理、推进节水型城市建设等 7 项节水重点工作任务。从严格目标管控、实施全过程管理、强化政策引导、注重市场激励、完善标准约束等 5 个方面细化了建立节水目标责任制、建立重点用水单位监控制度、深化水价改革、推动节水服务业发展、健全节水标准体系等 10 条具体措施,在节水行动中取得了良好的效果。

(3)推动重点行业节能低碳改造,提高企业能源利用效率。2017 年 1 月,云南省人民政府印发《关于加强节能降耗与资源综合利用工作推进生态文明建设的实施意见》,提出两大主要目标:一是节能"双控",计划到 2020 年,全省能源消费总量控制在 12297 万吨标准煤以内,年均增长 3.50% 左右,全省万元 GDP 能耗比 2015 年下降 14.00% 左右;二是资源综合利用,计划到 2020 年,工业固体废弃物综合利用率力争达到 56.00%,万元工业增加值用水量下降到 60 立方米,新型墙体材料占墙体材料总产量比重提高到 80.00%。同年 7 月,云南省人民政府印发了《云南省"十三五"节能减排综合工作方案》,确保全面完成云南省"十三

---

① 云南日报官网.云南生态文明建设这 5 年:青山常在,绿水长流[N/OL]. http://m. thepaper. cn/newsDetail_forward_10245749. 2020-12.

五"节能减排目标任务,提出到 2020 年,全省万元国内生产总值能耗比 2015 年下降 14.00%,能源消费总量控制在 12297 万吨标准煤以内,非化石能源消费占能源消费总量比重达到 42.00%,提出全省化学需氧量、氨氮、二氧化硫、氮氧化物排放总量分别控制在 43.80 万吨、4.79 万吨、57.80 万吨、44.45 万吨以内,比 2015 年分别下降 14.10%、12.90%、1.00% 和 1.00%。在具体实践中,云南省以推动全社会节约能源和提高能源利用效率为目标,以推动重点领域节能为抓手,节能工作成效显著。截至 2019 年底,全省"十三五"能耗强度累计下降 16.70%,提前完成国家下达"十三五"能耗强度下降 14.00% 的目标任务[①]。

(4)重视气候资源保护与开发利用,推动产业发展。2020 年 1 月,《云南省气候资源保护和开发利用条例》正式实施,标志着云南气候资源的保护和利用进入规范化、法治化轨道。云南地形地貌复杂,境内气候类型多样,气候资源极为丰富。对气候资源的精确记录和分析,有助于特色农业、休闲旅游等产业发展。以普洱市为例,普洱市对当地气候资源日益重视,对气候状况精细统计,国家气象局在普洱多个站点统计的当地平均气温、空气湿度、空气负氧离子含量、空气质量等气象数据,已成为普洱发展旅游康养、休闲度假等产业规划的重要依据。早在 2016 年,普洱市就将城市热岛强度变量作为普洱市绿色经济考评指标之一,普洱市各区县均将气候资源保护和开发利用列入了本地区"十三五"规划纲要,优质气候资源的利用,极大地推动了普洱市产业发展和生态建设。2020 年,普洱市充分利用冬无严寒、夏无酷暑的气候特点,组织各县(区)政府申报创建"中国天然氧吧",最终,思茅、景东、宁洱、镇沅 4 个县(区)荣获"中国天然氧吧"称号,"中国天然氧吧"成了除普洱茶之外的又一张地方名片。

二、云南省生态文明建设实践路径

2014 年 7 月,云南省被纳入国家首批生态文明先行示范区。云南省政府积极响应国家号召,提出"把云南省建设成为生态屏障建设先导区、发展方式转变先行区、边疆脱贫稳定模范区、制度改革创新实验区、民族生态文化传承区,成为全国生态文明建设排头兵"的建设目标。

(一)强化顶层设计,制定科学合理的建设规划

习近平总书记指出:"推动长江经济带发展必须从中华民族长远利益考虑,把修复长江生态环境摆在压倒性位置,共抓大保护,不搞大开发"。

云南地处长江上游,在实施长江经济带发展战略中具有重要地位。云南省委省政府始终贯彻落实中央关于环境保护和生态建设的系列决策部署,特别是习近平总书记"共抓大保

---

① 云南日报官网.云南生态文明建设这 5 年:青山常在,绿水长流[N/OL]. http://m. thepaper. cn/newsDetail_forward_10245749. 2020-12.

护,不搞大开发"的要求,牢固树立尊重自然、顺应自然、保护自然的生态文明理念,高度重视生态文明建设顶层设计,谋划生态文明发展空间布局,制定科学合理的生态文明建设规划,突出抓好生态文明体制改革、生态环境保护、生态环境治理、产业转型升级等重点工作,筑牢长江上游重要生态屏障(饶卫,2019;付伟等,2019)[4,5]。

早在 2007 年,云南省就确立了"生态立省、环境优先"的发展战略,全面实施"七彩云南保护行动";2009 年,云南省出台全国第一个生态文明建设的规划纲要《七彩云南生态文明建设规划纲要 2009—2020 年)》,描绘了云南生态文明建设的重要蓝图;2014 年云南省编制《云南省生态文明先行示范区建设实施方案》,为云南省生态文明建设提供了实施路径;2015 年,云南省出台《关于努力成为生态文明建设排头兵的实施意见》,打响了蓝天、碧水、净土"三大保卫战"。2017 年,云南省人民政府出台了《关于加强节能降耗与资源综合利用工作推进生态文明建设的实施意见》《云南省"十三五"节能减排综合工作方案》《生态文明建设目标评价考核实施办法》《关于贯彻落实湿地保护修复制度方案的实施意见》《关于印发云南省全民所有自然资源资产有偿使用制度改革实施方案的通知》等系列制度与文件,进一步为云南省成为生态文明建设排头兵提供了具体实施方法和落地措施(郇庆治,2019)[6]。2019 年,印发了《关于努力将云南建设成为中国最美丽省份的指导意见》,落实最高标准、最严制度、最硬执法、最实举措、最佳环境的要求,提出五大行动任务措施,持续推进生态文明建设。2020 年,云南省政府出台《云南省创建生态文明建设排头兵促进条例》,标志着云南省创建生态文明建设排头兵工作进入了制度化、法治化的轨道。同年印发了《云南省贯彻绿色生活创建行动实施方案》,明确了绿色生活创建的实施路径。

2014 年,云南省政府正式印发《云南省主体功能区规划》,对未来全省土地空间开发作出总体部署,并根据全省不同区域的资源环境承载能力、现有开发密度和未来发展潜力,划分重点开发区域、限制开发区域和禁止开发区域三类主体功能区,逐步形成人口、经济、资源环境相协调的空间开发格局(严耕,2014)[7]。规划中,确定了"一圈一带六群七廊"的城市化战略格局和构建"三屏两带"为主体的生态安全战略格局,充分考虑生态系统的整体性、系统性及其内在发展规律,统筹考虑自然生态各要素,进行整体保护、系统修复、综合治理,不断增强生态系统循环能力。

(二)深化体制改革,建立严格考核指标体系

习近平总书记强调:"只有实行最严格的制度、最严密的法治,才能为生态文明建设提供可靠保障。"筑牢长江上游重要生态屏障,离不开科学、健全的制度机制作保障。云南省深化生态文明体制改革,努力把生态文明建设纳入制度化、法治化轨道,构建政府为主导、企业为主体、社会组织和公众共同参与的生态文明建设体系(施本植和许树华,2015)[8]。2013 年,云南第一部规范湿地保护工作的地方性法规《云南省湿地保护条例》出台;2017 年,省委办公厅、省政府办公厅公布《生态文明建设目标评价考核实施办法》,将生态文明先行示范区建

设考评制度化。2020年,云南省政府出台《云南省创建生态文明建设排头兵促进条例》,标志着云南省创建生态文明建设排头兵工作进入了制度化、法治化的轨道。条例中明确指出,"生态文明建设是全社会的共同责任,鼓励和引导公民、法人和其他组织参与生态文明建设,并保障其享有知情权、参与权和监督权。企业和其他生产经营者应当遵守生态文明建设法律、法规,实施生态环境保护措施,承担生态环境保护企业主体责任"(吴松,2019)[9]。

为推进文明体制改革,云南省将绿色发展理念贯穿于制度设计中,在国内率先探索出覆盖全省的全面生态指标考核体系(王雪松,2016)[10]。《云南省创建生态文明建设排头兵促进条例》第五十五条指出,"省、州(市)人民政府应当将生态文明建设评价考核纳入高质量发展综合绩效评价体系,强化环境保护、自然资源管控、节能减排等约束性指标管理,落实政府监管责任。县级以上人民政府应当建立健全生态环境监测和评价制度,推进生态环境保护综合行政执法。"条例第五十六条指出,"县级以上人民政府应当落实生态环境损害责任终身追究制,建立完善领导干部自然资源资产离任(任中)审计制度。"云南省《生态文明建设目标评价考核实施办法》中明确,生态文明建设目标评价考核实行党政同责,地方党委和政府领导成员生态文明建设一岗双责。评价考核采取年度评价和目标考核相结合的方式实施,年度评价连续两年排末三位的州市党委和政府应当向省委、省政府作出书面检查,并由有关部门约谈其党政主要负责人,提出限期整改要求。在具体管理中,对县域生态建设考核实施"一票否决",用生态建设质量倒逼生态建设管理转型①。

(三)推进转型升级,构建绿色产业体系

2016年4月,云南省委省政府出台《关于着力推进重点产业发展的若干意见》,提出大力发展生物医药和大健康产业、旅游文化产业、信息产业、物流产业、高原特色现代农业产业、新材料产业、先进装备制造业、食品与消费品制造业等"八大重点产业"。在巩固提高云南传统支柱产业的基础上,着力推进重点产业发展,加快形成新的产业集群,构建起以生态为主体、以绿色为主体的传统产业、支柱产业、新兴产业为一体的产业体系,让生态产业、绿色产业成为云南产业转型升级、经济高质量发展的主体模式(董云仙,2014)[11]。2018年,云南省政府工作报告提出,"全力打造世界一流的'绿色能源''绿色食品''健康生活目的地'这'三张牌'",通过逐步完善产业政策、升级改造传统产业、构建"两型三化"产业体系和淘汰落后产能,推动一二三产业融合发展,发展"绿色能源",有效协调资源保护与的经济发展关系,促进社会效益和绿色经济效益的产生。在昆明、曲靖、玉溪、红河、大理等地,产业发展已取得显著成效(黄子军,2017)[12]。

在具体实践中,科学布局云南省产业体系发展。一是优化农业体系和安排农业结构,以

---

① 云南省生态环境厅.七彩云南生态文明建设规划纲要(2009—2020年)[R/OL]. http://sthjt.yn. gov.cn/ghsj/hjgh/201003/t20100316_10981.html 2010-03-06.

循环经济为抓手,推动发展云南省生态低碳农业;二是运用现代新型技术,以清洁生产和绿色生产为抓手,实现资源综合利用,构建生态工业产业链条,发展新型化生态工业;三是充分利用民族山地和高原地带丰富的自然资源和特色文化资源,建设精品旅游景区,发展生态旅游,将云南打造为人民健康生活的目的地;四是在生态可持续的前提下,充分用好清洁能源优势,大力发展清洁能源产业,打造"绿色能源牌",把绿色能源打造成为云南省第一大支柱产业(张凯黎,2019)[13]。

(四)加强污染防治,促进生态环境质量持续改善

随着生态文明建设和绿色发展的逐步推进,我国的环境污染治理工作步入前所未有的高度。云南省委、省政府也高度重视环境污染防治工作,从顶层设计和体制机制建设着手大力开展环境污染防治,近年相继出台《云南省土壤污染防治工作方案》《云南省大气污染防治行动实施方案》《云南省节水行动实施方案》并予以实施。2015年以来,国家环境保护"水十条""土十条""气十条"相继出台,中央对生态环境保护和环境污染治理提出了明确的要求。随之,云南省政府也出台《关于努力成为生态文明建设排头兵的实施意见》《云南省打赢蓝天保卫战三年行动实施方案》,打响了蓝天、碧水、净土"三大保卫战"。2018年,中共中央、国务院印制了《关于全面加强生态环境保护,坚决打好污染防治攻坚战的意见》,在全国范围内推行。之后,云南省印制出台《云南省大气污染防治条例》,标志着依法加强云南大气污染防治工作的法规体系更加完善。

在具体实践中,云南省全面加强生态环境保护,打好污染防治攻坚战。一是加强环保基础设施建设和运营管理,从硬件上保障污染防治工作的实施。二是加强流域治理,全面落实河(湖)长制,持续加强以九湖为重点的水污染防治,一湖一策、分类施策。三是做好水源地保护,加强集中式饮用水源污染防治,开展饮用水水源规范化建设,实施水质不达标限期整改。"十三五"以来,全省累计完成农村饮水安全工程投资118.3亿元,提升了1950.8万农村人口的饮水安全保障水平。四是加强重点区域、重点行业大气污染治理,提高高耗能、高污染行业准入门槛,严控高耗能、高污染行业新增产能,加快淘汰落后产能,优化调整能源结构,加大清洁能源推广使用力度。五是有效防止重金属、化学品、危险废物和持久性有机污染物等对环境的危害。六是深入排查长江经济带固体废物,开展工业固体废物堆存整治。

三、云南省生态文明建设效果评价

(一)生态文明建设进度评价

云南生态文明建设历史久远,最早可追溯到明清时期的自然生态建设。就当代云南来讲,生态文明建设已步入全国前列,其中生态文明建设中的重要法规、制度的颁布与落实,关键性生态建设主题活动的开展,推动和贯穿了云南生态文明建设始终。如表8-8所示将云

南生态文明建设进程中的重要法规、制度和关键性生态建设主题活动做一梳理,可窥见云南生态文明建设中的不平凡的历程。

表 8-8   云南省生态文明建设历年重要政策梳理

年份	推动云南省生态文明建设的重要法规和重要制度
2007 年	云南省全面实施"七彩云南保护行动",确立了"生态立省、环境优先"的发展战略,省人民政府办公厅出台《关于印发七彩云南保护行动任务分解方案的通知》
2008 年	云南省政府在丽江召开滇西北生物多样性保护工作会议,启动了"滇西北生物多样性保护行动",发表了《丽江宣言》
2009 年	云南省委出台《中共云南省委云南省人民政府关于加强生态文明建设的决定》,出台全国第一个生态文明建设的规划纲要《七彩云南生态文明建设规划纲要 2009—2020 年)》
2010 年	云南省人民政府办公厅出台《关于印发七彩云南生态文明建设十大重点工程任务分解方案的通知》,启动实施云南省"生态文明建设十大重点工程"
2011 年	云南省政府《云南省环境保护十二五规划》颁布并实施
2012 年	云南省生物多样性保护联席会议第三次会议签订了《云南省生物多样性保护西双版纳约定》
2013 年	云南第一部规范湿地保护工作的地方性法规《云南省湿地保护条例》出台,云南省政府出台关于印发《云南省生物多样性保护战略与行动计划(2012—2030 年)》的通知
2014 年	省政府出台《云南省主体功能区规划》,将全省土地空间按照开发方式分为重点开发区域、限制开发区域和禁止开发区域三类主体功能区;省政府编制《云南省生态文明先行示范区建设实施方案》
2015 年	省政府出台《关于努力成为生态文明建设排头兵的实施意见》,打响了蓝天、碧水、净土"三大保卫战"
2016 年	省政府出台《关于贯彻落实生态文明体制改革总体方案的实施意见》,省委省政府出台《云南省生态文明建设排头兵规划(2016—2020 年)》,省政府出台《关于构建环境保护工作"八大体系"的实施意见》
2017 年	云南省人民政府出台《关于加强节能降耗与资源综合利用工作推进生态文明建设的实施意见》,出台《云南省"十三五"节能减排综合工作方案》;省委办公厅、省政府办公厅公布《生态文明建设目标评价考核实施办法》,省政府办公厅出台《关于贯彻落实湿地保护修复制度方案的实施意见》;云南省人民政府出台《关于印发云南省全民所有自然资源资产有偿使用制度改革实施方案的通知》

续表

年份	推动云南省生态文明建设的重要法规和重要制度
2018 年	云南省政府出台《云南省人民政府关于发布云南省生态保护红线的通知》,包含生物多样性维护、水源涵养、水土保持三大红线类型;云南省委省政府出台《关于全面加强生态环境保护坚决打好污染防治攻坚战的实施意见》,提出坚决打赢蓝天、碧水、净土"三大保卫战",突出重点,打好生态环境保护"八个标志性战役"
2019 年	云南省政府出台我国第一部生物多样性保护的地方性法规《云南省生物多样性保护条例》并正式施行,出台《云南省大气污染防治条例》,印发《云南省节水行动实施方案》,出台《关于努力将云南建设成为中国最美丽省份的指导意见》
2020 年	云南省政府出台《云南省创建生态文明建设排头兵促进条例》,标志着云南省创建生态文明建设排头兵工作进入了制度化、法治化的轨道;云南省发展和改革委员会印发了《云南省贯彻绿色生活创建行动实施方案》,明确了绿色生活创建的实施路径

资料来源:根据云南省历年出台生态文明建设相关法规和制度整理

(二)建设效果评价

纵观云南省生态文明建设,始终站在生态立省、环境优先、绿色发展、综合治理的高地上,走在全国生态文明建设前列。

1. 央省两级示范创建目标达成度。在省委、省政府的倡导下,云南省全省 16 个州市、129 个县全部开展了示范创建工作。在国家级示范创建层面上,全省累计建成 10 个国家生态文明建设示范市县,其中:示范市(州)4 个,分别是西双版纳州、怒江州、楚雄州、保山市;示范县(区)6 个,分别是大理州洱源县、红河州屏边县、昆明市石林县、昭通市盐津县、保山市昌宁县、玉溪市华宁县。建成 5 个国家级"两山"基地,分别为保山市腾冲市、丽江市华坪县、怒江州贡山县、楚雄州大姚县、红河州元阳哈尼梯田遗产区。建成国家级生态乡镇 85 个、国家级生态村 3 个。在省级示范创建层面上,已有 1 个省级生态文明州、21 个省级生态文明县(市、区)和 615 个省级生态文明乡(镇、街道)获得省人民政府命名;全省已命名和待命名的生态文明县(市、区)共计 65 个,占县域总数的 50.39%;已命名和待命名的生态文明乡(镇、街道)共计 1195 个,占乡(镇、街道)总数的 85.17%。圆满完成省委省政府《关于全面加强生态环境保护,坚决打好污染防治攻坚战的实施意见》提出的"到 2020 年,省级生态文明县(市、区)创建比例达到 50.00%以上,省级生态文明乡镇(街道)创建比例达到 80.00%以上,争创一批国家生态文明建设示范区"的目标。

2. 生态文明体制机制建设状况。以国家生态文明建设航向为指引,历年来,云南省生态文明体制机制建设制度体系框架日趋完善,云南省委、省政府从顶层设计层面、体制创新层面、理论层面、制度层面、法治层面、管理层面、考核层面、监督层面多层次、多维度、多方向进行了生态文明体制机制创新与综合改革,出台的各类制度、条例、办法、实施方案多达上百种,成为各级、各部门生态文明建设落实落地、实施运用的法宝,为民族地区、高原地区生态文明建设积累了丰富的理论基础、制度基础和实践基础。以制度建设推动生态文明建设改革,从制定单一制度到构建制度体系,"十三五"期间,云南省改革事项完成率为100.00%。

生态文明制度体系进一步完善。在考核考评机制方面,制定了《生态文明建设目标评价考核实施办法》,将生态文明建设纳入领导干部综合考核评价,落实生态文明建设党政同责、一岗双责。以2019年体制机制改革情况看,在河湖生态建设方面,生态补偿、河(湖)长制、农田水利改革等一批在全国范围内具有突破性、标志性的制度相继建立;在污染防治方面,细化了八个污染防治标志性战役作战方案并分年度、分阶段逐一落实,注重对实施情况的督查督办,生态环境质量明显改善;制定了国家公园体制、单位自然资源资产离任审计、生态保护补偿机制、绿色价格机制等15项生态文明建设制度;印发实施《关于努力将云南建设成为中国最美丽省份的指导意见》,最高标准、最严制度推进全省生态文明建设取得实效;《关于生态文明建设排头兵促进条例》全面推行,充分说明云南省创建生态文明建设排头兵工作已经步入法治化、制度化轨道。

3. 生态文明体系建设状况。(1)生态指标考核体系建设情况。2017年,云南省委、省政府出台《生态文明建设目标评价考核实施办法》[1],正式把生态文明建设纳入全省目标考核。生态文明建设目标评价考核采取年度评价和目标考核相结合的方式,基于资源环境生态领域考核综合开展,年度评价主要评估各州、市环境治理、环境质量、资源利用、生态保护、绿色生活、增长质量、公众满意程度等基本情况和动态趋势,生成各市各地绿色发展指数。年度评价结果应用于地方业绩考核、经济发展考核、部门考核、班子考核、干部考核、综合考核等方面,极大推进了生态文明建设效果。

(2)生态保护修复状况。一是大力推进"森林云南"建设。2016年以来,云南省全面开展"森林云南"建设活动,全省连年实现森林面积增长和蓄积量增长"双增长"业绩。截至2019年底,全省林地面积4.23亿亩,森林面积3.59亿亩,森林覆盖率62.40%,森林蓄积量20.2亿立方米,天然林面积2.48亿亩,全省森林系统年服务功能价值达1.68万亿元,全省森林系统年服务功能价值达1.68万亿元,各项指标均居全国前列。"十三五"期间,深入实施天然林保护、退耕还林还草、石漠化综合治理、防护林建设等重点生态工程,落实中央和省级林草资金是"十二五"的1.6倍。森林资源督查实现全覆盖,分别以"绿盾""绿卫""打击种茶毁林"等专项整治工作,先后数次查处破坏森林资源违法行为,确保了生态安全的有效维护。

二是大力推进生物多样性保护工作。率先开展生物多样性保护立法,生物多样性保护取得实效。2013年,云南省政府印发《云南省生物多样性保护战略与行动计划(2012—2030

---

[1] 云南省委办公厅、云南省人民政府的生态文明建设目标评价考核实施办法[N]. 2017-08-27.

年)》的通知,将生物多样性保护提上重要的生态文明建设战略。2019 年,云南省政府出台全国第一部生物多样性保护的地方性法规——《云南省生物多样性保护条例》并正式施行,全省 90.00％以上的重要生态系统、85.00％以上的重要野生动植物保护物种得到有效保护。云南省在全国率先开展生物多样性保护立法,先于他省发布了生物物种名录,建立极小种群野生植物保护保护点 30 个,拉网建立生物保护基地,受保护对象剧增。在云南省越冬的黑颈鹤数量从 1996 年的 1600 多只增长到 3000 多只,国家一级保护物种亚洲象繁衍增长到 300 头,滇金丝猴种群从 1400 多只增长到 3000 多只。

(3)生态环境治理情况。治理措施上,"三大保卫战"和"八个标志性战役"成了云南省生态环境治理的有效手段。根据 2019 年环境质量报告显示,到 2019 年年底为止,全省 16 个州(市)政府所在地城市优良天数比率达 98.10％,环境空气质量全部达到二级标准;六大水系出境跨界断面水质保持Ⅲ类以上水质,100.00％达标;湖泊水库水质优良率达到 82.10％,洱海水质良好,滇池水质为 30 年来最好水平;全省主要河流监测断面水质优良,优良率达 84.50％;地级城市建成区黑臭水体整治全面消除率,辐射环境质量良好,声环境质量良好。

治理效果上看,生态文明和环境质量建设成果横向比较占优,纵向比较保持增长。生态文明建设成果国内横向比较,云南省排位占优,据 2016 年全国生态文明建设评价结果公报,2016 年云南的绿色发展指数为 80.28,名列全国第十位;生态保护指数为 75.79 分,居全国第二位;环境质量指数 91.64 分,位居全国第五位;资源利用指数为 85.32 分,位居全国第七位。

纵向比较看,云南省生态环境质量总体发展好,从云南省生态环境厅公布 2015—2019 年《云南省环境状况公报》[①]数据和生态环境质量分析(见表 8-9),云南省生态环境质量逐年持续上升。

表 8-9　　　　　　　云南省 2015—2019 年生态环境质量指标比较

	2015 年	2016 年	2017 年	2018 年	2019 年
空气质量优良天数比例(％)	97.80	98.30	98.20	98.90	98.10
森林覆盖率(％)	55.70	56.24	59.30	60.30	62.40
湖泊水库水质优良率(％)	84.00	83.80	86.00	84.00	82.10
主要河流监测断面水质优良率(％)	78.90	81.70	82.60	83.80	84.50
辐射环境质量	正常	正常	正常	正常	正常
声环境	较好	好	好	好	好

资料来源:根据云南省生态环境厅公布 2015—2019 年《云南省环境状况公报》数据整理

① 来自云南省生态环境 2012 至 2019 年的云南省环境状况公报。

(4)绿色产业体系建设情况。绿色产业结构逐步形成,逐步实现产业生态化和生态产业化。从2017年起,云南能源产业连续三年成为全省经济增长的第一拉动力,到2019年,云南能源工业增加值占全省GDP总量5.60%,成为全省第一大支柱产业。"十三五"以来,云南省坚持产业生态化和生态产业化,非化石能源占一次能源消费比重42.00%,居全国首位,以绿色能源为驱动的绿色铝、绿色硅等先进制造业快速发展壮大。随着工业节能降耗、建筑节能、交通节能、农业节能和公共机构节能工作的深入推进,全省重点领域节能持续加强。2019年全省清洁能源装机占比84.00%,清洁能源发电量占比92.00%,高出全国平均水平约66.00%。能源18项技术指标居全国第一,其中:绿色能源装机占比、发电量占比、交易电量占比、非化石能源占一次能源消费比重、国Ⅵ(B)标准汽油率先推广使用等5项达世界一流水平①。从工业领域看,"十三五"前四年,全省规模以上工业单位增加值能耗累计下降8.10%,提前完成"十三五"目标。云南铜业股份有限公司西南铜业分公司等4家企业入选国家工业企业能效"领跑者"企业名单;从建筑领域看,通过严格执行建筑节能强制性标准,全省新建建筑设计、施工节能执行率均达100.00%,设计阶段绿色建筑占比达到51.50%;从交通领域看,全省新能源运力逐年增长②,累计推广应用新能源公交车6600余辆;从农业领域看,截至2019年底,全省农村户用沼气保有量达311万户,约占全省总农户数的31.38%,年产沼气14亿立方米,农村节柴改灶保有量达644万户,约占全省总农户数的64.98%,农村推广太阳能热水器保有量达164万台,约占全省总农户数的16.55%,几项指标均居全国前列③。绿色食品发展势头良好,已进入寻常百姓家,以坚果产业、森林生态旅游、林下经济等为切入点,努力将绿水青山转化为金山银山,全省林草产业总产值从2016年的1702亿元增长到2019年的2522.56亿元,年均增长达14.00%。民众绿色消费意识逐渐增强,初步形成"健康生活目的地",高质量发展道路取得阶段性成果。

(5)最美丽省份建设全面开启。2019年,云南省出台建设中国最美丽省份的指导意见,在指导意见中,云南省提出五项行动方案和具体的任务措施,持续推进生态文明建设,推动云南走向中国最美丽省份。在省委、省政府号召下,云南省各市州围绕提升城市美、创建环境美、涵养生态美、展现山水美、塑造乡村美五项任务为中心,全力推进最美丽省份、最美丽城市建设。云南省以"美丽县城"建设为主题开展创建活动,全省各县积极参与美丽县城建设,最终评比出腾冲市等20个"美丽县城"并正式授牌,此外,还为昆明市凤龙湾小镇等21个小镇授牌为"云南省特色小镇"。云南省在全省范围内开展了"美丽乡村"建设主题活动,

---

① 云南省发展和改革委员会.云南省"十三五"节能减排综合工作方案(云政发〔2017〕31号)[R/OL].http://www.yn.gov.cn/zwgk/zcwj/yzf/201910/t20191031_183791.html.2017-06-16.

② 云南省发展和改革委员会.云南省节水行动实施方案(云发改资环〔2019〕945号)[R/OL].http://yndrc.yn.gov.cn/ynfzggdt/38813 2019-11-19.

③ 云南省人民政府.关于加强节能降耗与资源综合利用工作推进生态文明建设的实施意见[R/OL].http://www.yn.gov.cn/zwgk/zcwj/zxwj/201701/t20170111_143078.html 2017-01-11.

鼓励村镇打造民族特色村寨，发展传统村落民居，保护并打造历史文化名城、名镇、名街、名村。此外云南省各市州开展沿河湖、沿集镇、沿路、沿街绿化，建设完成昆明主城区—长水国际机场、昆明—丽江、昆明—西双版纳三条美丽公路，长度为288.3千米的怒江美丽公路已经全线建成通车。通过分级打造、分级创建，各市州、各县乡、村共同绘制最美丽省份蓝图，最美丽省份建设全面开启。

参考文献

［1］钟贞山，王葳.建设国家生态文明试验区（江西）的先行实践与启示［J］.老区建设，2018（22）：17-21.

［2］郑维川，王兴明.云南省情［M］.云南：云南人民出版社，2009.

［3］苏怡璇.“十三五”期间云南省生态文明建设成果丰硕［N/OL］. http://tc.china.com.cn/2020-12/02/content_41379700.htm 2020-12-02.

［4］饶卫.云南生态文明建设研究［M］.北京：中国社会科学出版社，2019.

［5］付伟，罗明灿，陈建成.生态文明建设与绿色发展的云南探索［M］.北京：中国林业出版社，2019.

［6］郇庆治.生态文明建设试点示范区实践的哲学研究［M］.北京：中国林业出版社，2019.

［7］严耕.中国省域生态文明建设评价报告［M］.北京：社会科学文献出版社，2014.

［8］施本植，许树华.产业生态化改造及转型：云南走向绿色发展的思考［J］.云南社会科学，2015（01）：81.

［9］吴松.云南生态文明建设四十年成就、经验与展望［J］.社会主义论坛，2019（01）：32-33.

［10］王雪松，任胜钢，袁宝龙.我国生态文明建设分类考核的指标体系和流程设计［J］.中南大学学报（社会科学版），2016（1）：89-97.

［11］董云仙，吴学灿，盛世兰，杨硕.基于生态文明建设的云南九大高原湖泊保护与治理实践路径［J］.生态经济，2014（11）：151-155.

［12］黄小军.群策群力推进云南生态文明建设［J］.社会主义论坛，2017（5）12-13.

［13］张凯黎.云南省生态文明社会构建的实践创新研究［J］.2019年（22）：159-160.

第九章　流域生态产品价值实现机制及案例

随着可持续发展理念、生态文明观深入人心,有关生态产品的理论和价值实现成为政府和学界关注的热点。受国外生态系统服务概念的影响,国内大多从生态系统服务来界定和认知生态产品,学科背景以生态学(欧阳志云,1999)[1]、环境科学(刘耕源,2020)[2]等为主。关于什么是生态产品,虽然不同学者有不同的阐述,但其共识是这种产品的产生是以生态系统自然运行为基础,在此基础上以生物生产为主,辅以必要的人类劳动而获得。2010 年 12月,国务院印发的《全国主体功能区规划》在国家顶层设计层面提出了"生态产品"概念并对生态产品进行了定义界定。中国工程院"生态产品价值实现问题研究"项目组(2018)对生态产品进行了列举式的介绍,指出生态产品是通过生物生产直接为人类福祉提供的能够维系生态安全、保障生态功能、提供良好人居环境的终端产品和服务,包括清新空气、干净水源、安全土壤、清洁海洋、物种保育、气候变化调节、生态系统减灾、农林产品、生物质能、旅游休憩、文化产品、绿色环保产品、绿色物流等[3]。区别于一般意义上的农产品、工业产品和服务产品,生态产品可分为公共性的和经营性的,根据其功能,生态产品一般可分为物质产品(农产品、野生动植物产品、生态能源等)、调节服务产品(水土保持、防风固沙、海岸防护等)和文化服务产品(生态旅游、美学体验等)[4]。

生态产品的存在具有客观性,但生态产品受到社会的普遍性认可与消费、价值的良性实现与循环却还需要较长的探索过程。生态产品价值实现是生态文明建设的重要保障,是实现"绿水青山就是金山银山"的重要途径,是解决资源环境质量退化、生态系统功能受损的核心所在。当前围绕生态产品价值的实现,在政策支持体系、生态产权关系、生态产品交易相关法规、公共生态产品补偿机制、生态产品发展的财税和金融体系、利用区块链、大数据等科技赋能生态产品价值实现等方面涌现出大量的研究成果[5]。全国各地积极践行习近平生态文明思想,发挥地域优势以绿色发展助推地域高质量发展、助力乡村振兴,出现了一批具有地域特色的生态产品价值实现典型做法,如源于林权抵押的福建普惠林业金融"福林贷"、新安江流域跨流域生态补偿、河南信阳大别山油茶示范区建设等。2019 年 4 月,中共中央办公厅、国务院办公厅印发《关于统筹推进自然资源资产产权制度改革的指导意见》,明确到 2020年基本建立"归属清晰、权责明确、保护严格、流转顺畅、监管有效"的自然资源资产产权制度,完善自然资源资产产权制度,为生态产品价值市场化实现机制提供支撑。但从目前来看,健全、系统的生态产品价值实现机制建立还需要较为漫长的探索。

长江流域作为中国绿色发展、高质量发展的示范区和先行区,生态产品价值的实现至关重要。2016年8月,国家从完善生态文明之都体系的高度,出台《关于设立统一规范的国家生态文明试验区的意见》提出建立国家级的生态文明体制改革试验区,探索生态产品价值的实现机制。考虑到长江经济带及长江生态环境保护的重要性,在贵州、浙江、江西和青海四个长江经济带沿线省份先行先试,率先开展生态产品市场化试点工作。本章在介绍国外生态产品价值实现典型案例的基础上,选择长江流域浙江省、江西省、贵州省等几个典型的国家生态产品价值实现机制试点省份,对其生态产品价值实现机制建设、路径选择和实施效果进行介绍。

第一节　生态产品价值实现的理论基础

一、生态产品的概念、特征及分类

(一)生态产品的概念

1. 自然资源价值的主流认识。生态产品存在基础和条件是自然资源在经济系统中的价值认知认定方式。当前学术界对自然资源价值的讨论存在两种主流观点。第一种观点认为应该在主流经济学框架探讨自然资源的价值问题。一是依据主观效用价值论,自然资源存在价值要具备有用性和稀缺性两个特征。以人类需求为出发点,自然资源相对于人类需求具有多重功效,例如具有生产性功效和非生产性功效。自然资源有用性成为价值的基本内容,边际价值量的多少由资源的稀缺性来决定,价值的实现必须要经过市场交换。二是依据马克思劳动价值论,认为自然资源未能经过市场交换环节,其中没有包含人类的劳动,尚未具备商品的属性,所以没有价值。第二种观点认为需超越经济系统来看待自然资源价值,从自然力和生态系统内在生产力来衡量自然资源价值。作者认为自然资源价值可划分为广义和狭义,广义自然资源价值以自然生产力为核心内容,其中包括进入经济系统的资源价值和未进入经济系统的资源价值,广义价值是客观的。狭义自然资源价值则是指经过经济系统的边际效用价值,是主观的。

2. 生态产品的中国内涵。我国政府首次正式提出生态产品概念是在2010年。国内学术界对生态产品的界定有广义和狭义之分。狭义内涵如马建堂(2019)指出"维系生态安全、保障生态调节功能、提供良好人居环境,包括清新的空气、清洁的水源、生长的森林、适宜的气候等看似与人类劳动没有直接关系的自然产品"[5];广义上的生态产品"除了狭义的内容之外,还包括通过清洁生产、循环利用、降耗减排等途径,减少对生态资源的消耗生产出来的有机食品、绿色农产品、生态工业品等物质产品",此外,曾贤刚等(2014)[6]给出了更为综合的定义"生态产品是指维持生命支持系统、保障生态调节功能、提供环境舒适性的自然要素,包括干净的空气、清洁的水源、无污染的土壤、茂盛的森林和适宜的气候等,而生态农产品、生态工业品只是生态友好型产品,不是真正的生态产品。生态产品要充分认识到生态要素本身所具有的价值以及为了生产生态产品所必需的投入。生态产品的生产是一种专业性的社会生产活动,通过投入人类劳动和相应的社会物质资源来推动生态系统的恢复,增强生态的生产能力,增加生态产品的产出,增殖生态资源,维持生态平衡。"[7]

(二)生态产品的特征

1. 自然特征。生态产品的核心内容是自然生态资源,自然性是生态产品的基本属性,决定了生态产品的环境保护和修复功能,生态产品目标在于满足人们日益增长的优美生态环境的需要。自然属性产品使得产品产权关系更为复杂,部分产品具有清晰私人产权边界,属于私人物品属性,部分产品具有准公共物品属性,部分产品则具有纯粹公共物品属性。随着人类经济行为与生态环境之间关系的变动,生态产品产权属性也在一定程度上有所变化。

2. 经济特征。自然资源和生态环境在人类经济行为中,一方面作为全要素生产力中的重要组成部分,参与经济系统中的生产环节,另一方面在消费环节,生态产品具有鲜明的消费属性。随着"绿水青山就是金山银山"理论的逐步推进和深入,生态产品交易属性逐渐深入经济系统。因此生态产品在经济系统各环节的经济属性表现得越来越明显,有助于生态产品的市场化供给。

3. 社会特征。自然生态环境是人类物质生活和精神生活的有力支撑,关系着人口空间分布、人类文化发展方向、人类经济、社会、政治制度的发展。尤其在生态危机全球化的今天,生态环境全球治理问题甚至影响着全球经济格局和政治格局变化方向。各个国家由环境问题引发社会问题的案例比比皆是。由此可见,生态产品具有一定的社会属性。

(三)生态产品的分类

按照产品产权关系标准,可将生态产品划分为两大类。

一类是私人属性的生态产品,这类生态产品具有明晰的产权关系,且权属具有可分割性,如具有生态标识的生态产品,以及由具有明确产权生态环境资产而衍生出来的生态产品,如林、田、居等形成的景观。

另一类是公共物品,按照产权范围,分为(1)纯粹公共生态产品。这些生态产品是由政府供给,其产权是全国范围,属于国家基本公共服务范围。(2)"区域或流域性公共生态产品。这些生态产品跨越了单个主体的管辖范围,其生产和供给涉及多个行政主体的参与。这种生态产品具有非常显著的公共资源性,尤其是具有消费的非排他性,如上下游生态环境的保护与治理。这种跨区生态产品的供给,无法由单个地方政府单独有效的解决,地方政府之间的合作是解决跨区生态产品供给的重要途径。"[7]

二、生态产品价值实现机制

生态产品价值实现是生态文明建设的核心内容,更是"绿水青山就是金山银山"理论的重要载体内容和核心要求。根据丘水林和靳乐山（2021）研究，流域生态产品价值实现基本逻辑如图9-1所示。以流域生态补偿价值作为流域生态产品价值的衡量标准，以价值补偿方式作为价值实现方式。该逻辑假设"维持流域原有林地利用方式不改变"作为补偿目标，补偿价值标准是"改变林地利用方式所获得新收益"，改变途径可能有"转变成农业用地，流域生态系统的整体性、系统性及内在规律会使下游地区的利益相关者获得较少的供水服务、生物多样性、碳汇等生态产品"。

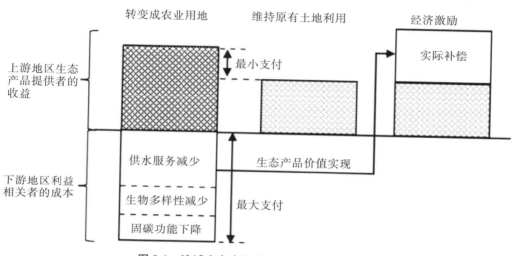

图9-1　流域生态产品价值实现的基本逻辑[8]

生态产品价值实现机制主要包括两大类，一类是市场化实现机制，另一类是非市场化实现机制。

（一）市场化实现机制

生态产品市场化实现机制适用于私人性质的生态产品或者准公共产品性质的生态产品，该类生态产品价值收益范围不易过大，使用者具有垄断性质，通过创新市场机制或者规范市场的方式来实现经济价值。

1. 生态产业化经营。"生态产业化经营是对兼有自然属性和经济属性的生态资源进行资产化和资本化经营的产业组织形式"[9]。我国生态产业化经营组织对自然资源的经营权和使用权是由相应政府主体赋予，赋予方式则以合同外包或特许经营为主。由经营者提供的生态产品则通过市场交易方式获得投资成本补偿。

2. 生态产权交易。"生态产权交易是将相关生态环境容量作为一种稀缺资源，利用不同市场主体之间的供需差异，在专业市场上进行交易的经济行为"[10]。我国典型的生态产权交易是水权交易和碳权交易。水权交易包括两种方式，一种方式是非正式交易，主要发生在同一用水区域内不同使用者之间的水交易；另外一种是正式交易，发生于不同用水区域之间的水交易，这种水权交易是未来的主要发展趋势。此外为了应对全球气候变化采用的碳交易,包括碳汇交易和碳排放权交易两种交易类型。

(二)非市场化实现机制

生态产品的非市场化实现机制包括政府主导型实现机制和社会主导型实现机制。

1. 政府主导型实现机制。"政府出于各种动机作为生态产品实际使用者的代理方,综合运用经济、法律、政策、行政等手段,对生态产品提供者损失的正外部效益进行补贴,或者对生态产品实际使用者产生的负外部性进行征税"[11]。该种实现机制适用于具有完全公共产品属性的生态产品。实现手段有财政转移支付和环境保护税,其中"财政转移支付是政府间通过纵向转移、横向转移或混合转移来调节区际权益关系的重要政策手段"。"环境保护税是政府对生态产品实际使用者强制性、无偿性征税的经济制度安排",其显著优势在于环境付费信息透明度较高,付费行为的公平性,有利于鼓励企业生态环境技术创新。

2. 社会主导型实现机制。社会主导的生态产品价值实现机制适用范围相对宽泛,无论是纯公共生态产品还是准公共生态产品,社会组织都可以发挥较好的价值实现作用。主要实现手段包括社会组织直接付费、可持续生计发展和自组织支付。社会组织直接付费,即NGO或国际组织作为生态产品实际使用者的代理方,以资金、实物等方式直接向生态产品提供者付费。可持续生计发展,即NGO或国际组织单独或联合社会企业通过绿色信贷、水基金、碳信用等方式,实现生态保护区内生态保护和农户增收致富协调耦合。自组织支付,即公共池塘资源的受益者为持续获得优质生态产品供给而自愿支付溢价的行为。

第二节　国外流域生态产品价值实现案例

发达国家由于工业化起步早,受发展阶段性影响,更早探索了平衡生态保护和经济发展之间关系的命题。以政府为主导建立生态补偿机制已经历经了半个多世界的摸索,国内现在正在实践的林权抵押等就是借鉴美国、日本等国的经验。排污权、碳排放权、用能用水权等是发达国家开展生态产权交易,应对发展转型的重点。这些都对中国生态产品价值实现机制的探索有重要的借鉴意义。

一、美国经验

作为世界上最发达的国家之一,美国在政府层面并未直接出台生态产品价值实现的相关政策及明晰的机制,但其生态保护补偿、生态产权交易、激励政策等在保障生态系统服务功能的正常发挥的同时,间接地促进了生态产品价值的实现。直接借鉴的经验是其多层次的公众参与,注重运用市场机制让生态产品和服务进入市场,通过权属交易体现价值。

1. 栖息地交换。美国加利福尼亚州为走出因开发导致的湿地、河岸及洪泛区等动物优质栖息地减少的困境,政府主导联合公共服务部门、生态环境保护组织和农场代表等利益相关群体,出台了栖息地交换项目,具体程序为:土地所有者维护和改善其土地的生态环境,投资人通过评估特定地块上栖息地的价值（包括数量和质量）确定支付的金额，双方达成共识后，通过项目配对由土地所有者向投资者出售特定栖息地块的"生态积分"，以补偿影响物种和生态环境的开发，如建设道路、输电线路和风力涡轮机等。独立的生态环境交换管理员监测和核实"积分"交易，并报告进展情况，以确保濒危物种的生态环境得到保护[9]。

2. 国家河口生态恢复计划（National Estuary Program，以下简称 NEP）。此项目致力于恢复和维护分布在大西洋、墨西哥湾和太平洋海岸等地区的 28 个重要河口地区的水质和生态环境。为实现相关目标，NEP 项目使当地社区成员和项目主要参与机构合作制定和实施项目计划。每个具体的项目均根据当地情况设置了不同的执行团队，包括州和地方机构、大学和独立的非营利组织的代表等。在监督和管理国家计划时，由美国环保署向地方的 NEP 项目提供年度资金、国家指导和技术援助。其成功的关键是不仅让公众深入参与到河口生态环境保护中，而且在识别生态环境问题和解决复杂的水质和生态系统问题方面也取得了实质性进展[10]。

3. 湿地缓解银行（Wetland Mitigation Bank）。从 20 世纪 70 年代开始，受湿地面积急剧减少、水生资源被破坏等影响，美国联邦政府逐步重视湿地保护。美国湿地缓解银行是指一块或数块已经恢复、新建、增强功能或受到保护的湿地，是一种市场化的补偿机制，由第三方新建或修复湿地并出售给其他开发者，以帮助后者履行其法定补偿义务，目的是保护湿地、抵消开发活动对自然生态系统的影响。目前，湿地缓解银行已经扩展到溪流修复和雨洪管理等领域，并成为美国政府最推崇的补偿性缓解方式，不仅吸引了大量的私人企业投资参与建设，激励了土地所有权人、社会公众参与湿地保护，还推动了湿地修复技术的进步和湿地修复产业的发展，有效地保障了湿地资源及其生态功能的动态平衡。

二、英国经验

英国是最早开展自然资本研究、管理和应用的国家之一。2018 年，英国在《中央政府支出评估指南》[11]中引入了自然资本框架，要求"对自然环境的影响进行评估和估价"，并提出了对自然资本"非市场和不可货币化价值"的估价标准，用于开展基于自然资本的成本效益分析。目前，英国中央政府已将"对碳排放量的影响"作为一项指标，纳入了对公共政策的"影响评估"范畴，后续将有更多的自然资本指标被纳入评估范围，位于英国牛津郡的 Chimney 草地自然资本评估项目就是其中的典型代表。

自然资本评估项目。Chimney 草地占地超过 260 公顷，主要用于当地农民的放牧和农业种植。1993 年，由于具有丰富的植物资源，同时也是稀有鸟类的重要栖息地，草地西南角一块 50 公顷的区域被划定为具有特殊科学价值的区域。2003 年，Berks Bucks and Oxon 野生动植物信托基金购买了这片土地，并立即实施了相应的管理改革，将以往用于农民耕种的区域和被野生作物覆盖的区域替换为物种丰富的草地，并恢复区域内的湿地功能，促使原来的中性草地牧场转变为湿草地和沼泽，以保护涉水鸟类和越冬野禽，增强该地区的生物多样性。根据信托基金的管理规划,如果改变原有的土地利用方式,该区域的生态环境将会迅速转变,但其整体的生态发展(即目标物种的反应,以及达到物种保育管理计划所拟定的目标)则需要较长时间,预计到 2023 年,土地使用的变化和更精细的生态反应将会发生。

为了证实和评估信托基金的管理改革为社会带来了额外的生态系统服务收益,以争取更多的公共投资和社会投资,2017 年,牛津郡议会联合部分自然环境咨询组织和大学,对该区域的自然资本和生态系统服务收益情况进行了评估。以 2023—2052 年为评估期,设立了两种方案:一种是期望方案(aspirational,ASP),代表的是信托基金已经实施和计划引入的管理变革,包括改变土地利用方式、增加湿地和草甸面积、保护生物多样性等;另一种是照常方案(business as usual,BAU),假设该区域没有经历信托基金的干预,仍然继续以往的管理模式和农业用地为主的土地利用方式。评估内容主要包括:尽可能多的量化生态系统服务及其带给人们的受益,评估两种方案的管理成本和净效益,以确定哪种管理方式能为社会提供更多的价值。从评估结果看,如果只考虑私人部门的成本和收益,而不包括更广泛的社会利益,期望方案和照常方案的管理方式或商业模式都是不可行的,这意味着需要外部资金或补贴来实现社会效益。

三、加拿大经验

加拿大作为市场经济发达的国家,政府不设立专门的机构主导全国性的生态系统服务,而是采用政府支持、市场主导、社会参与的模式,以实现政府可持续发展战略、良好的环境效果和建立生态系统服务市场机制的目标愿景。

锡姆科湖流域生态系统服务价值估算。锡姆科湖流域横跨 3400 平方千米和 20 个市政边界,湖泊占地面积 20.00%,整个流域分有 18 个主要河流系统、24 个子流域、4225 千米的小溪,为 7 个城市提供饮用水。根据生态系统服务功能分类,将其分为碳汇、供水、娱乐、气体调节、干扰调节、栖息地和避难所等 7 种不同类型的生态系统服务,并进行了价值估算。其经验一是主要利用市场手段进行生态系统服务的综合管理,政府呈现弱化趋势,市场则利用供求、价格、竞争等手段,主导生态系统服务市场的交易,社会机构或组织利用技术手段提供监督评估和执行管理职能以支持市场。二是流域管理局建立生态系统服务交易平台,卖方须到登记处进行生态系统服务登记,并在交易平台输入生态系统服务的类型、面积或者数量,交易平台根据定价模型会弹出该类生态系统服务的定价浮动区间,卖方结合实际输入单价。三是建立了生态产品价值交易的流程,以碳汇生态系统服务为例,首先碳汇资产评估中介机构对该森林业主的碳汇项目清点资产、预期增长等内容进行评估,并通过资产审计机构对资产评估机构的评估进行认证,认证通过后,森林碳汇业主需要到生态系统服务交易平台(ESTP)进行注册碳汇项目,并定期更新碳汇项目的变化,生态系统服务交易平台会收集大量森林碳汇业主的碳汇信用额,并赋予其合适的碳汇信用[12,13]。

第三节 国内流域生态产品价值实现案例

一、浙江丽水生态产品价值实现机制建设经验

浙江省位于中国东南沿海、长江三角洲南翼,作为中国经济大省和省内经济差异最小的省份之一,浙江省在创新发展、绿色发展、高质量发展等方面一直走在国内前列。作为习近平"两山"理念的发源地和率先实践地,在生态产品价值实现机制方面浙江创造了许多的典型经验和实践试点,如 2019 年 1 月浙江省衢州市开化县建立了全国首家生态产品价值实现机制研究中心,同年 9 月开始编制的《开化县生态产品价值实现机制规划》是全国第一个县级单位编制的生态产品价值实现机制规划。最为典型且在国内外产生了一定影响力的是生态产品价值实现机制的"丽水样板",从 2000 年初开始丽水市坚持走绿色发展之路,特别是在加强生态保护,提升生态资产价值;开展系统治理,消除污染死角;推进产业转型,加快保护生态的发展;创新政策机制,实现生态产品价值等方面作出了有益探索,在保住金山银山"金饭碗"的同时,生态环境状况不断改善,经济结构持续优化,实现了 GDP 和 GEP 双增收、双提升[14]。

(一)实现机制建设

浙江丽水生态补偿机制建设的核心是以 GEP 为依据推动多元生态补偿。丽水市根据国家生态产品价值实现机制试点方案中提出的探索"政府采购生态产品机制"。通过设计因地制宜的生态经济发展体系,以现代农业为突破,构建生态产品谱系。在具体的推动方面,始终坚持政府主导,充分调动市场主体和其他社会组织的积极性和投入度,让各利益主体各司其职、各尽所长。在具体的生态产品价值实现制度保障上以探索资产产权构建为关键,做好生态产品价值实现全要素、全产业链的制度供给。

(二)实现路径选择

2018 年浙江省丽水市已发布了《创新生态产品价值实现机制,推进绿色发展,丽水绿色发展白皮书》和《丽水市生态系统生产总值(GEP)和生态资产核算研究报告》,报告分为丽水市践行"两山"理念的主要举措、成效及未来重点工作方向三部分。主要举措包括以下几个方面:

1. 健全生态价值实现机制,量化"绿水青山"价值体系[15]。(1)"叶子变票子,水流变资金流"。深化集体林权体制改革,率先在全国试行林地经营权流转制度、林地信托贷款制度、公益林补偿收益权质押贷款制度和河权承包到户制度,形成股份、个人、集体、合作社等多种河道承包模式,推动河道环境治理和经营增收"双丰收"。(2)"农民变股民,资产变资本"。全面推进农村产权制度改革,率先在全国试行农民住房使用权抵押贷款制度,实行村集体经营性资产股份化改造,以户为单位、折股到人、按股分红。(3)"信用变信贷,村里变城里"。

积极推进省级农村金融改革试点,成为全国第一个所有行政村都完成农户信用等级评定的地级市;建设村级担保组织和资金互助社,实现新型农村金融组织县域全覆盖,在全国率先实现农村基本金融服务不出村。

2. 强化生态制度供给体系,释放"绿水青山"生态红利[16]。(1)资源科学利用试行有益探索。坚持开发与保护两手抓,科学统筹资源集约利用,真正实现了"该保护的严格保护好、该开发的科学开发好"。以全国低丘缓坡开发利用试点为契机,出台《关于建立土地管理共同责任机制的意见》《关于保障低丘缓坡综合开发利用试点工作的意见》《关于加强全市低丘缓坡综合开发利用试点工作监督检查的实施意见》等政策。(2)生态溢价效应催生经典案例。清新的空气、洁净的水源、宜人的气候提升了发展效益和质量。丽水滩坑水电站审批取水量为34亿立方、年发电量10.2亿度,经过近十多年来的封山育林、水源涵养,近十年年均可用水量超40亿立方、年发电量为12.2亿度,比预期增加了2亿度电。又如上市公司科伦药业并购龙泉市国镜药业,主要基于龙泉生态环境优越,降低了过滤器更换周期,企业系统维护费下降近60.00%,经济效益大幅提升。

3. 创新生态服务互惠模式,拓展"绿水青山"转化渠道。(1)生态移民加快山区农民脱贫致富。以扶贫改革试验区为依托,以生态核心区、高山远山、地质灾害点为重点,大力推进整村搬迁和小规模自然村撤并,大批山区农民搬迁至基础设施较好、产业相对发达的中心村、中心镇和县城,促进了农村人口集聚和城镇化发展。全市城镇化率从2000年的33.10%提高到2016年的58.00%。(2)全域旅游助推旅游产业强势增长。以首批国家全域旅游示范区为依托,促进旅游全区域、全要素、全产业链发展,启动旅游景区资本化、旅游公司实体化、旅游资产证券化"三化"改革。2017年,丽水市旅游总收入同比增长20.30%,是2015年的1.5倍,旅游产业增加值预计增长10.00%以上。(3)"丽水山耕"品牌实现农业版"浙江制造"蝶变。作为全国首个覆盖全区域、全品类、全产业链的地级市农产品区域公用品牌,"丽水山耕"品牌价值26.59亿元,百强榜排名第64位。(4)农村电商模式示范引领全国农村电商发展。首创乡镇级农村电商服务中心"赶街模式",成为全国农村电商十大模式之一,搭建了"消费品下乡"和"农产品进城"的双向物流体系,实现了移动端服务站点逾半数覆盖。目前,丽水市建设村级电商服务站8200余个,2017年网络零售额达259.80亿元,增长39.40%。

(三)实现效果评价

丽水市作为我国生态文明建设的先行者和探索引领者,其生态资产保值增值工作走在全国前列,被誉为"中国生态第一市",森林覆盖率超过80.00%,生物多样性优势明显,习近平总书记给予"丽水之赞"殊荣。丽水市生态产品实现的系统性探索,不仅对中国其他省市具有借鉴意义,且逐渐在世界范围内产生了一定的影响力。中国科学院生态环境研究中心研究员、主任欧阳志云说:"丽水生态产品价值实现不是点对点探索,而是采用系统的发展模式,实现农业、工业以及生态服务业的整体发展,具有可持续性和强大生命力,对全国、全世界具有借鉴意义。"丽水已成为生态保护与绿色发展的全国示范样板,具体可以通过生态系统生产总值(GEP)进行体现[17],"丽水方案"的精髓在于打破常规,以工业化和城镇化为基础的发展认识和路径,宁可不要金山银山也要守住绿水青山;且想方设法发挥生态优势,培育绿色发展的新方向和新引擎,让绿水青山变成金山银山;勇于突破与创新,在发展道路选择上能够摆脱先发示范和路径依赖,将变卖资源转变为变卖生态优势。当然丽水的生态产品价值实现机制还不够完善,特别是生态资源价值的精准核算、服务性生态产品价值的界定、基础设施和制度供给等方面还具有一定的提升空间。

二、江西抚州市生态产品价值实现机制建设经验[18]

江西省地处中国东南偏中部长江中下游南岸,地处长江经济带和海峡西岸经济区的交会地,区位优越、交通便利。江西省属于我国矿产资源富集区,境内有中国第一大淡水湖——鄱阳湖,也是亚洲超大型的铜工业基地之一,有"世界钨都""稀土王国""中国铜都""有色金属之乡"的美誉。2016年2月,习近平总书记视察江西时提出要打造美丽中国"江西样板"。抚州市作为江西省唯一的生态文明先行示范市,围绕创建全省河湖流域生态保护与综合治理先行区、绿色崛起示范区、生态文明体制机制创新区和绿色生活方式倡导区,进行了大量探索与实践,取得显著成效,为开展生态产品价值实现机制试点奠定了扎实的基础,为长江经济带的绿色发展提供"江西经验"。

(一)实现机制建设

近年来,抚州市紧抓全省生态文明先行示范市建设,积极探索将生态优势转变为社会经济发展优势的有效路径,深入开展自然资源资产产权确权、自然资源资产负债表、水资源生态补偿制度、生态文明标准化体系、绿色发展指标考核评价、国土空间规划分类考核、领导干部自然资源资产离任审计、生态司法体制改革、碳普惠制度等体制机制创新。成立了生态产品价值实现机制试点工作领导小组,市委、市政府主要领导和分管领导每两月组织召开一次生态产品价值实现机制工作调度会,每季度组织召开一次生态产品价值实现机制专家研讨会、一次金融对接会,确保全市试点工作稳步推进。在全省率先实施国土空间规划分类考核,将县(区)分成重点开发区域和生态功能区域实行差异化考核,特别是突出了生态产品价值实现机制试点考核目标完成情况这一"指挥棒",引导各地从实际出发,积极探索"两山"双向转换通道,探索一条相辅相成、相得益彰的新路子。

(二)实现路径选择

1. 摸清家底,开展 GEP 核算与评估。一是算好编制自然资源资产负债表的"明白账"。作为全省首批试点,率先编制了自然资源资产负债表,对全市土地、林木和水资源等生态资产实物量和价值量账户进行了统计,核算出各地自然资源资产的存量、质量及其变动情况。二是加快探索 GEP 核算方法。从 2018 年开始,抚州市人民政府主动与中科院生态环境研究中心开展合作,以抚州市为试点探索生态产品与生态资产价值核算与评估研究。

2. 多元并举,探索生态产品价值实现路径。一是拓宽利用生态优势提升农产品价值的通道。以"两特一游"产业工程为抓手,大力发展高品质绿色农产品生产,推动"优质稻、出口蔬菜、中药材、优质特色水果"四大类重点产业发展,涌现了态何源生态养殖、乐安绿能农业、润邦田园综合体等一大批现代农业模式。二是拓宽利用生态产品发展文化生态旅游的通道。通过 A 级景区创建,打造了大觉溪田园综合体、曹山农禅小镇、竹桥古村、仙盖山等一批农旅、文旅项目。三是拓宽依托优美环境促进产业迈向中高端的通道。四是拓宽利用生态资产探索资本运作的通道。将山林等自然资源经评估后灵活入股,和社会资本进行多样化合作,以提高生态产品开发的资金保障和农民增收的效度。五是拓宽依托公共品牌提升生态溢价的通道。着手创建全市农产品区域公共品牌标准化体系建设;成立了抚州市生态农业协会,会员企业达 160 家,力争通过品牌运营提升生态产品溢价能力。

3. 构建生态产品价值实现的绿色金融体系。注重挖掘生态产品的绿色金融属性,探索建立"信用+多种生态资源资产经营权抵押贷款"制度,构建助推生态产品价值实现的绿色金融服务体系,释放生态红利,解决好群众投身生态产品发展的后顾之忧。辖内各家银行纷纷探索组建生态金融专属机构,设立了 5 家生态支行、6 家生态金融事业部。市、县各级银行机构用好、用足、用活金融政策、工具和产品,创新推出了林农快贷、地押云贷、古屋贷、畜禽智能洁养贷等产品,加大绿色信贷投放,全面助推生态资产向生态经济转化。

4. 构建生态经济向绿色发展转化的保障体系。围绕生态产品价值实现的重点领域和关键环节,采取过硬措施,构建生态经济向绿色发展转化的保障机制。一是构建生态保护与环境治理支撑体系,严格落实生态保护红线制度,在全省率先出台了《抚州市严守生态保护红线的实施意见(试行)》(抚办发[2018]15 号)。二是健全生态补偿体系,实行山水林土等基础性资源保护补偿与有偿使用的调节机制。探索社会资本参与自然保护地建设机制。三是加快探索建立风险缓释机制,制定《抚州市生态产品价值实现"两权"抵押贷款风险补偿金实施方案》。四是全面推行绿色生活方式。

(三)实现效果评价

自成为生态文明先行示范市以来,抚州市出台了 38 项生态文明建设制度、19 项生态产品价值实现机制试点制度,初步构成了抚州生态文明建设的"绿色谱系"。生态文明制度创新带动了抚州市绿色经济体系的建设,形成了较完整的数字经济产业链。先后获批国家新型工业化产业示范基地(数据中心类)、江西省数字经济创新试验区。2020 年上半年全市生态产品类贷款余额 61.12 亿元,同比增长 28.00%。其中"两权"抵押贷款 10.84 亿元,较年初新增 3.05 亿,含农地经营权抵押贷款余额 4.55 亿、林权抵押贷款余额 6.29 亿;古屋贷抵押贷款余额 1.72 亿,较年初增加 12.57 亿;畜禽智能洁养贷实现对 7 家试点企业授信 2400 万元,发放 1810 万元。同时,抚州市与东樾绿金(中国)控股有限公司合作,拟引进总规模 5 亿美元的"绿碳美元基金",推动远期林业碳汇权益资产市场化变现。目前,已完成乐安县公溪镇、黎川县三都村两个示范项目的评估核算工作,第一期200万美元即将落地。

三、贵州五市生态产品价值实现机制建设经验

贵州省地处我国西南,是云贵高原的主要组成部分,也是长江和珠江流域上游重要生态屏障区。受限于区位、地形、交通等,贵州省是我国经济发展最为缓慢的几个省份之一,喀斯特地貌广布,历史以来的粗放式开发导致水土流失严重,生态条件脆弱。但相对而言丰富的生物资源、工业污染波及较少的环境条件,为其带来了比较优势突出的生态空间和生态资本。作为贫困和重点生态功能的叠加区,近年来贵州省积极贯彻落实习近平生态文明建设思想,把限制因素转变为发展机遇,加快生态产品价值实现的实践探索,2020年确定遵义市赤水市、毕节市大方县、铜仁市江口县、黔东南州雷山县和黔南州都匀市5个县(市)为省生态产品价值实现机制试点。在生态产业化、产业生态化、生态产品品牌培育、交易市场开拓、打造生态扶贫模式等方面取得显著成效[19]。

(一)实现机制建设

贵州充分依托生态资源优势转化为经济发展优势实现生态产品价值。充分发挥贵州气候凉爽和环境质量优良的优势,实现生态优势与经济发展互动,积极推进大生态战略,为社会提供优质生态产品。近年来,贵州利用生态优势产业推进农业革命,从地方特点出发积极打造食用菌、中药材为核心的特色生态产业,有效推动农产品品质提高。除依托生态优势发展生态产业外,根据自身特点因地制宜发展特色优势绿色产业也是贵州生态产品价值实现的重要手段。贵州坚持生态环保理念,积极推动工业化、城市化,加速落实大数据、大扶贫、大旅游战略,如构建大数据产业为核心高新技术开发区产业园区[20]。

(二)实现路径选择

1. 培育产品品牌。贵州树立生态产品价值思维,培育生态友好、经济效益突出的生态产品品牌。在基础设施持续改善带动下,打造"黔货出山"品牌,茶叶、蔬菜、药材、菌类和水果在北上广都是"网红"畅销产品,这些成果的取得源自贵州正在深入推进的农村产业革命。品牌引领带动下,贵州部分优质农产品在全国初步形成了规模、品牌[21]。

2. 开拓交易市场。贵州依靠电子商务大数据支撑平台,积极构筑"大数据+电商扶贫"新方式,充分发挥生态农产品分散生产优势,坚持大数据与大扶贫相结合,全力打造"互联网+"现代农业新模式,实现生态农产品进城、出山和下乡,有力推进生态产品产业化。贵州生态产品正在改变传统销售方式,实行产后分级包装、仓储保鲜、冷链运输、二维码产品质量可追溯、现代物流、市场营销等各个环节全面发展、全面加强。全省冷库建设实现农村县域全覆盖,线上电商和线下实体店有效结合,更多的优质绿色农产品进入一线城市。

3. 生态扶贫模式。作为扶贫重点省份,贵州加快建立健全生态扶贫专项制度,全力落实生态扶贫十大工程,以生态扶贫方式帮助贫困人口脱贫。不断健全生态保护制度,促进贫

困人口在生态建设和为完善中得到实惠。贵州生态环境相对优良,具有发展生态农业的良好潜力。农委等部门根据贫困区生态特点,充分发挥各地生态优势推进产业扶贫,将生态优势转化为经济效益。

(三)实现效果评价

依托生态产品价值实现机制试点省的契机,贵州省通过探索与创新,生态文明建设成效显著。通过石漠化等典型生态问题综合治理,长期以来存在的水土流失严重、环境恶化等问题得到有效缓解,石漠化面积减少数量和幅度均居全国岩溶地区首位,森林覆盖率提高到60.00%,经济增速连续10年位居全国前列,夯实了生态产品的空间和优势。2012年以来,贵州省始终加强长江上游重要生态屏障区保护和建设,坚持践行习近平总书记提出的"两山理论"等生态文明观,把生态环境优势作为创新发展、高质量发展的基础依托,大力发展旅游、康养等生态产品富集度高的产业,让绿水青山成为区域新发展、创业带增收的重要保障。

生态产品价值实现的机制包含很多方面,如生态保护补偿方面包括生态建设投资、财政补助补贴、财政转移支付、生态产品交易;生态权属交易,包括水权交易、碳汇交易、排污权交易、用能权交易;生态经营开发利用包括物质原料利用、自然景观再造、精神文化开发;绿色金融支持包括绿色信贷、绿色债券、绿色保险;刺激经济发展包括投资组合、人才吸引、地价提升;制度政策激励包括绩效考核、离任审计、损害赔偿[22]。应该说现有的探索还不能支撑我国生态产品价值实现机制体系的建立。未来要加强生态系统生产总值(GEP)核算、持续探索生态产品价值实现路径和模式、强化生态产品价值实现的制度保障[23],通过建立国家生态产品价值实验试验区、提升公民对生态产品价值的认同等,让生态产品价值实现成为生态文明建设的强力支撑[24]。同时要把现有市县两级单元上的试点经验增长推广到省域层面、流域层面。

习近平总书记多次强调:"推动长江经济带发展必须从中华民族长远利益考虑,走生态优先、绿色发展之路,使绿水青山产生巨大生态效益、经济效益、社会效益,使母亲河永葆生机活力。"[25]2021年3月1日,随着《中华人民共和国长江保护法》的正式颁布实施,长江经济带率先建立健全生态产品价值实现机制,构建绿水青山转化为金山银山的政策制度体系越发重要。长江流域可借鉴加拿大锡姆科湖流域的案例,以编制流域内国土空间规划为基础,开展流域内生态产品功能调查和价值核算,建立生态产品清单数据库,以准确掌握流域内生态产品的功能类型、空间分布、数量和质量等资源信息,根据生态产品的功能属性,对流域内生态产品分类进行价值核算,特别是生态产品潜在价值的核算,并纳入生态产品价值核算数据库。建立各种类型生态银行,明晰长江流域生态资源的产权归属、撬动社会资本参与生态产品市场交易,发挥政府在生态银行运行中的审核与监管职能[26]。

参考文献

[1] 欧阳志云,王如松,赵景柱. 生态系统服务功能及其生态经济价值评价[J]. 应用生态学报,1999,10(5):635-640.

[2] 刘耕源,王硕,颜宁聿,孟凡鑫. 生态产品价值实现机制的理论基础:热力学,景感学,经济学与区块链[J]. 中国环境管理,2020,12(05):28-35.

[3] 中国工程院. 生态文明建设若干问题研究(二期)[R],2018-04.

[4] 刘江宜,牟德刚. 生态产品价值及实现机制研究进展[J]. 生态经济,2020,36(10):207-212.

[5] 马建堂. 生态产品价值实现路径、机制与模式[M]. 北京:中国发展出版社,2019.

[6] 曾贤刚,虞慧怡,谢芳. 生态产品的概念、分类及其市场化供给机制. 中国人口、资源与环境[J]. 2014,(7):12-17.

[7] 李宏伟,薄凡,崔莉. 生态产品价值实现机制的理论创新与实践探索[J]. 治理研究,2020,36(04):34-42.

[8] 丘水林,靳乐山. 生态产品价值实现:理论基础、基本逻辑与主要模式[J]. 农业经济,2021,(4):107.

[9] 自然资源部办公厅,《生态产品价值实现典型案例》(第一批),2020.

[10] 赵政. 美国生态产品价值实现机制相关经验及借鉴[J]. 国土资源情报,2019(9):3-7.

[11] 自然资源部办公厅,《生态产品价值实现典型案例》(第二批),2020.

[12] 李涛,朱红. 重要流域内生态产品价值实现机制研究——以加拿大锡姆科湖流域为例[J]. 中国土地,2019(10):48-50.

[13] 李忠,党丽娟. 生态产品价值实现的国际经验与启示[J]. 资源导刊,2019(9):52-53.

[14] 丽水市政府. 生态产品价值实现机制的"丽水模式"[DB/OL]. http://www.lishui.gov.cn/zfzx/bmdt/201810/t20181018_3424220.Html. 2021-10-14

[15] 赵晓宇,李超. "生态银行"的国际经验与启示——以美国湿地缓解银行为例[J]. 资源导刊,2020(06):52-53.

[16] 兰秉强,叶芳. 生态产品价值实现机制的"丽水样板"[J]. 浙江经济,2018(18):44-45.

[17] 欧阳志云,朱春全,杨广斌,等. 生态系统生产总值核算:概念、核算方法与案例研究[J]. 生态学报,2013,33(21):6747-6761.

[18] 抚顺市政府网 关于抚州市以生态产品价值实现机制试点工作加快"五型"政府建设的调查与思考[DB/OL]. http://www.jxfz.gov.cn/art/2020/11/10/art_15319_3579622.html. 2020-11-10.

［19］张琳杰. 贵州生态产品价值实现机制与路径探析［J］. 长江技术经济,2020,4(S2)：13-14.

［20］贵州省人民政府发展研究中心. 贵州生态产品价值实现机制研究(摘要)［DB/OL］. http：// drc. guizhou. gov. cn /ywgz /yjcg /ztdy /201810 /t20181029_3665365. 2018-10-29.

［21］范振林,李维明. 生态产品价值实现机制研究——以贵州省为例［J］. 河北地质大学学报,2020,43(03)：82-90.

［22］潘文灿. 建立健全生态产品价值实现机制需研究的问题及建议［J］. 今日国土,2020(Z1)：30-33.

［23］黄锡生,何雪梅. 生态价值评估制度探究——兼论资产评估法的完善［J］. 重庆大学学报(社会科学版),2014,020(001)：120-125.

［24］黄克谦,蒋树瑛,陶莉,高有典. 创新生态产品价值实现机制研究［J］. 开发性金融研究,2019(4)：82-88.

［25］习近平. 使长江经济带成为引领高质量发展生力军［N］. 解放日报,2018-06-14(2).

［26］赵晓宇,李超. "生态银行"的国际经验与启示——以美国湿地缓解银行为例［J］. 资源导刊,2020(06)：52-53.

第十章　长江经济带生态文明建设的对策建议

第一节　构建国土空间开发新格局的对策建议

党的十九届五中全会提出"要构建国土空间开发保护新格局,推动区域协调发展,推进以人为核心的新型城镇化"①,这对长江经济带生态文明建设提出新要求新战略。长江经济带横跨我国东中西三大国土空间板块,沿江 11 省市的人口规模和经济总量占全国约50.00%,是我国经济增长的核心动力引擎,更是我国多种政策的先行试验区。长江流域在全国生态环境系统中具有突出生态位功能,发展潜力巨大,应该在践行新发展理念、构建新发展格局、推动高质量发展中发挥重要作用。构建长江经济带高质量发展的国土空间开发与保护新格局,是长江上、中、下三游协调发展的根本保障,更是长江流域生态文明建设的重要内容。

一、坚守生态安全底线,建构长江经济带国土开发新格局

第一,坚守永久基本农田保护红线,优化长江经济带用地规模和结构。长江经济带拥有中国最强的经济发展活力,拥有中国最密集的城市群,也担负着最大的环境承载压力,用地矛盾尤为突出。应该综合考虑长江经济带各城市群土地资源、生态环境、经济强度等方面的差异性,以坚守永久基本农田保护红线为底线,在明确并协调各城市群发展目标基础上,科学划定每个城市群的生态空间、农业空间和城镇空间,严格执行基本农田保护红线政策,全面执行建设用地总量控制。对于特大城市和大城市,要严格控制用地规模,严控城市新区无序扩张。对于中小城市,要提高土地利用效率和经济发展强度。

第二,坚守生态保护红线,有序拓展国土开发空间。一要牢固树立生态红线思维。针对长江流域重要生态屏障功能的天然森林、生态公益林、重要补给支流湖泊及湿地等,严格划定保护边界,制定监督执行机制。二要建立基于保护的理性发展理念。该理念的核心是生态优先发展思想,要求在土地开发和经济发展时坚持在生态保护中拓展发展空间,在发展中实施保护。具体表现为:(1)在长江上游地区,国土开发强度相对较低,在可以充分保障生态

---

① 来自 2020 年 10 月 29 日通过的《中国共产党第十九届中央委员会第五次全体会议公报》。

安全屏障不被破坏的条件下,允许对浅山丘陵地区实施适度开发,在开发过程中建立自然资源保护机制,要保证确实能够促进自然资本增值保值。(2)在长江中游地区,经济基础较好,生态资源的开发与保护也处于理性发展阶段,区域进入快速发展阶段。要求严格控制城市外部蔓延边界,在提高建设用地使用效率上强化综合创新能力;要求严守基本农田红线,促进农业高质量发展,不遗余力保障粮食安全。(3)在长江下游地区,是中国经济增长的核心区,经济强度高,用地指标紧张,生态环境压力大,要求要健全区域用地规模和使用效率的管控机制,强化建设用地减量化规划和管理。在沿海区域,在保障海洋岸线资源安全不被破坏前提下,可审慎深度开发、利用已经完成围垦工作的滩涂空间。

第三,提高城乡低效存量用地的利用效率。在前期的发展过程中,在一定程度上城乡存在无序发展、重复建设等乱象,在一些区域造成建设用地冗余、开发效率低下等问题。这些存量土地需要创新管理机制,加大盘活利用强度和力度。具体表现为:(1)强化城乡存量低效用地摸底工作。开展城乡低效用地的全面普查工作,对低效用地产权、基础设施、人口等情况进行详细调查,建立数据库和管理台账。(2)科学规划城乡低效用地的开发方式,制定开发原则。对于国土开发高强度地区,设立低效闲置用地数量上限,强制建设用地零增长或负增长,倒逼区域提高对低效闲置土地的利用效率;对于国土开发强度尚未超标地区,设立存量用地盘活数量下限,限制新增建设用地开发规模。(3)创新节地管理机制。鼓励节地技术创新和节地管理创新,制定节地技术和节地管理模式推广政策,制定用地审批的后续动态追踪考核监督机制。

二、秉持系统发展理念,提高长江经济带国土空间开发科学性

第一,优化长江经济带国土空间开发布局。(1)强调全流域上的一体化开发布局。一是从国家层面统一编制《长江经济带国土空间规划纲要》,统一规划长江全流域的国土空间布局,明确长江经济带上中下三游城市群的主体功能定位。二是要打破省(市)之间、地市之间的行政壁垒,强调按地理单元和生态单元规划产业空间布局和城镇建设格局,切实强化区域之间经济发展、国土开发和生态保护的相互配合。三是要"提升城市群一体化发展水平。以国土开发强度管控为抓手,促进城市群之间、城市群内部的分工协作,形成长江经济带一体化城市空间结构体系"[①]。(2)强调城市群的差异化开发布局。长江经济带横跨东、中、西三大梯级国土空间,国土空间自然资源禀赋差异性较大。另外,由于长期经济发展演变和积淀,长江经济带上中下游城市群的国土开发强度、经济发展水平也呈现明显的梯级差异化特征。需要结合正在编制的《长江经济带国土空间规划纲要》,各城市群在流域一体化发展框架下,根据国家统一规划的战略功能定位,明确本城市群的国土开发强度定位,规划开发布

---

① 黄贤金,陈逸.聚焦长江经济带国土空间开发优化.中国国土空间规划(微信号:gh_0a83c159e3e5),2019-12-30,作者单位:南京大学自然资源研究院,南京大学地理与海洋科学学院。

局,制定差别化国土开发管理政策。

第二,推进长江经济带基础设施共建共享机制创新。长江经济带的核心命脉是长江黄金水道,基础设施一体化发展是打通黄金水道,提升水道基础效能的关键节点。以共建共享为基本原则,统筹长江上下游、左右岸的基础设施规划工作,提高基础设施对全流域的综合保障和支撑能力。在建设过程中,打破流域内行政区划分割和地方垄断,加强各省(市)之间的协调沟通,建立协作共建共享机制。重点在于提高上中下游交通道路、港口、机场等基础设施的互联互通水平,构建一体化的交通基础设施支撑保障体系,打造一体化的金融科技基础设施,打造一体化的"新基建"体系;形成完整的公、铁、水、空综合联运及江海联运的集运输体系,提高长江黄金水道运输效率;统一制定长江经济带碳达峰碳中和行动指南,在一体化流域生态补偿框架下,推进生态基础设施共建共享。

第三,构建长江经济带产业内部转移承接机制。目的在于推动长江经济带经济增长空间从下游地区向上游地区拓展,缓解下游地区国土开发和资源环境承载压力。(1)有序推进跨区域产业转移与承接。一是要增强上游地区产业配套能力,引导下游地区的具有成本优势的资源加工型产业及劳动密集型产业向上游地区转移;二是下游地区要充分发挥长三角的龙头作用,提高产业竞争力,重点发展现代服务业和战略性新兴产业,促进产业升级转型,聚焦创新驱动和绿色发展,为中上游地区产业承接创造外部条件。(2)探索创新长江经济带内产业转移新模式。一是可推广长江上游宜宾地区"筑巢引凤"招商模式,促进产业轻资产转移,降低产业转移成本;二是探索工业互联网模式,在最小迁移成本和交易成本下,促使长江经济带不同地区的优势资源实现跨空间最优匹配和整合。(3)加强长江经济带内各区域之间的产业政策对接。一是建立健全产业转移推进机制和利益协调机制,二是逐步统一长江经济带内部土地开发政策、生态保护和环境治理政策、园区环保准入政策等。

第二节　共抓生态环境大保护的对策建议

长江经济带是我国人口多、产业规模大、城市体系非常完整的巨型流域经济带之一。党的十九大报告强调"实施区域协调发展战略",提出"以共抓大保护、不搞大开发为导向推动长江经济带发展"。着重提升生态环境保护的协同性和整体性,切实"共抓大保护、不搞大开发"落实到长江经济带的具体发展措施和路径之中。

一、强化经济带"共抓大保护"的战略性

要在长江经济带对"共抓大保护"战略价值形成统一深刻认知。鉴于长江经济带内部还没有形成清晰的协同保护意识,局部地区尚未充分认识到"共抓大保护"对流域发展的重要作用,条块分割现象严重,省际高层协调机制匮乏,"共抓大保护"完整规划布局尚未形成。需要流域内各区域从发展实际角度,充分认识到参与"共抓大保护"对自身经济、社会、环境

长远发展大计确有重要价值,并积极设计参与方式和机制。

第一,要立足国际视野,把"共抓大保护"看作是中国为破解世界大江大河治理难题提供的具有中国智慧和特色的方案。代表了新时代中国治理生态环境的决心,以及对全球公共环境治理负责任的大国态度和大国情怀。

第二,要立足我国新发展格局,深刻领会长江经济带"共抓大保护"对我国畅通国内国外双循环及高质量发展的重大意义。

第三,要立足区域间统筹合作与竞争,在"共抓大保护"的机遇期提升区域在全国发展格局中的战略地位,创造发展新机遇。

二、强化长江经济带"共抓大保护"的整体性

第一,深入理解"大"内涵,强化整体思维。长江经济带的天然属性是建立在自然流域之上的大经济区域,二者叠加造就了一个涵盖上下游、干支流、左右岸、路、港、产、城等多种复杂要素交织联动的大系统,是由自然生态系统和经济生态系统相互融合而成的有机整体,不可分割,不可拆分,每个局部地区的生态问题都是全流域的生态问题,这就是强调"大"的根本原因,也是深入理解"大"内涵的必要所在。因此,长江经济带作为一个有机整体,需要强化整体思维,突出流域生态保护的完整性原则和生态单元原则,充分挖掘并调动各区域积极性、主动性,切实做到"大"保护,而不是碎片化治理。

第二,强化联动保护。长江经济带各城市群内部发展水平参差不齐,城市群或城市之间尚未有效形成开放格局,统筹联动内驱力不足,外引力受阻。导致流域内本属于公共问题的生态环境修复治理突破不了行政边界,走不出地方政府的治理功能范围。亟须建立联动保护机制,打破行政区划边界,破除保护治理职能的部门壁垒,统筹考虑上游与下游、干流与支流、城市与乡村等关系,构建整体生态单元式的流域生态文明建设方式。

三、做好"共抓大保护"的基础性工作

一要摸清全流域生态环境家底。在现有长江全流域污染防治全国信息化基础设施建设基础上,继续加大长江流域水利与自然资源保护大数据平台的建设力度,建成长江全流域生态环境大数据资源中心、生态环境大数据智能服务中心、水环境综合治理信息共享平台,最后形成中央—地方两级大数据中心和智能决策中心。要全面掌握长江经济带各类生态隐患和环境风险,提升全流域尺度的系统分析研判能力。要充分利用大数据、人工智能、物联网、区块链等新兴技术潜能,构建全面感知、快速响应、及时处置、智能预防的长江流域生态环境与污染防治长效保障体系。构建包含生物质量、水文情势、物理化学指标等综合数据的长江流域大数据决策平台。重点推进长江流域水文水质数据库、长江流域生物群落数据库、全流域排污口地理基础数据库、全流域污水处理基础数据库、全流域主要污染源基础数据库等几大核心基础数据库建设,实现生态环境部、水利部、自然资源部等相关基础数据库共享共用。

二要推进长江大保护立法工作。《中华人民共和国长江法》已经进入草案二次审议阶段。在加快审议的同时,应借鉴欧盟水框架指令的经验,从污染物控制向流域水生态管理的战略转变,从水文、水环境、水生态三个维度设立综合科学评价和衡量长江健康情况的指标体系,将内分泌干扰物、药物、个人护理品等新兴污染物纳入重点监测与监控。长江流域局部地区虽已初步建立了协同机制,如长三角区域大气污染防治协作小组、长三角区域水污染防治协作小组等,但是全流域的协同机制还有待建立。建议在《中华人民共和国长江法》二审时,进一步明确和完善流域管理体制的设计,特别是针对介于中央事权和地方事权之间的流域层级事权,可考虑设置专门流域管理机构及其法律授权问题,以加强流域顶层设计与监管能力,有效推进长江流域监测网络体系建设和长江流域信息共享,提升流域突发生态环境事件应急联动能力。

三要扎实推进"三线一单"生态环境分区管控体系建设,提高建设成效。总结包括11省(市)和青海省在内的第一批"三线一单"试点发展经验,如江苏省提出建立省域、重点区域(流域)、市域及各类环境管控单元的"1+4+13+N"生态环境分区管控体系;四川省按照省委"一干多支、五区协同"的区域发展战略部署;安徽省将全省划分为1002个环境管控单元,建立了"1+5+16+N"的四级生态环境准入清单;湖南省提出了有针对性和可操作性的"1+14+860"的生态环境准入清单体系。密切跟踪第一批"三线一单"落地应用情况,及时总结并推广成功经验,并推动第一梯队余下5省份尽快落实"三线一单"。在此基础上进一步强化长江经济带及青海省"三线一单"指导调度功能,充分发挥"包保帮扶"工作机制,完成全国所有省份的"三线一单"编制和发布工作。提高对所有省份"三线一单"建设成效的监督力度,提升管控单元的生态环境治理体系。

四、做好"共抓大保护"的制度安排

第一,建立流域一体化治理体制。组建流域综合治理联盟,联盟下建立一个常设机构,设立管理办公室。主要职能是就流域治理问题加强流域生态环境、自然资源、水利、交通运输、文旅、住建等多部门的横向沟通协调。具体表现为:健全长江流域在流动性污染方面的一体化环境治理法规体系,推动跨政域协同治理法治化进程;制定跨区域环境成本核算、生态资源调度、土地资源统筹利用、流域生态补偿等政策体系;基于区块链技术、人工智能技术和大数据技术搭建流域生态环境治理、生态资源、生态文明建设数据信息的共享平台、公共治理技术交流平台、第三方治理服务发布平台。

第二,健全流域生态资产统筹管理制度。对长江流域自然资源和生态资产建立统一产权登记制度,在全流域实施资源总量管控制度;对于长江流域的山、水、林、田、湖、草等自然资源,统筹开展用途管理,系统协调全流域各区域的整理保护、系统修复和综合治理工作;鉴于长江经济带各区域建设用地开发强度及指标紧张程度的差异性,建立全流域范围内土地资源要素协同管理机制,并鼓励探索市场化配置方法。

第三，多规合一，统筹岸线准入机制。"自然资源部探索建立长江国土空间管控机制，落实即将印发的《长江规划》，加强与《长江经济带发展负面清单指南（试行）》的衔接，划定长江岸线，制定准入条件，细化负面清单，加强长江岸线准入管理，有助于进一步推动长江经济带绿色发展。"

五、推动"共抓大保护"现代化建设进程

长江经济带"共抓大保护"的现代化发展需要以"智慧数字长江"建设为核心，建构流域自然环境的现代化治理体系。

第一，建立"智慧数字长江"治理架构。形成中央—地方两级大数据中心和智能决策中心，其中，中央"智慧数字大脑"主要为全流域尺度的协同、监测、目标设定与评价服务，推动跨部门、跨层级的数据共享、提供基础数据、统一技术与接口标准等。地方"智慧数字小脑"为本区域流域恢复计划与目标服务，不断创新监管与治理手段和能力。可在各省市前期系统基础上，构建本区域的数字长江大数据平台，同时，明确与中央智慧数字大脑有效对接问题。一方面，要有效利用中央大脑已有的基础数据库，加快推进各省市的省控站、市、镇站的"智慧神经末梢"建设。另一方面，要规范各层级项目的业务流、数据流、系统接口及数据标准，以实现跨部门、跨层级数据互认共享，重点解决目前跨区域治理盲点与协同问题。

第二，打造全流域水生态环境监管精密感知网络，实现多维度精细化全覆盖。长江流域社会经济发展迅速，中下游工业企业集中、生产活动活跃，叠加农业和生活污染物因素，总磷、氨氮和高锰酸盐等多类指数长期偏高，治理难度非常大。目前国控点建设虽然取得长足进展，但国控点的覆盖密度难以达到精密性监测的需要，同时，还有不少地区监管部门的数据未能有效汇集与共享，无法做到更小尺度的精细化监管要求。结合流域水生生物的丰富性、多样性和群落结构，以及栖息地状况等生命力指标的监测需要，亟须构建包含生态、环境、资源、水文、气象、航运、自然灾害等融合多种信息的监测网络体系，形成包含水文、水环境、水生态、外界干扰因素等多维度立体精密感知网络。一方面，加快推进物联网、数联网、视联网等新一代技术传感节点建设，构建长江流域全面感知系统，围绕长江流域的排污口、重要污染源、重点水源保护区、水生生物及多样性、水文过程指标、连通性指标等，构建单点多源数据采集的"神经元系统"，减少多部门重复投资问题。逐步实现重点内河、岸线以及农林水土等地理信息敏感节点的数据采集和实时数据传输，增强问题快速发现的感知能力。另一方面，利用区块链的防篡改、可追溯特性，对流域环境质量进行完整的记录，构建及时发现问题和追溯污染源的追溯系统，配合5G技术，用高分、北斗、智能摄像、传感等设备，把采集的水环境数据、水文数据、水生态数据实时上链，保证数据的及时性和真实性，彻底解决传统污染治理面临的取证难问题，为监测、预测、决策和执法与评估提供依据。

第三，推进联合执法、鼓励公众参与，形成聚力治理格局。企业违法成本低、污染治理成本高，执法力量不足、执法信息缺乏，以及生态环境难以有效分割的基本特征决定了单一执

法模式的局限性。一方面,需加快形成"大环保"联合执法格局。以智能化技术为手段,加快推进流域生态环境信息在不同执法部门之间的及时共享,将"感知网络信息"或举报信息同时自动推送给联合执法部门,实施多部门联合执法。另一方面,应让公众成为流域生态环境治理的重要力量。应让保护长江流域生态环境成为每位公民的责任与义务,应积极鼓励社会组织和公众积极参与保护和治理,构建长江流域 APP、微博、微信等新型举报参与通道,形成社会共治的局面。为方便公众参与治理,可对水利部、环保部、自然资源部等多个监督举报平台进行合并,建立全流域统一投诉举报平台,同时,加快探索有效举报的奖励制度,并由人大或相关责任政府部门对举报投诉立案和处理情况进行监督反馈。

第四,应让信息公开成为流域生态环境治理的重要制度。信息公开不落实,政府监管、企业自律、社会监督、监测信息共享、水环境大数据建设等制度建设就没有立足点。应以公开为原则,非公开为例外,针对非保密数据,加快实现流域水生态环境监测数据全社会公开,接受全社会监督,形成公众积极参与环境治理的良好氛围,实现多元社会力量共同治理新格局。为实现长江流域长期持续健康发展,水生态环境治理必须向智能化过渡,由分散管向集中管转变、由粗放管向精细管转变,推进智能化精准治理。

第三节　强化绿色高质量发展先行示范作用的对策建议

长江经济带"十四五"时期的重要使命是绿色发展和高质量发展。面对新发展格局和碳达峰碳中和约束,关于绿色发展与高质量发展兼容并蓄,彰显中国制度优势、发展能力和创新能力,长江经济带需要继续加大先行示范力度,起到先锋表率作用。按照"十四五"规划关于完善和落实主体功能区制度的要求,流域内上中下三游各地区发挥自身比较优势,建设主体功能特色突出的高质量发展先行示范区。

一、打造流域绿色经济先行示范区

鼓励长江上游的农产品主产区和生态功能区率先建设绿色经济先行示范区,在生态服务和生态产品价值实现方面先行先试,探索高质量发展的新路径及好经验。

第一,摸清生态资源家底,开展 GEP 核算。GEP 是世界自然保护联盟提出的一种与GDP 相对应的、能够衡量生态资源状况的统计与核算体系。示范区建立生态系统生产总值核算体系,包括生态系统产品提供总价值、生态系统调节服务总价值和生态系统文化服务总价值。

第二,开展 TEEB 评估。TEEB 是生物多样性与生态系统服务价值评估,由联合国环境规划署主导,通过对森林、湿地、水等自然资源及其为人类提供的产品和服务进行相关价值评估,并将其与区域发展决策、规划、价值补偿机制、政绩考评等相结合,为绿色经济发展提供决策依据和技术支持。

第三，创新生态产品价值综合实现方式。根据2021年2月19日中央全面深化改革委员会第十八次会议审议通过《关于建立健全生态产品价值实现机制的意见》，示范区需要建立绿水青山转化为金山银山的政策制度体系；探索流域生态环境保护者受益、使用者付费、破坏者赔偿的利益导向机制；探索政府主导、企业和社会各界参与、市场化运作、可持续的多元生态产品价值实现方式；探索生态资源富集区生态产业化路径及发展模式。

第四，强化示范区内功能分区差异化发展能力。对于农产品的主产区，强化其农业生产功能，保障粮食安全；对于生态功能区，强化其生态保护功能和环境涵养功能，在生态安全前提下，提升生态产品供给能力。此外，为了提高这些区域的功能性，还需建立有效的支持保障体系，(1)支持生态功能区人口进行逐步有序迁移，建立生态移民城市定居落户政策；(2)支持向重点农产品主产区、生态功能区等区域内生产建设主体提供转移支付。

二、打造流域循环经济先行示范区

鼓励长江中下游地区循环经济示范点、示范带扩大示范效应，提升示范功能。

第一，建成闭合性更强的循环产业体系。循环产业体系包括企业内部循环生产、企业间循环关联方式、行业间循环产业链三种循环模式，其中企业间和行业间的循环经济模式建立主要依托循环型产业园区的空间载体和设施载体。(1)提高企业循环生产水平。示范区内的企业在重点产品生产过程，采用"设计—生产—回收—处置"闭环式循环模式。(2)提高产业园区循环能力。对拟新建的产业园区，完全按照循环经济发展理念，制定园区循环发展专项规划；对拟升级的产业园区，在建设规划中要增加循环经济规划部分；对已建成的产业园区，要实施循环能力改造。(3)循环经济示范园区的示范重点在于，一是建立重点行业重点产品的循环生产示范，二是建立循环产业链示范，三是建立循环产业园区示范，四是建立循环经济管理模式示范。

第二，建设循环城市。(1)推进循环经济示范城市建设。在长江流域内设立一批循环城市建设试点，在城市生产、生活、生态空间布局上，按循环理念统筹规划。(2)循环城市示范要点，一是试点推动城市生产空间与生活空间的物质能量循环体系建设。强调在企业与居民吃穿住行用之间建立用水循环、用能循环、生活垃圾资源化处理及回收等循环模式。二是试点推动城市生产空间与生态空间物质循环体系建设。建立废弃物处理空间，加强城市低值废弃物资源化利用，加快建筑垃圾资源化利用，推动园林废弃物资源化利用，加强城镇污泥无害化处置与资源化利用。三是试点推动城市生活空间与生态空间服务循环体系建设。提高城市生活空间的生态化设计和建设能力，加强绿色基础设施建设，提升城市居民生态意识。

第三，提升示范区内静脉产业整体发展水平。静脉产业作为循环经济的关键产业部门，其发展水平直接影响着循环经济链条的反馈能力。静脉产业示范发展重点一是大宗工业固废综合利用示范，二是伴生矿和尾矿综合利用示范，三是农林废弃物资源化利用示范。在产业体系培育方面,一是强化上游的再生资源回收体系建设。尤其要加大智能化低成本废旧物资收集网络体系建设。二是加大下游的再制造产业发展规模。在流域内重点城市群,差异化设立若干个行业针对性强或者类型清晰的再制造产业示范基地(示范园),尤其强调开展重点品种、新品种废弃物再制造示范,此外还要强调再制造业的空间集聚能力。三是提高长江经济带静脉产业发展的协同能力。可跨行政区域建设资源循环利用产业链条和废弃物协同处置信息平台,尤其针对具有一定危险性的工业废弃物,建立危废处理的跨行政区域流动机制,实现资质互认、政策协同、体系协同。

第四,完善循环经济制度建设。"推行生产者责任延伸制度,建立再生产品和再生原料推广使用制度,完善一次性消费品限制使用制度,深化循环经济评价制度,强化循环经济标准和认证制度,推进绿色信用管理制度"。[①] 健全法规规章体系,理顺价格税费政策,优化财政金融政策,加强统计能力建设,强化监督管理。

三、打造流域低碳经济先行示范区

鼓励长江经济带协同打造流域低碳经济示范带。

第一,做强做优"上海—武汉"双城碳交易市场。全国碳排放权交易市场架构落户长江经济带,碳交易市场主要由两部分组成,一部分是即将建成的上海碳权交易中心,一部分是即将建成的武汉碳配额登记中心,将碳交易市场的两大碳交易核心功能在空间上进行拆分,分置于长江下游和中游地区,形成全球空间跨度最大的双城市场格局。该碳交易市场建设重点有三,一是要充分发挥全国统一市场的引领和带动作用,按照与国际碳交易市场接轨原则,建立全国统一的交易规则体系、市场监督管理体系,并完善相关的法律法规体系。二是要培育壮大碳交易服务产业体系。加大碳金融产品开发和碳交易专业人才的培育力度,快速突破我国碳金融人才短缺瓶颈;壮大碳交易的周边中介服务机构规模,提高第三方服务的专业化程度和分工的精细化程度。三是为了能够快速对接国际碳交易市场,加大对 CER 和 VER 一级市场的建设力度,同时尝试推进二级市场试点建设工作,逐渐形成完善的碳交易市场体系。

第二,强化并提升流域碳汇项目开发能力。长江经济带各区域除了开发规定的碳排放配额项目外,还要加大自愿减排项目(CCER 项目)的开发。尤其是长江上游重要生态功能区,是长江流域重要碳汇富集区,要充分发挥生态资源富集优势。在适宜发展碳汇造林地区综合评级中,长江上游的云南南部及西北部、四川西北及南部、重庆南部、贵州北部等被评为最高等级 5 级,上游还有一部分被评分 4 级。由此可见,长江上游地区在林业碳汇项目开发上具有巨大潜力和优势。林业碳汇项目开发,一是碳汇造林项目,即在确定了基准线情景的

---

① 来自国家发展改革委等 14 部委于 2017 年 4 月 21 日印发的《关于印发〈循环发展引领行动〉的通知》中附件"循环发展引领行动"。

土地上以增加碳汇为主要经营目标,对造林和林木生长全过程实施碳汇计量和检测而进行的有特殊要求的项目;二是森林经营项目,在确定了基准线情景的有林地上以增加碳汇、减少排放和发挥森林多重效益为经营目标,按拟定森林经营方案实施。

第三,鼓励长江经济带建立低碳产业集群化发展模式。低碳产业集群就是以建构低碳产业链为主导,以形成减排资本蓄水池和减排技术外溢效应为核心动力,吸引低碳型企业在空间集聚,或者依托新型信息技术形成低碳产业互联网,打造新型产业集聚形态。建设重点:一是以市场化运作为基础,以低碳技术集成应用为目标,以增值服务为核心,打造低碳企业联合体,建立碳权互认机制和信息、技术等资源共享机制,打造低碳供应链;二是聚焦优秀高新低碳技术,构建规模化系统化的低碳产业平台;三是依托新型信息技术和金融科技,凝聚多维低碳产业链,形成低碳产业发展体系。

第四,建设绿色金融改革及创新示范区。(1)健全绿色金融体系,丰富绿色金融产品。以市场化手段推动绿色发展基金、绿色信贷、绿色债券快速发展。(2)健全低碳企业的绿色投融资体系。一是推进国内排污权交易、环境污染责任险、重大环保装备融资租赁业务发展,二是提升我国金融系统的国际绿色投融资服务、气候风险评估、绿色低碳技术的跨国合作功能,三是要统一实施绿色金融政策和管理标准,在此基础上允许地方因地制宜地进行政策创新,从而充分发挥绿色金融在促进环境治理上的作用。

图书在版编目（CIP）数据

长江经济带生态文明先行示范研究 / 崔风暴等著 .
—武汉 ： 长江出版社，2022.1
（长江经济带高质量发展研究丛书）
ISBN 978-7-5492-5121-6

Ⅰ．①长… Ⅱ．①崔… Ⅲ．①长江经济带－生态环境建设－研究 Ⅳ．① X321.25

中国版本图书馆 CIP 数据核字 (2022) 第 034120 号

长江经济带生态文明先行示范研究

崔风暴　等著

责任编辑：　李诗琦　梅雨龙
装帧设计：　汪雪　彭微
出版发行：　长江出版社
地　　址：　武汉市江岸区解放大道 1863 号
邮　　编：　430010
网　　址：　http://www.cjpress.com.cn
电　　话：　027-82926557（总编室）
　　　　　　027-82926806（市场营销部）
经　　销：　各地新华书店
印　　刷：　武汉精一佳印刷有限公司
规　　格：　787mm×1092mm
开　　本：　16
印　　张：　17.75
彩　　页：　8
字　　数：　370 千字
版　　次：　2022 年 1 月第 1 版
印　　次：　2022 年 9 月第 1 次
书　　号：　ISBN 978-7-5492-5121-6
定　　价：　128.00 元